Model Predictive Control mit MATLAB® und Simulink®

Model Predictive Control with MATLAB® and Simulink®

Authored by Rainer Dittmar

Published in London, United Kingdom

IntechOpen

Supporting open minds since 2005

Model Predictive Control mit MATLAB® und Simulink® - Model Predictive Control with MATLAB® and Simulink®
http://dx.doi.org/10.5772/intechopen.86001
Authored by Rainer Dittmar

First published in London, United Kingdom, 2019 by IntechOpen
IntechOpen is the global imprint of INTECHOPEN LIMITED, registered in England and Wales, registration number: 11086078, 7th floor, 10 Lower Thames Street, London, EC3R 6AF, United Kingdom
Printed in Croatia

British Library Cataloguing-in-Publication Data
A catalogue record for this book is available from the British Library

Additional hard and PDF copies can be obtained from orders@intechopen.com

Model Predictive Control mit MATLAB® und Simulink® - Model Predictive Control with MATLAB® and Simulink®
Authored by Rainer Dittmar
p. cm.
Print ISBN 978-1-83880-095-6
Online ISBN 978-1-83880-096-3
eBook (PDF) ISBN 978-1-83962-638-8

An electronic version of this book is freely available, thanks to the support of libraries working with Knowledge Unlatched. KU is a collaborative initiative designed to make high quality books Open Access for the public good. More information about the initiative and links to the Open Access version can be found at www.knowledgeunlatched.org

For EU product safety concerns:
IN TECH d.o.o., Prolaz Marije Krucifikse Kozulić 3, 51000 Rijeka, Croatia, info@intechopen.com or visit our website at intechopen.com.

Meet the author

Rainer Dittmar studierte Verfahrenstechnik an der TH Merseburg und promovierte dort 1976. Er war viele Jahre in der Industrie auf dem Gebiet der Prozessautomation tätig, u.a. in der PCK Raffinerie Schwedt und im Chemieanlagenbau Leipzig. In den 1990er Jahren war er bei Profimatics Inc. und Honeywell für die Durchführung von Advanced-Control-Projekten in der internationalen Mineralölindustrie zuständig. Im Mittelpunkt dieser Projekte stand der Einsatz von Model-Predictive-Control-Technologien. Seit 1996 bis zum Eintritt in den Ruhestand war er Professor für Automatisierungstechnik an der FH Westküste in Heide. Schwerpunke der angewandten Forschung und des Technologietransfers bilden Model Predictive Control, Softsensoren, Control Performance Monitoring, Störungsfrüherkennung in Prozessanlagen.

Rainer Dittmar studied Chemical Engineering at the Technical University Merseburg and graduated with a PhD degree in 1976. He worked for many years in the field of process control, for example with PCK Schwedt Refinery and Chemieanlagenbau Leipzig, a large chemical engineering and construction company. During the 1990s, he worked with Profimatics Inc. and Honeywell and was responsible for Advanced Process Control (APC) projects in the refining and petrochemical industries. These APC projects included the application of Model Predictive Control technology. From 1996 to his retirement, he worked as Professor for Automation and Control at the West Coast University of Applied Sciences Heide, Germany. His applied research and technology transfer projects include Model Predictive Control and Softsensor applications, Control Performance Monitoring and Process Monitoring using statistical methods.

Für die Arbeit an diesem Buch wurden folgende Produkte der Fa. The MathWorks Inc. verwendet:

MATLAB®	Version 9.5	(R2018b)
Simulink®	Version 9.2	(R2018b)
Control System Toolbox™	Version 10.5	(R2018b)
Model Predictive Control Toolbox™	Version 6.2	(R2018b)
Optimization Toolbox™	Version 8.2	(R2018b)
Simulink Control Design™	Version 5.2	(R2018b)
System Identification Toolbox™	Version 9.9	(R2018b)

For MATLAB and Simulink product information, please contact:
The MathWorks, Inc.
3 Apple Hill Drive
Natick, MA, 01760-2098 USA
Tel: 508-647-7000
Fax: 508-647-7001
E-mail: info@mathworks.com
Web: https://www.mathworks.com
How to buy: https://www.mathworks.com/store
Find your local office: https://www.mathworks.com/company/worldwide

Contents

Vorwort XV

Verzeichnis der Abkürzungen XI

Model Predictive Control mit MATLAB® und Simulink® 1

1. Einleitung 2

2. Einführung in Model Predictive Control und die MATLAB® Model Predictive Control Toolbox™ 8

2.1. Streckenmodell, MPC-Regelkreis und MPC-Terminologie 8

2.2. Grundelemente von MPC-Regelalgorithmen 9

2.2.1. Schätzung nicht gemessener Zustandsgrößen des Prozessmodells und der Störmodelle 10

2.2.2. Vorhersage 10

2.2.3. Bestimmung einer optimalen Folge zukünftiger Stellgrößenänderungen (Dynamische Optimierung) 11

2.2.4. Anwendung des Prinzips des zurückweichenden Horizonts 12

2.2.5. Hinweis: Statische Arbeitspunktoptimierung 12

2.3. MPC-Mathematik 12

2.3.1. Verwendete Modelle 13

2.3.1.1. Prozessmodell 13

2.3.1.2. Modell der Eingangsstörungen 14

2.3.1.3. Modell der Ausgangsstörungen 14

2.3.1.4. Modell des Messrauschens 15

2.3.2. Schätzung 15

2.3.3. Prädiktion 17

2.3.4. Optimierung 17

2.3.4.1. Zielfunktion 18

2.3.4.2. Nebenbedingungen 21

2.4. Anwendung von MPC in der Prozessindustrie 22

2.5. Anwendung von MPC in anderen Bereichen 29

2.6. Übersicht über die Model Predictive Control Toolbox™ und weitere MATLAB®/Simulink®-Werkzeuge 30

2.6.1. Entwurf und Simulation von MPC-Reglern mit linearen Modellen (LMPC) 30

2.6.2. Adaptive und Gain-Scheduled-MPC-Regler für nichtlineare und zeitvariante Systeme 31

2.6.3. Entwurf und Simulation von MPC-Reglern mit nichtlinearen Modellen (NMPC) und Economic Model Predictive Control (EMPC) 32

2.6.4. MPC-Entwurfsberatung, anwenderspezifische Schätzung und Optimierung, MPC-Monitoring 34

2.6.5. Entwurf expliziter MPC-Regler 34

2.6.6. Erzeugung von C-Code und Structured Text, OPC-Schnittstelle 35

2.6.7. Model Predictive Control in Simulink® 36

3. Entwurf von MPC-Regelungen mit der MPC Designer App 38

3.1. Prozessmodell, MPC-Reglerstruktur und Wahl der Abtastzeit 40

3.2. Skalierungsfaktoren und Horizontlängen 43

3.3. Nebenbedingungen für die Stell- und Regelgrößen 45

3.4. Gewichtsfaktoren 48

3.5. Anpassung der Schätzung von Störmodellen 50

3.6. MV Blocking 52

3.7. Zeitvariante Nebenbedingungen und Gewichte 52

3.8. Simulation des MPC-Regelungssystems in der MPC Designer App 53

4. MPC-Regelung einer Pilot-Destillationskolonne 58

4.1. Definition von LTI-Modellen am Beispiel einer Pilot-Destillationskolonne 58

4.2. Dezentrale PI-Regelung der Pilot-Destillationskolonne 61

4.3. MPC-Regelungsentwurf mit Hilfe der MPC Designer App 64

4.4. MPC-Regelung der Pilot-Destillationskolonne in Simulink® 69

4.5. Range Control der Pilot-Destillationskolonne 72

4.6. Ausregelung nicht gemessener Eingangsstörungen 75

5. MPC-Regelung eines Verdampfersystems 80

5.1. Theoretisches Prozessmodell 80

5.2. Dezentrale PI-Regelung des Verdampfersystems 84

5.3. Identifikation eines linearen Verdampfermodells aus virtuellen Messdaten 86

5.3.1. Testsignalplanung und Generierung von virtuellen Messdaten 88

5.3.2. Identifikation eines Verdampfermodells mit Hilfe der System Identification Toolbox™ 89

5.4. MPC-Reglerentwurf für das Verdampfersystem mit Hilfe der MPC Designer App 97
5.5. Simulation des MPC-Regelungssystems mit Hilfe von Simulink® 102
6. MPC-Regelung eines Viertanksystems 104
6.1. Theoretisches Prozessmodell und rechnerische Linearisierung 104
6.2. Simulink-Modell und Arbeitspunktbestimmung durch Trimming 110
6.3. Linearisierung mit Hilfe des Linear Analysis Tools 114
6.4. Dezentrale PI-Regelung des Viertanksystems 118
6.5. Entwurf einer MPC-Regelung des Viertanksystems mit Hilfe der MPC Designer App 120
6.5.1. MPC-Regelung des quadratischen Mehrgrößensystems 120
6.5.2. MPC-Regelung nicht-quadratischer Mehrgrößensysteme: mehr Stell- als Regelgrößen 123
6.5.3. MPC-Regelung nicht-quadratischer Mehrgrößensysteme: mehr Regel- als Stellgrößen 125
6.5.4. Untersuchung der Robustheit gegenüber Plant-Model-Mismatch 128
6.6. MPC-Regelung des Viertanksystems in Simulink® 130
7. Adaptive MPC-Regelung eines chemischen Reaktors 135
7.1. Mathematisches Modell und Regelungsaufgabe 135
7.2. Entwurf eines MPC-Reglers für den kontinuierlichen Rührkesselreaktor 141
7.3. Identifikation des dynamischen Verhaltens durch rekursive Reggression 151
7.4. Adaptive MPC-Regelung 155
8. pH-Wert-Regelung mit einem Gain-Scheduled MPC-Regler 161
8.1. Theoretisches Prozessmodell eines Neutralisationsreaktors 161
8.2. Identifikation linearer Modelle für verschiedene Arbeitspunkte der pH-Wert-Regelung 166
8.3. Entwurf und Simulation des MPC-Regelungssystems mit einem "MPC Controller"-Baustein 167
8.4. Entwurf und Simulation des MPC-Regelungssystems mit einem "Multiple MPC Controllers"-Baustein 172
9. Nichtlineare modellprädiktive Regelung (NMPC) eines Ethylenoxid-Reaktors 173
9.1. MPC Regelung mit nichtlinearen Modellen 173
9.2. Theoretisches Prozessmodell des Reaktors 175
9.3. Entwurf und Simulation einer NMPC-Regelung 179

Vorwort

Die von der Fa. MathWorks (USA) angebotenen Programmsysteme MATLAB® und Simulink® dienen seit langem als Standardwerkzeuge für wissenschaftlich-technische Berechnungen. Sie werden um sogenannte Toolboxen und andere Zusatzwerkzeuge für die verschiedensten Wissens- und Anwendungsbereiche ergänzt. Einen Schwerpunkt bilden Tools für den Entwurf und die Simulation von Regelungssystemen. Diese werden weltweit nicht nur in der Ausbildung von Ingenieuren und in der Forschung eingesetzt, sondern auch für vielfältige industrielle Anwendungen genutzt.

Im Jahr 2004 wurde das Spektrum angebotener Werkzeuge um die Model Predictive Control Toolbox™ erweitert, die seitdem Jahr für Jahr ergänzt und verbessert wurde. Mit Hilfe der MPC Toolbox ist es möglich, effektiv und anwenderfreundlich prädiktive Regelungen zu entwerfen und zu testen. Sie macht einem großen Nutzerkreis die Beschäftigung mit dieser Klasse von Regelungsalgorithmen zugänglich, die in den vergangenen Jahren einen großen Einfluss auf die industrielle regelungstechnische Praxis erlangt hat.

Wenn man in der MATLAB®/Simulink®-Umgebung MPC-Regelungen entwerfen will, ist oft auch die Anwendung anderer, "benachbarter" Toolboxen hilfreich. Dazu gehören insbesondere die System Identification Toolbox™ für die empirische Modellbildung, Simulink Control Design™ und die Control System Toolbox™ für die Unterstützung regelungstechnischer Berechnungen, die Optimization Toolbox™, die für MPC-Regelungen mit nichtlinearen Modellen (NMPC) benötigt wird, und die OPC Toolbox™, die man braucht, wenn mit MATLAB® und Simulink® entworfene modellprädiktive Regelungen mit realen Automatisierungssystemen verbunden werden sollen. Weitere Toolboxen und Werkzeuge sind notwendig, wenn eingebettete Systeme entwickelt werden, auf denen modellprädiktive Regelungen im Echtzeitbetrieb laufen sollen.

Sieht man von der sehr umfangreichen Dokumentation der MPC Toolbox ab, die auf den Webseiten des Anbieters MathWorks bereitgestellt wird, gibt es derzeit kaum Fachbücher zum Thema "MPC mit Hilfe von MATLAB® und Simulink®". Eine erwähnenswerte Ausnahme bildet das 2018 erschienene Buch "Practical Design and Application of Model Predictive Control – MPC for MATLAB® und Simulink® Users" [1], in dem allerdings keine Anwendungen aus dem Bereich der Verfahrenstechnik und der Prozessindustrie vorgestellt werden. Hingegen verbergen sich hinter den (inzwischen nicht mehr lieferbaren) Büchern "MATLAB und Simulink. Model Predictive Control" [2] und "Model Predictive Control using MATLAB and Simulink" [3] Ausschnitte aus den Dokumentationen eines älteren Release der MPC Toolbox.

Das vorliegende Buch will hier Abhilfe schaffen. Es stellt die wichtigsten Komponenten der MPC Toolbox vor und beschreibt die Vorgehensweise bei deren Anwendung. Als Beispiele werden Modelle verfahrenstechnischer Prozesse verwendet, die in der Vergangenheit als Benchmarks zum Studium verschiedener regelungstechnischer Fragestellungen verwendet wurden. Für deren Auswahl war maßgebend, dass

- trotz der geringen Komplexität der Prozesses die Anwendung unterschiedlicher Methoden und Werkzeuge demonstriert werden kann (z. B. Modellbildung durch Systemidentifikation oder durch Linearisierung rigoroser Prozessmodelle),
- ganz unterschiedliche Aspekte wie z. B. die Regelung nicht-quadratischer Mehrgrößensysteme oder verschiedene Möglichkeiten des Umgangs mit nichtlinearen oder zeitvarianten Prozessen aufgegriffen werden können,
- der Leser die Beispiele auf einfache Art und Weise nachvollziehen kann; das schließt ein, dass außer MATLAB® und Simulink® keine anderen Hilfsmittel für die Simulation der Benchmark-Prozesse nötig sind.

Der Autor ist sich dessen bewusst, dass industrielle MPC-Regelungen gegenüber den hier verwendeten Beispielen oft deutlich mehr Variable (d. h. Stell-, Regel- und Störgrößen) aufweisen. So können MPC-Regler im Raffineriebereich durchaus mit 5 ... 20 Stellgrößen und 10 ... 30 Regelgrößen konfiguriert sein [4], in seltenen Fällen auch mehr. Nur lassen sich solche komplexen Anwendungen schlecht in verständlicher und übersichtlicher Form auf gedrängtem Raum illustrieren, weshalb auf die Aufnahme solcher Beispiele verzichtet wurde.

Im Mittelpunkt des Buchs stehen MPC-Regelungen mit *linearen* Prozessmodellen (LMPC). Das ergibt sich aus der Erfahrung, dass derzeit über 95% der industriell eingesetzten MPC-Regelungen zu dieser Klasse gehören [4, 5]. Seit dem Release 2018b der MPC Toolbox sind aber auch der Entwurf und die Simulation von MPC-Regelungen mit *nichtlinearen* Modellen (NMPC) wesentlich leichter möglich. Daher wurde ein Abschnitt aufgenommen, der eine NMPC-Anwendung beschreibt. Der Umfang des Buchs hat es nicht erlaubt, alle Möglichkeiten zu beleuchten, die die MPC Toolbox bietet. So werden z. B. der Entwurf sogenannter expliziter MPC-Regler für schnelle Prozesses ebenso wenig behandelt wie die Code-Generierung und der Entwurf eingebetteter MPC-Systeme.

Das Buch richtet sich an Studierende aller ingenieurtechnischen Disziplinen, die an modernen Methoden der Regelungstechnik interessiert sind oder eine berufliche Karriere auf dem Gebiet der Prozessautomatisierung anstreben. Aber auch bereits in der Industrie tätige Ingenieure, die bislang nur in wenigen Fällen über Kenntnisse und Erfahrungen bei der Anwendung von MPC-Regelungen verfügen, können von dem Buch profitieren.

Die Fa. MathWorks hat freundlicherweise die Vorbereitung dieses Buchs durch Bereitstellung von Lizenzen für MATLAB® und Simulink® sowie eine Reihe von Toolboxen (Release 2018b) im Rahmen des “MathWorks Book Program” unterstützt.

Dank gebührt auch dem Verlag IntechOpen, der das Buch in sein “Sponsorship Program” aufgenommen hat, insbesondere Herrn Gerhard Pappert, der mich auf das Programm aufmerksam gemacht und die Arbeit an dem Buch begleitet hat.

Wertvolle Hinweise zur Gestaltung des Manuskripts haben Prof. Margret Bauer (University of Pretoria, Südafrika) und Thomas Seestädt (Bilfinger Greylogix,

Brunsbüttel) gegeben. Matthias Scheel (FH Westküste, Heide) hat freundlicherweise die Formatierung der Textvorlage unterstützt.

Schließlich bedanke ich mich beim Fachbereich Technik der FH Westküste Heide/ Holstein und seinem Dekan Prof. Detlef Jensen für die Unterstützung des Publikationsvorhabens.

Rainer Dittmar
Heide, im Juni 2019

Verzeichnis der Abkürzungen

APC	advanced process control
ARC	advanced regulatory control
ARMAX	auto-regressive moving-average
ARX	auto-regressive with exogeneous signal
BJ	Box-Jenkins
CPM	control performance monitoring
CV	control variable (Regelgröße)
DV	disturbance variable (Störgröße)
EKF	extended Kalman-filter
ERP	enterprise resource planning
LMPC	linear model predictive control
LP	linear programming
LPV	linear parameter-varying
MES	manufacturing execution system
MHE	moving horizon estimation
MIMO	multiple input, multiple output
MPC	model predictive control
MV	manipulated variable (Stellgröße)
NMPC	nonlinear model predictive control
OPC	open platform communication
PEM	prediction error method
PLS	Prozessleitsystem
QP	quadratic programming
RGA	relative gain array
RTO	real time optimization
SISO	single input, single output
SQP	sequential quadratic programming
UKF	unscented Kalman-Filter

Model Predictive Control mit MATLAB® und Simulink®

Rainer Dittmar

Abstract

Modellbasierte prädiktive Regelungen (Model Predictive Control, MPC) haben sich in den letzten drei Jahrzehnten zu einem leistungsfähigen Ansatz für die Lösung anspruchsvoller Aufgaben der Mehrgrößenregelung mit Beschränkungen der Stell- und Regelgrößen entwickelt. Sie werden in der Industrie inzwischen in vielen Bereichen erfolgreich eingesetzt. Mit der MPC Toolbox des Programmsystems MATLAB®/Simulink® steht ein Werkzeug zur Verfügung, das in der Praxis der Einsatzvorbereitung realer MPC-Regelungen dient, aber auch für die Lehre und Forschung an Universitäten und Hochschulen verwendet wird. Das vorliegende Buch gibt eine Übersicht über die Grundideen und Anwendungsvorteile des MPC-Konzepts. Es zeigt, wie mit Hilfe der Toolbox in MATLAB® und Simulink® MPC-Regelungen entworfen, eingestellt und simuliert werden können. Ausgewählte Beispiele aus dem Bereich der Verfahrenstechnik demonstrieren mögliche Vorgehensweisen und vertiefen das Verständnis. Das Buch richtet sich an in der Industrie tätige Ingenieure, die mit Hilfe von MATLAB®/Simulink® MPC-Regelungen planen, entwickeln und betreiben wollen, aber auch an Studierende unterschiedlicher technischer Fachdisziplinen, die in das Arbeitsgebiet Model Predictive Control einsteigen wollen.

Keywords: Model Predictive Control, Advanced Process Control, MATLAB®/Simulink®, Systemidentifikation, Prozessautomatisierung

1. Einleitung

Es sind jetzt vier Jahrzehnte vergangen, seit die ersten Veröffentlichungen zur industriellen Anwendung prädiktiver Regelungen erschienen sind [6, 7]. Seit dieser Zeit haben sich modellbasierte prädiktive Regelungen (engl. Model Predictive Control, kurz MPC) zur Standardtechnologie für die Lösung anspruchsvoller Mehrgrößen-Regelungsaufgaben bei kontinuierlichen verfahrenstechnischen Prozessen entwickelt [5]. Kein anderes modernes Regelungsverfahren hat eine derartige Erfolgsgeschichte der industriellen Anwendung, besonders in der Prozessindustrie, aufzuweisen. Derzeit sind allein dort weit über 15.000 MPC-Anwendungen weltweit im Einsatz, und zwar nicht mehr nur in Raffinerie- und Petrochemie-Anlagen, sondern auch in Anlagen der Chemie- und Polymer-, Zellstoff- und Papierindustrie, der Nahrungsgüterwirtschaft, der Zementindustrie und der Energieerzeugung [8]. Insbesondere in den letzten Jahren sind MPC-Regelungen aber auch in andere Bereiche vorgedrungen, die sich durch eine wesentlich schnellere Prozessdynamik auszeichnen. Über 95% der industriellen MPC-Anwendungen stützen sich auf lineare Prozessmodelle, die in der Regel durch aktive Versuche in den Prozessanlagen und anschließende Prozessidentifikation gefunden werden. MPC-Verfahren sind aber nicht auf lineare Prozessmodelle beschränkt, zunehmend kommen auch nichtlineare und hybride Modelle zum Einsatz.

Zu den Ursachen der weiten Verbreitung und Akzeptanz der MPC-Technologie gehören:

- die systematische Berücksichtigung von Beschränkungen für die Stell- und Regelgrößen im Regelalgorithmus,
- die Eignung für Mehrgrößenregelungen mit einer beliebigen Zahl von Stell- und Regelgrößen,
- die Fähigkeit, Mehrgrößensysteme zu behandeln, bei denen sich im laufenden Betrieb die Zahl der verfügbaren Stellgrößen und der zu berücksichtigenden Regelgrößen ändert,
- ihre Eignung für Regelstrecken mit komplizierter Dynamik,
- die einfache Erweiterbarkeit um Störgrößenaufschaltungen,
- eine integrierte Funktion der betriebswirtschaftlichen Arbeitspunktoptimierung,
- die Verständlichkeit des MPC-Grundkonzepts für den Anwender,
- das Vorhandensein leistungsfähiger Entwicklungswerkzeuge und Dienstleister, und eine standardisierte Projektabwicklung.

MPC-Anwendungen stehen häufig im Mittelpunkt von Advanced-Process-Control-(APC)-Projekten in der Prozessindustrie. Die Weiterentwicklung von MPC-Technologien hat in den letzten Jahren dazu geführt, dass die Projektkosten (relativ zu den sonstigen Kosten der Automatisierung) bei steigender Qualität der Anwendungen gesunken sind. Dazu haben z. B. solche Entwicklungen wie die Verwendung standardisierter Datenschnittstellen (OPC-Technologie), die Entwicklung browserbasierter Visualisierungswerkzeuge, die Verkürzung der

Anlagentests durch Anwendung fortgeschrittener Identifikationswerkzeuge und die Entwicklung von Werkzeugen zum Monitoring und zur Pflege in Betrieb befindlicher MPC-Regelungen beigetragen. APC-Projekte unter Einsatz der MPC-Technologie amortisieren sich im Raffineriebereich durchschnittlich erfahrungsgemäß in einem Zeitraum von weniger als einem Jahr. In anderen Bereichen der Prozessindustrie liegt die durchschnittliche Amortisationsdauer bei ca. zwei Jahren. Je nach Anwendungsfall entsteht der ökonomische Nutzen durch eine Erhöhung des Durchsatzes bei Respektierung der Anlagen-Begrenzungen, durch Erhöhung der Ausbeute und Sicherung einer gleichmäßig hohen Qualität wertvoller Produkte, durch Verringerung des spezifischen Energieverbrauchs oder durch eine Kombination mehrerer dieser Faktoren. MPC-Regelungen werden deshalb zunehmend als eine attraktive Möglichkeit gesehen, Prozessanlagen kostengünstiger zu betreiben [9–11].

MPC-Anwendungen wurden zunächst vor allem durch in der Industrie tätige Verfahrens- und Automatisierungsingenieure vorangetrieben, bevor sie auch größere Aufmerksamkeit im akademischen Bereich erregten. Inzwischen hat sich die Situation vollständig gewandelt: die Zahl der Veröffentlichungen zu MPC ist stark angestiegen und inzwischen nicht mehr überschaubar, und für MPC mit linearen Modellen gibt es eine ausgereifte Theorie.

Der Schwerpunkt dieses Buches liegt in der Nutzung der MPC Toolbox für den Entwurf und die Simulation von MPC-Regelungen, nicht jedoch in der ausführlichen Erläuterung der MPC-Theorie. Für Leser, die mit den Grundlagen der MPC-Technologie nicht vertraut sind, werden in **Tabelle 1** ausgewählte Fachbücher aufgelistet, die MPC-Regelungen mit linearen Prozessmodellen zum Gegenstand haben.

Abschnitte zu prädiktiven Regelungen enthalten auch einige englischsprachige Regelungstechnik-Lehrbücher für die Ausbildung von Verfahrensingenieuren. Eine Auswahl ist in **Tabelle 2** zusammengestellt.

In deutscher Sprache sind einführende Darstellungen erschienen, die sich in erster Linie an Anwender in der Praxis richten (z. B. [8, 23] und Abschnitt 6 aus [24]). Eine ausgezeichnete Beschreibung des Entwurfs und der Realisierung von LMPC-Projekten in der Prozessindustrie findet sich in [25]. In dem jüngst erschienenen "Handbook of Model Predictive Control" [26] werden sowohl Fortschritte in der MPC-Theorie als auch neuartige praktische Anwendungen beschrieben.

Im Zusammenhang mit MPC-Regelungen sind im Laufe der Jahre eine Reihe neuer Forschungsrichtungen entstanden, die die klassische MPC-Regelung (mit linearen Prozessmodellen) in bestimmten Richtungen erweitern und ergänzen. Dazu gehören vor allem

Autor(en)	**Titel**	**Quelle**	**Jahr**
Maciejowski	Predictive control with constraints	[12]	2002
Camacho, Bordons	Model Predictive Control	[13]	2007
Rawlings, Mayne	Model Predictive Control-Theory and Design	[14]	2009
Haber, Bars, Schmitz	Predictive control in process engineering	[15]	2011
Borelli, Bemporad, Morari	Predictive control for linear and hybrid systems	[16]	2017
Rossiter	A first course in predictive control	[17]	2018

Tabelle 1.
Ausgewählte Fachbücher zu MPC-Regelungen mit linearen Prozessmodellen.

Autor(en)	Titel	Quelle	Jahr
Ogunnaike, Ray	Process Dynamics, Modelling and Control	[18], Kap. 27	1994
Marlin	Process Control	[19], Kap. 23	2000
Bequette	Process Control	[20], Kap. 16	2003
Seborg, Edgar, Mellichamp, Doyle	Process Dynamics and Control	[21], Kap. 20	2011
Corriou	Process Control	[22], Kap. 16	2017

Tabelle 2.
Regelungstechnik-Lehrbücher mit Abschnitten über Model Predictive Control.

- MPC-Regelungen mit nichtlinearen Prozessmodellen (für stark nichtlineare Systeme),
- robuste und stochastische MPC-Regelungen (für Anwendungen mit großer Modellunsicherheit),
- explizite MPC-Regelungen (für sehr schnelle Prozesse),
- sogenannte "Ökonomische MPC-Regelungen" (Economic MPC), bei denen die Aufgaben der Arbeitspunktoptimierung und der Regelung zusammengeführt werden,
- verteilte MPC-Regelungen für größere Anlagen und Prozesse (Distributed MPC).

In **Tabelle 3** wird zu jedem dieser Arbeitsgebiete eine Monografie aufgelistet.

Von den in Youtube verfügbaren Lehrvideos zum Thema "Model Predictive Control" sind besonders zu empfehlen:

- eine 16teilige Videoserie, die John Anthony Rossiter von der University of Sheffield gestaltet hat [27], und
- eine von der Fa. MathWorks Inc. bereitgestellte 7teilige Videoserie zur Einführung in die MATLAB® Model Predictive Control Toolbox™ [28].

Die erste Version der MATLAB® Model Predictive Control Toolbox™ wurde im Jahr 2004 auf den Markt gebracht. Seit dieser Zeit stehen auf der Webseite der Fa. Mathworks für registrierte Nutzer und natürlich für MathWorks-Kunden jeweils aktuelle, ausführliche Dokumentationen bereit. Für das in diesem Buch verwendete Release 2018b sind das:

Autor(en)	Titel	Quelle	Jahr
Grüne, Pannek	Nonlinear Model Predictive Control	[29]	2017
Kouvaritakis, Cannon	Model Predictive Control: classical, robust and stochastic	[30]	2016
Grancharova, Johanson	Explicit Nonlinear Model Predictive Control	[31]	2012
Ellis, Christofides, Liu	Economic Model Predictive Control	[32]	2017
Li, Zhen	Distributed Model Predictive Control for plant-wide systems	[33]	2015

Tabelle 3.
Bücher zur Weiterentwicklung von MPC-Regelungen.

- Model Predictive Control Toolbox™ User's Guide R2108b [34]
- Model Predictive Control Toolbox™ Getting Started Guide R2108b [35]
- Model Predictive Control Toolbox™ Reference R2108b [36]

Autoren sind Alberto Bemporad (IMT School of Advanced Studies Lucca, Italien), Manfred Morari (University of Pennsylvania, früher ETH Zürich) und N. Lawrence Ricker (University of Washington at Seattle)

Darüber hinaus werden jeweils aktuelle "Release Notes" veröffentlicht, in denen Weiterentwicklungen und Korrekturen beschrieben werden. Auf der MathWorks-Website werden Videos und Webinare angeboten, die außer Einführungen in die verschiedenen Werkzeuge auch Anwendungsbeispiele aus verschiedenen Bereichen erläutern.

Wie bereits erwähnt, stützt sich die überwiegende Mehrzahl industrieller MPC-Anwendungen auf lineare Prozessmodelle, die durch Anlagentests und Identifikation aus Messdaten gewonnen werden. Ausgewählte Fachbücher, in denen die für die Systemidentifikation verwendeten Methoden erläutert werden, sind in **Tabelle 4** aufgelistet.

Auch für die MATLAB® Model System Identification Toolbox™ stehen auf der MathWorks-Webseite ausführliche Dokumentationen zur Verfügung:

- System Identification Toolbox™ User's Guide R2018b [37]
- System Identification Toolbox™ Getting Started Guide R2018b [38]

Autor ist Lennart Ljung (Linköping University, Schweden).

Wie für die MPC Toolbox werden auch für die System Identification Toolbox™ Videos und Webinare auf der MathWorks-Website angeboten. Hervorzuheben ist das Webinar "Introduction to System Identification" (Lennart Ljung), das auch auf Youtube verfügbar ist [44].

Das vorliegende Buch ist wie folgt aufgebaut:

In **Kapitel 2: Einführung in MPC und die MATLAB® Model Predictive Control Toolbox™** erfolgt zunächst eine Einführung in das Fachgebiet der modellbasierten, prädiktiven Regelungen (Model Predictive Control, MPC). Darin wird die MPC-Terminologie eingeführt, und die Grundelemente prädiktiver Regelalgorithmen werden zunächst in Worten, danach mathematisch (formelmäßig) beschrieben. Die formelmäßige Beschreibung und die verwendete Notation folgen [34, 35]. Es schließt sich eine kurze Übersicht über die industrielle Anwendung von MPC-Technologien in der Prozessindustrie und in anderen

Autor(en)	Titel	Quelle	Jahr
Ljung	System Identification – Theory for the User	[39]	1999
Zhu	Multivariable System Identification for Process Control	[40]	2001
Isermann, Münchhof	Identification of Dynamic Systems – an Introduction with Applications	[41]	2011
Tangirala	Principles of System Identification	[42]	2014
Bohn, Unbehauen	Identifikation dynamischer Systeme	[43]	2016

Tabelle 4.
Ausgewählte Fachbücher zum Thema Systemidentifikation.

Bereichen an. Abschließend werden die Bestandteile und Einsatzmöglichkeiten der Model Predictive Control Toolbox™ erläutert.

Kapitel 3: Entwurf von MPC-Regelungen mit der MPC Designer App beschreibt im Detail, in welchen Schritten beim Entwurf und der Simulation von MPC-Regelungen mit linearen Prozessmodellen (LMPC) unter Anwendung des MPC Designers der MPC Toolbox vorgegangen wird. Das "Handling" der unterschiedlichen Elemente der Toolbox wird ebenso erläutert wie die einzugebenden Daten und Parameter. Der hierfür verwendete "MPC Designer" ist ein grafisches Nutzer-Interface der MPC Toolbox, das dem Anwender ein strukturiertes Vorgehen beim MPC-Reglerentwurf wesentlich erleichtert. Die ebenfalls vorhandene Möglichkeit der Programmierung auf der Kommandozeilenebene von MATLAB® wird nicht betrachtet. Eine Ausnahme bildet der Entwurf von MPC-Reglern mit nichtlinearen Prozessmodellen (NMPC) – siehe Kapitel 9 –, der gegenwärtig nicht vom MPC Designer unterstützt wird. Ein wichtiger Entwurfsschritt ist die Offline-Simulation des MPC-Regelungssystems. Im Buch werden hierfür zwei Möglichkeiten beschrieben: (a) die Simulation innerhalb der MPC Designer App und (b) die Simulation mit Hilfe von Simulink-Modellen, bei der Software-Funktionsbausteine der Simulink-Bibliothek verwendet werden.

Die folgenden Kapitel sind unterschiedlichen Anwendungsbeispielen für MPC-Regelungen gewidmet. Alle Beispiele stammen aus dem Bereich der Verfahrenstechnik, es werden jedoch unterschiedliche Schwerpunkte gesetzt.

In **Kapitel 4: MPC-Regelung einer Pilot-Destillationskolonne** wird die MPC-Regelung eines thermischen Trennprozesses mit drei Stell- und drei Regelgrößen sowie zwei gemessenen Störgrößen untersucht. Ein lineares Prozessmodell in Form einer Matrix von Übertragungsfunktionen ist vorgegeben, muss also nicht erst entwickelt werden. Im Mittelpunkt steht die Illustration der Arbeit mit der MPC Toolbox anhand eines konkreten Beispiels. Zusätzlich wird demonstriert, welche Verbesserung der Regelgüte sich bei Anwendung einer zentralen MPC-Mehrgrößenregelung gegenüber einer dezentralen PI-Regelung erreichen lässt.

Kapitel 5: MPC-Regelung eines Verdampfersystems ist der MPC-Regelung einer Verdampferanlage gewidmet, für das ein *nichtlineares* theoretisches Prozessmodell vorliegt. Vor dem Entwurf und der Simulation der LMPC-Regelung muss daher zunächst ein *lineares* Modell gewonnen werden. Das geschieht in diesem Fall auf dem Weg der simulativen Erzeugung *virtueller* Messdaten (durch Beaufschlagung des rigorosen Modells mit Testsignalen), und durch anschließende Systemidentifikation. Dieser Weg wird im Normalfall auch in der industriellen Praxis beschritten, dort natürlich mit Tests an der großtechnischen industriellen Anlage und unter Verwendung realer Messdaten für die empirische Modellbildung.

Das **Kapitel 6: MPC-Regelung eines Viertanksystems** greift das Beispiel eines Benchmark-Prozesses auf, der bereits oft zur Untersuchung moderner Konzepte der Mehrgrößenregelung verwendet wurde. Für dieses Beispiel liegt ebenfalls ein nichtlineares theoretisches Prozessmodell vor. Die Erzeugung eines linearen Modells für den LMPC-Regler geschieht im Gegensatz zu Kapitel 5 aber durch Linearisierung der nichtlinearen Modellgleichungen mit Hilfe von Simulink Control Design™. Der Entwurf nicht-quadratischer Mehrgrößenregelungen mit einer ungleichen Zahl von Stell- und Regelgrößen bildet einen weiteren Schwerpunkt dieses Abschnitts.

Die **Kapitel 7: Adaptive MPC-Regelung eines chemischen Reaktors** und **Kapitel 8: pH-Wert-Regelung mit einem Gain-Scheduled MPC-Regler** haben die Anwendung von MPC-Reglern mit *linearen* Prozessmodellen auf die Regelung *nichtlinearer* Systeme zum Gegenstand. In Kapitel 7 wird dafür das Konzept der adaptiven MPC-Regelung vorgestellt, bei der eine fortlaufende Anpassung eines linearen Modells an das aktuelle Prozessverhalten durch Verfahren der rekursiven

Regression erfolgt. Dagegen wird in Kapitel 8 eine "Gain Scheduled" MPC-Regelung entworfen und simuliert, bei der eine "Bank" linearer Modelle für verschiedene Arbeitspunkte des Prozesses entwickelt, für jedes dieser Modelle ein LMPC-Regler entworfen und im laufenden Betrieb einer dieser Regler automatisch selektiert und eingesetzt wird. Die adaptive MPC-Reglung wird am Beispiel eines kontinuierlichen Rührkesselreaktors demonstriert, die "Gain Scheduled" MPC-Regelung am Beispiel der pH-Wert-Regelung eines Neutralisationsreaktors. Für die Simulation des Regelungssystems werden in beiden Fällen spezielle Simulink-Funktionsbausteine aus der MPC Toolbox verwendet.

Kapitel 9: Nichtlineare modellprädiktive Reglung eines Etylenoxid-Reaktors nimmt eine Sonderstellung ein. Am Beispiel des theoretischen Modells eines Ethylenoxid-Reaktors wird eine *nichtlineare* MPC-Regelung (NMPC) entworfen. Für den Regelungsentwurf kann hier nicht die MPC Designer App verwendet werden, sondern es muss auf die Kommandozeilen-Programmierung in MATLAB® zurückgegriffen werden. Für die Simulation des NMPC-Regelungssystems wird ein "Nonlinear MPC Controller"-Baustein verwendet, der seit dem Release 2018b der MPC Toolbox zur Verfügung steht.

Für das Verständnis des Buchs werden Kenntnisse aus den Bereichen Mathematik, Modellbildung und Regelungstechnik vorausgesetzt, wie sie im Bachelor- und Masterstudium technischer Studiengänge an Universitäten und Fachhochschulen vermittelt werden. Grundlagenwissen über verschiedene Formen von mathematischen Modellen des dynamischen Verhaltens von Systemen (Differenzial- und Differenzengleichungen, Übertragungsfunktionen, Zustandsmodelle) oder den Entwurf von einschleifigen PID-Regelkreisen wird daher nicht noch einmal dargestellt. Es wird ebenfalls vorausgesetzt, dass der Leser über Kenntnisse in der Nutzung von MATLAB® und Simulink® verfügt. Sollte das nicht der Fall sein, stehen für das Vertrautmachen mit diesen Programmierumgebungen und Werkzeugen leicht zugängliche Informationsquellen bereit, darunter Bücher (z. B. [45, 46] und die Abschnitte 16 und 17 des Taschenbuchs der Regelungstechnik [47]), die umfangreichen und gut gestalteten Lehrmaterialien auf der MathWorks-Website und – besonders für Anfänger zu empfehlen – "MATLAB und Simulink Onramp": eine Möglichkeit, sich online schrittweise in MATLAB® und Simulink® einzuarbeiten, ohne selbst diese Programme auf dem Rechner installiert zu haben.

2. Einführung in Model Predictive Control und die MATLAB® Model Predictive Control Toolbox™

In diesem Kapitel erfolgt eine Einführung in das Gebiet der modellprädiktiven Regelungen und in die MATLAB® Model Predictive Control Toolbox™. Die MPC-Terminologie wird erläutert, und die Grundelemente prädiktiver Regelungsalgorithmen werden sowohl in Worten als auch formelmäßig beschrieben. Nach einer kurzen Übersicht über die industrielle Anwendung der MPC-Technologie werden die Bestandteile und Funktionen der Model Predictive Control Toolbox™ dargestellt.

2.1 Streckenmodell, MPC-Regelkreis und MPC-Terminologie

Das in der MPC Toolbox verwendete mathematische Modell des dynamischen Verhaltens der Mehrgrößen-Regelstrecke (im Folgenden kurz "Streckenmodell") hat die in **Bild 1** dargestellte Struktur ([35], S. 2–2).

Es besteht aus dem eigentlichen Prozessmodell, das die Zusammenhänge zwischen den

- manipulierten Variablen (Stellgrößen) $\boldsymbol{u}$
- gemessenen Störgrößen $\boldsymbol{v}$
- nicht gemessenen Eingangsstörungen $\boldsymbol{d}$

und den

- gemessenen Ausgangsgrößen (Regelgrößen) $\boldsymbol{y}_m$, sowie den
- nicht gemessenen Ausgangsgrößen $\boldsymbol{y}_u$

beschreibt. Die nicht gemessenen Eingangsstörungen $\boldsymbol{d}$, die gemessenen Ausgangsstörungen $\boldsymbol{y}_{od}$ (Index *od* ... output disturbance) und das Messrauschen $\boldsymbol{y}_n$ (Index *n* ... noise) werden durch weitere mathematische Modelle beschrieben, die diese Störsignale aus weißen Rauschsignalen erzeugen. Die Störsignale lassen sich daher als "gefiltertes weißes Rauschen" oder "farbiges Rauschen" bezeichnen, deren Eigenschaften durch die Parameter der Störmodelle festgelegt werden.

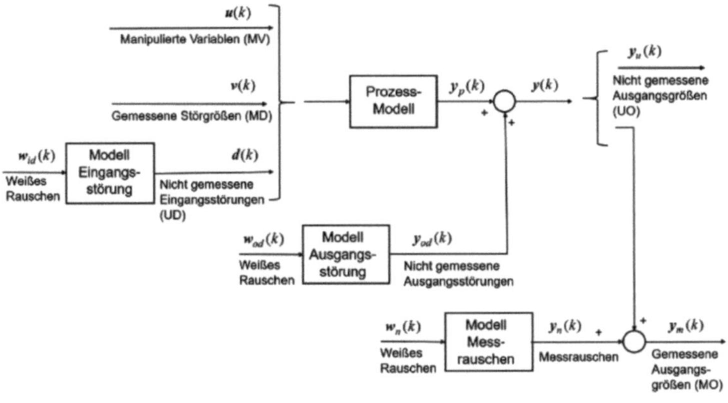

Bild 1.
Struktur des Streckenmodells in der MPC Toolbox.

Da es sich bei der Regelstrecke im Allgemeinen um ein Mehrgrößensystem (Multiple-Input Multiple-Output oder kurz MIMO-System) handelt, sind alle Größen Vektoren und werden durch fette Schreibweise gekennzeichnet. So bezeichnet zum Beispiel

$$\boldsymbol{u}(k) = [u_1(k)\ u_2(k)\ \cdots\ u_{nu}(k)]^T \tag{1}$$

den Vektor der manipulierten Variablen (MV) oder Stellgrößen. Ähnliches gilt für die anderen vektoriellen Größen. Der in Klammern gesetzte Index k bezeichnet den aktuellen Zeitpunkt in zeitdiskreter Schreibweise. In vielen Fachbüchern und kommerziellen MPC-Werkzeugen haben sich andere Abkürzungen eingebürgert als die in der MPC Toolbox verwendeten: so werden die gemessenen Störgrößen statt als MD (measured disturbances) oft als DV (disturbance variables) und die gemessenen Ausgangsgrößen statt als MO (measured outputs) oft als CV (control variables) bezeichnet.

Bild 2 zeigt den Wirkungsplan eines geschlossenen Regelungssystems, wie er in der MPC Toolbox angelegt ist. Für diese Darstellung wurden die Störgrößenmodelle weggelassen.

Wie man erkennt, werden wie in jedem Regelkreis die am Prozess gemessenen Regelgrößen zum MPC-Regler zurückgeführt, dem außerdem Sollwerte (alternativ Sollbereiche oder untere/obere Grenzwerte) zur Verfügung gestellt werden. Außerdem können dem MPC-Regler gemessene Störgrößen bekanntgemacht werden, die für eine Störgrößenaufschaltung (feedforward compensation) genutzt werden können. Die nicht gemessenen Ausgangsgrößen werden in der Regel nur beobachtet. Sie können alternativ aber ebenfalls geschätzt und dann auch geregelt werden.

2.2 Grundelemente von MPC-Regelalgorithmen

Unabhängig von der konkreten mathematischen Ausgestaltung der einzelnen Schritte weisen alle MPC-Regelalgorithmen folgende gemeinsamen Elemente auf:

- Schätzung der nicht gemessenen Zustandsgrößen des Prozessmodells und der Störmodelle,
- Modellbasierte Vorhersage des zukünftigen Regelgrößenverlaufs (Prädiktion),
- Bestimmung einer optimalen Folge zukünftiger Stellgrößenänderungen,

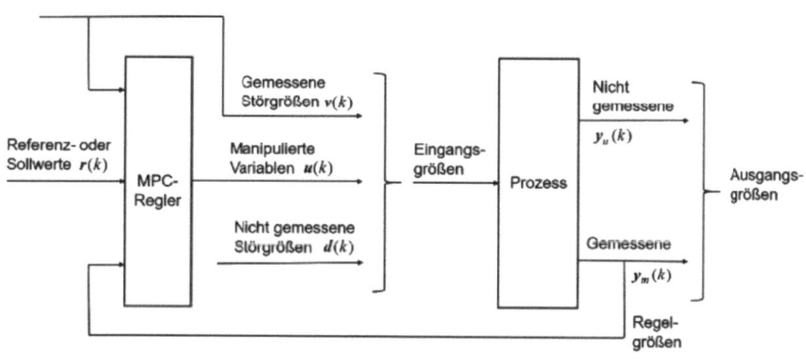

Bild 2.
Struktur des MPC-Regelungssystems in der MPC Toolbox.

- Anwendung des Prinzips des zurückweichenden Horizonts.

Die Arbeitsweise einer MPC-Regelung kann man anhand von **Bild 3** beschreiben. Um die Verhältnisse nicht unnötig kompliziert zu gestalten, wird im Bild nur eine Stell- und eine Regelgröße betrachtet (Eingrößenregelung). In der linken Bildhälfte sind die Verläufe der Regel- und der Stellgröße in der Vergangenheit dargestellt, die rechte Bildhälfte zeigt deren zukünftige Entwicklung. MPC-Regelalgorithmen arbeiten zeitdiskret. Der aktuelle Abtastzeitpunkt wird mit k bezeichnet, zukünftige mit $k+j$, vergangene mit $k-j$.

2.2.1 Schätzung nicht gemessener Zustandsgrößen des Prozessmodells und der Störmodelle

Da in der MPC Toolbox lineare Zustandsmodelle zur Beschreibung des dynamischen Verhaltens (sowohl des Prozesses als auch der Störungen) verwendet werden und die Zustandsgrößen der Prozess- und Störmodelle im Allgemeinen nicht messbar sind, müssen diese (mit Hilfe der gemessenen Stell- und Regelgrößen) geschätzt werden. Dafür wird ein stationäres Kalman-Filter verwendet. Alternativ kann der Anwender ein selbst entwickeltes Schätzverfahren einsetzen. Die geschätzten Größen werden dann in die Prädiktionsgleichungen eingesetzt. Durch die Verwendung der gemessenen Regelgröße $y(k)$ wird in diesem Schritt der Regelkreis der MPC-Regelung geschlossen.

2.2.2 Vorhersage

Bei PID-Regelungen wird ein dynamisches Modell des Prozesses nur in der Entwurfsphase (zur Bestimmung der Reglerparameter) verwendet. Bei MPC-Regelungen wird es hingegen auch in der Arbeitsphase der Regelung eingesetzt: Zum aktuellen Zeitpunkt k wird das zukünftige Verhalten der Regelgröße mit Hilfe eines mathematischen Modells für das dynamische Verhalten des Prozesses vorhergesagt. Die Vorhersage erstreckt sich über den “Prädiktionshorizont” p (bzw.

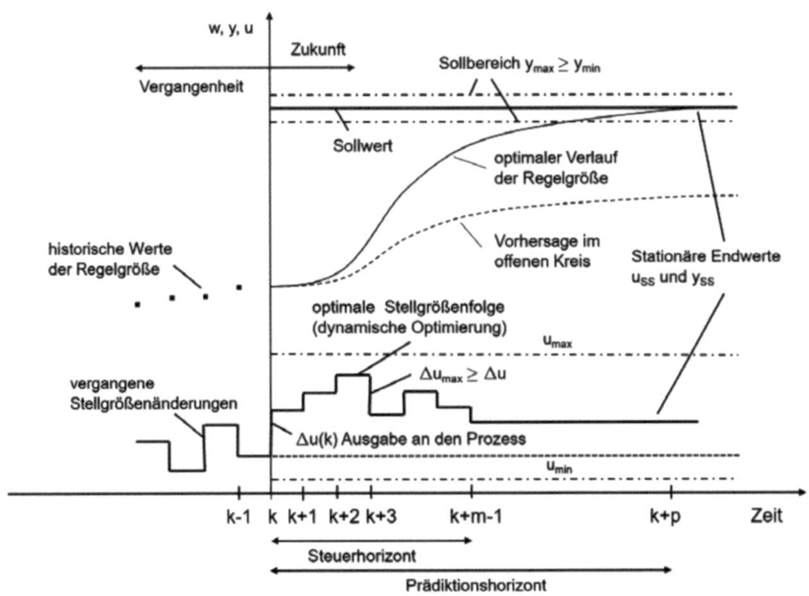

Bild 3.
Zum Funktionsprinzip eine MPC-Regelung.

die Zeit pT_s mit T_s als Abtastzeit). Sie setzt sich aus zwei Teilen zusammen, der "freien" und der "erzwungenen" Bewegung des Systems. Die "freie" Bewegung bezeichnet den zukünftigen Verlauf der Regelgröße unter der Annahme, dass sich die Stellgröße in der Zukunft nicht verändert. Dies ist in **Bild 3** gestrichelt dargestellt. Man spricht auch von einer Vorhersage im offenen Kreis oder von "unforced prediction". Die "erzwungene" Bewegung ergibt sich aus der Berücksichtigung des zukünftigen Verlaufs der Stellgrößen über den "Steuerhorizont" m. Dieser Teil wird auch "Vorhersage im geschlossenen Kreis" oder "forced prediction" genannt und ist im Bild durchgezogen dargestellt. Für die Regelgröße muss ein zukünftiger Sollwertverlauf bekannt sein. Im Bild ist ein konstanter Sollwert dargestellt.

Bei bekanntem Sollwertverlauf lassen sich dann auch die zukünftigen Regeldifferenzen (Sollwert minus Vorhersagewert in den zukünftigen Abtastzeitpunkten) vorhersagen. Der zukünftige Stellgrößenverlauf wird in einem weiteren Schritt (siehe unten) durch iterative Lösung eines Optimierungsproblems berechnet. In jedem Optimierungsschritt entsteht dabei eine neue Folge von zukünftigen Stellgrößenänderungen, mit deren Hilfe die erzwungene Bewegung immer wieder neu berechnet werden muss.

Für die Vorhersage der Regelgröße können messbare Störgrößen $v(k)$ einbezogen werden, wenn dynamische Modelle für deren Zusammenhang mit der Regelgröße bekannt sind. Dieses Vorgehen entspricht einer Störgrößenaufschaltung, wie sie aus Regelkreisen mit PID-Regler bekannt ist ([24], S. 143 ff.).

2.2.3 Bestimmung einer optimalen Folge zukünftiger Stellgrößenänderungen (Dynamische Optimierung)

Das dritte Element des MPC-Algorithmus beinhaltet die Ermittlung einer optimalen Folge von zukünftigen Stellgrößenänderungen $\boldsymbol{\Delta u}(k) = [\Delta u\,(k|k)\ \ldots \Delta u(k+m-1|k)]^T$ über einen vorgegebenen "Steuerhorizont" m, der in der Praxis meist wesentlich kürzer als der Prädiktionshorizont gewählt wird. Man beachte, dass der Steuerhorizont m die Zahl der zukünftigen Stellgrößenänderungen bezeichnet. Da die erste Stellgrößenänderung für den aktuellen Zeitpunkt $(k+0)$ bestimmt wird, läuft der Index bis $(k+m-1)$, vgl. **Bild 3**. Die Schreibweise $\Delta u\,(k+i|k)$ bedeutet hier, dass Stellgrößenänderungen für die Zeitpunkte $[k, k+1, k+2, \ldots, k+i]$ auf der Grundlage von Informationen berechnet werden, die bis zum aktuellen Zeitpunkt k vorliegen.

Die Folge der zukünftigen Stellgrößenänderungen wird durch die Lösung eines quadratischen Optimierungsproblems in Echtzeit ermittelt. Das Optimierungsziel besteht darin, die zukünftigen Regeldifferenzen zu minimieren und dabei mit möglichst geringen Stellgrößenänderungen auszukommen (Regelungs-Zielfunktion). Für die Stellgrößen $u\,(k)$ und deren Änderungen zwischen zwei Abtastzeitpunkten $\Delta u\,(k)$ können Ungleichungs-Nebenbedingungen vorgegeben werden, die in jedem Fall durch den MPC-Regler einzuhalten sind (sogenannte "harte" Nebenbedingungen). Für die Regelgrößen können entweder Gleichungs-Nebenbedingungen (Sollwerte) oder Ungleichungs-Nebenbedingen (Sollbereiche oder obere/untere Grenzwerte) vorgegeben werden. Nebenbedingungen für die Regelgrößen dürfen zeitweilig verletzt werden, werden also als "weiche" Nebenbedingungen aufgefasst. Durch die Vorgabe von Gewichtsfaktoren, wird ein Kompromiss zwischen den Zielen "geringstmögliche zukünftige Regeldifferenzen" und "geringstmöglicher Stellaufwand" gestaltet. Die Gewichtsfaktoren sind das wesentliche Element der Reglereinstellung (Tuning). Da die unabhängigen Variablen des Optimierungsproblems eine *zeitliche* Folge von

Stellgrößenänderungen darstellen, wird dieser Schritt auch als "*dynamische* Optimierung" bezeichnet.

2.2.4 Anwendung des Prinzips des zurückweichenden Horizonts

Obwohl im vorhergehenden Optimierungsschritt eine ganze Folge zukünftiger Stellgrößenänderungen berechnet wurde, wird nur das erste Element dieser Folge $\Delta u\,(k|k)$ an den Prozess bzw. an die Stelleinrichtung ausgegeben. Das bedeutet aber auch, dass man nicht m Abtastintervalle bis zur Durchführung der nächsten Optimierung wartet, sondern die gesamte Prozedur von Schätzung, Prädiktion und Optimierung in jedem Abtastintervall wiederholt. Vorher werden der betrachtete Zeithorizont und mit ihm die Datenvektoren für die Regelkreisgrößen um einen Abtastschritt nach vorn verschoben. Dieses Vorgehen wird als Anwendung des Prinzips des zurückweichenden Horizonts ("receding horizon principle") bezeichnet. Seine Anwendung ermöglicht eine schnelle Reaktion auf Änderungen nicht gemessener Störgrößen.

2.2.5 Hinweis: Statische Arbeitspunktoptimierung

Bei kommerziellen LMPC-Programmpaketen (eine Übersicht findet sich in [24], S. 312 f.) wird zusätzlich zu den beschriebenen Elementen des MPC-Regelalgorithmus eine weitere Funktion realisiert: die Bestimmung zulässiger, betriebswirtschaftlich optimaler stationärer Werte der Stell- und Regelgrößen (statische Arbeitspunktoptimierung). Die Berechnung der optimalen Steuergrößenfolge sichert nämlich nicht, dass die MPC-Regelung im stationären Zustand einen betriebswirtschaftlich optimalen Arbeitspunkt des Prozesses anfährt. Daher kann man zeitgleich mit der Lösung der dynamischen Optimierungsaufgabe ein zwar funktional übergeordnetes, programmtechnisch aber integriertes statisches Optimierungsproblem lösen. Das Ziel besteht hier darin, die für den stationären Zustand der Anlage zulässigen, optimalen Werte der Steuer- und Regelgrößen u_{SS} und y_{SS} durch Minimierung einer *ökonomischen* (oder daraus abgeleiteten technologischen) Zielfunktion zu ermitteln. Mathematisch wird diese Aufgabe meist mit Hilfe einer Linearoptimierung mit den schon beschriebenen Nebenbedingungen in Echtzeit gelöst. Benötigt wird hier das mathematische Modell für das *statische* Verhalten des Prozesses. In der MPC-Literatur wird die statische Arbeitspunktoptimierung auch als "Target Selection" bezeichnet, die Größen u_{SS} und y_{SS} sind dann die "Targets" oder Zielgrößen für den dynamischen Teil des MPC-Reglers. Durch die MPC Toolbox wird die Funktion der statischen Arbeitspunktoptimierung bisher allerdings nicht unterstützt.

In **Bild 4** ist das Zusammenwirken der Grundelemente eines MPC-Regelungssystems ohne Target-Selection in Form eines Wirkungsplans dargestellt.

2.3 MPC-Mathematik

Die im Abschnitt 2.2 gegebene Erläuterung der Grundelemente von MPC-Regelagorithmen wird im Folgenden mit Hilfe mathematischer Formeln für Mehrgrößensysteme präzisiert. Die Beschreibungen beziehen sich auf die in der MPC Toolbox implementierten Algorithmen. Um das Verständnis zu erleichtern, wird die Terminologie und Notation verwendet, die in den Dokumentationen [34, 35] Anwendung findet. Zunächst werden die in der MPC Toolbox benutzten (Zustands-)Modelle für den Prozess und die Störungen mathematisch beschrieben. Anschließend werden die Formeln für die wesentlichen Schritte des MPC-

DOI: http://dx.doi.org/10.5772/intechopen.88257

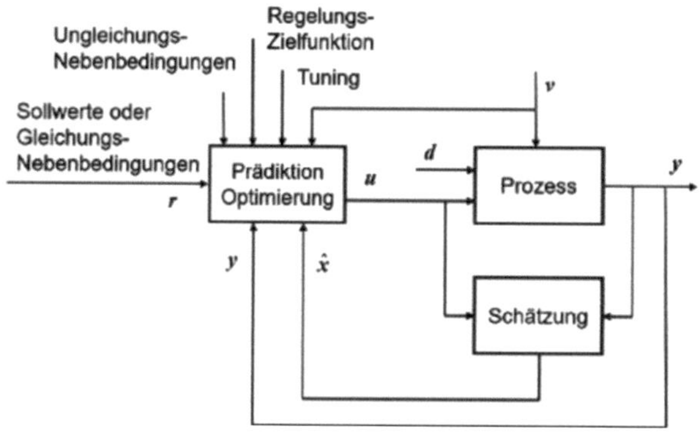

Bild 4.
Zusammenwirken der Grundelemente eines MPC-Regelungssystems.

Regelalgorithmus (Zustands- und Störgrößenschätzung, Prädiktion der Regelgrößen und Bestimmung optimaler Stellgrößen-Folgen) angegeben.

2.3.1 Verwendete Modelle

2.3.1.1 Prozessmodell

In der MPC Toolbox werden alle Berechnungen (Schätzung, Prädiktion, Optimierung) mit einem zeitdiskreten, totzeitfreien, linearen Zustandsmodell des Prozesses mit dimensionslosen Ein- und Ausgangsgrößen durchgeführt. Wenn durch den Anwender ein anderes Prozessmodell vorgegeben wird – z. B. ein Übertragungsfunktionsmodell oder ein durch die System Identification Toolbox™ aus Messdaten bestimmtes Modell – dann werden intern die Schritte

- Umwandlung in ein lineares Zustandsmodell,
- zeitliche Diskretisierung,
- Absorbierung von vorhandenen Totzeiten durch Einführung zusätzlicher zeitdiskreter Zustandsgrößen und Pole bei $z = 0$ (MATLAB-Funktion *absorbDelay*), und
- Umwandlung der Ein- und Ausgangsgrößen (nicht der Zustandsgrößen) in dimensionslose Variable

durchgeführt. Der letzte Schritt wird durch die Vorgabe von Skalierungsfaktoren in der Maßeinheit der jeweiligen Ein- und Ausgangsgröße durch den Anwender ermöglicht. Fasst man die Skalierungsfaktoren in Diagonalmatrizen $\boldsymbol{S}_i$ für die Eingangs- und $\boldsymbol{S}_o$ für die Ausgangsgrößen zusammen, dann geschieht die Umwandlung in die dimensionslose Form z. B. durch

$$\boldsymbol{y}_p(k) = \boldsymbol{S}_o^{-1}\boldsymbol{C}\boldsymbol{x}_p(k) + \boldsymbol{S}_o^{-1}\boldsymbol{D}\boldsymbol{S}_i\boldsymbol{u}_p(k) = \boldsymbol{C}_p\boldsymbol{x}_p(k) + \boldsymbol{D}_{pu}\boldsymbol{u}_p(k) \tag{2}$$

Es wird schließlich ein Zustandsmodell der Form

$$\begin{aligned} \boldsymbol{x}_p(k+1) &= \boldsymbol{A}_p\boldsymbol{x}_p(k) + \boldsymbol{B}_{pu}\boldsymbol{u}_p(k) + \boldsymbol{B}_{pv}\boldsymbol{v}_p(k) + \boldsymbol{B}_{pd}\boldsymbol{d}_p(k) \\ \boldsymbol{y}_p(k) &= \boldsymbol{C}_p\boldsymbol{x}_p(k) + \boldsymbol{D}_{pu}\boldsymbol{u}_p(k) + \boldsymbol{D}_{pv}\boldsymbol{v}_p(k) + \boldsymbol{D}_{pd}\boldsymbol{d}_p(k) \end{aligned} \tag{3}$$

erzeugt. Darin bezeichnen $\boldsymbol{x}_p$, $\boldsymbol{u}_p$, $\boldsymbol{v}_p$ und $\boldsymbol{d}_p$ die Vektoren der Zustandsgrößen, der manipulierten Variablen, der gemessenen und der nicht gemessenen Störgrößen, $\boldsymbol{y}_p$ den Vektor der Ausgangsgrößen. Der Index p bedeutet "process" oder "plant". Die Matrizen $\boldsymbol{A}$, $\boldsymbol{B}$, $\boldsymbol{C}$ und $\boldsymbol{D}$ sind konstante Matrizen des Zustandsmodells. Der MPC-Regler erzwingt $\boldsymbol{D}_{pu} = 0$, d. h. das Modell der Regelstrecke ist nicht sprungfähig (die Stellgrößen wirken nicht unverzögert auf die Regelgrößen).

2.3.1.2 Modell der Eingangsstörungen

Das lineare Zustandsmodell der Eingangsstörungen lautet

$$\begin{aligned} \boldsymbol{x}_{id}(k+1) &= \boldsymbol{A}_{id}\boldsymbol{x}_{id}(k) + \boldsymbol{B}_{id}\boldsymbol{w}_{id}(k) \\ \boldsymbol{d}(k) &= \boldsymbol{C}_{id}\boldsymbol{x}_{id}(k) + \boldsymbol{D}_{id}\boldsymbol{w}_{id}(k) \end{aligned} \tag{4}$$

Darin bezeichnen $\boldsymbol{d}$ den Vektor der nicht gemessenen, dimensionslosen Eingangsstörgrößen, $\boldsymbol{w}_{id}$ einen Vektor dimensionsloser weißer Rauschsignale mit Mittelwert Null und Varianz Eins, $\boldsymbol{x}_{id}$ den Zustandsvektor des Modells der Eingangsstörungen und $\boldsymbol{A}_{id}$, $\boldsymbol{B}_{id}$, $\boldsymbol{C}_{id}$ und $\boldsymbol{D}_{id}$ konstante Matrizen. Der Index *id* bedeutet "input disturbance". Die Eingangsstörungen sind also "gefiltertes weißes Rauschen", deren Eigenschaften durch die Struktur und die Parameter des Störmodells erzeugt werden. Mit diesem Ansatz lassen sich viele in der Praxis auftretenden Störsignale beschreiben. Wenn der Anwender kein Modell der Eingangsstörungen vorgibt, wird ein voreingestelltes Modell verwendet. Einzelheiten werden in [35], S. 2–4 ff. beschrieben. Die Wahl des Modells der Eingangsstörungen beeinflusst sowohl die Dynamik des Störverhaltens der MPC-Regelung als auch das statische Verhalten, insbesondere die Vermeidung bleibender Regeldifferenzen analog dem I-Anteil bei einer PID-Regelung.

2.3.1.3 Modell der Ausgangsstörungen

Das lineare Zustandsmodell der (nicht gemessenen) Ausgangsstörungen lautet

$$\begin{aligned} \boldsymbol{x}_{od}(k+1) &= \boldsymbol{A}_{od}\boldsymbol{x}_{od}(k) + \boldsymbol{B}_{od}\boldsymbol{w}_{od}(k) \\ \boldsymbol{y}_{od}(k) &= \boldsymbol{C}_{od}\boldsymbol{x}_{od}(k) + \boldsymbol{D}_{od}\boldsymbol{w}_{od}(k) \end{aligned} \tag{5}$$

mit den Zustandsgrößen $\boldsymbol{x}_{od}$, dem dimensionslosen weißen Rauschen $\boldsymbol{w}_{od}$, den konstanten Matrizen $\boldsymbol{A}_{od}$, $\boldsymbol{B}_{od}$, $\boldsymbol{C}_{od}$ und $\boldsymbol{D}_{id}$ sowie dem Index *od* ("output disturbance"). Die dimensionslosen Ausgangsstörgrößen $\boldsymbol{y}_{od}$ werden auf die Prozess-Ausgangsgrößen $\boldsymbol{y}_p$ addiert (vgl. **Bild 1**). Das Modell der Ausgangsstörungen ist somit wesentlich allgemeiner als das ursprünglich für "Dynamic Matrix Control" (einen der frühesten MPC-Regelalgorithmen) verwendete Modell einer sprungkonstanten Ausgangsstörung (vgl. [24], S. 285 ff.). Die ausschließliche Verwendung dieses Modells in den frühen Versionen kommerzieller MPC-Programmpakte führte u. a. zu einer unbefriedigenden Regelgüte bei der Kompensation von Eingangsstörgrößen [48, 49]. Dieser Nachteile wird durch die in der MPC Toolbox (aber auch in anderen modernen kommerziellen MPC-Programmpaketen) verwendeten Störmodelle vermieden.

Wenn der Anwender kein Modell der Ausgangsstörungen definiert, wird auch hier ein voreingestelltes Modell verwendet, für Einzelheiten vgl. [35], S. 2–6 ff.

2.3.1.4 Modell des Messrauschens

Das lineare Zustandsmodell für das Messrauschen lautet

$$\begin{aligned} \boldsymbol{x}_n(k+1) &= \boldsymbol{A}_n\boldsymbol{x}_n(k) + \boldsymbol{B}_n\boldsymbol{w}_n(k) \\ \boldsymbol{y}_n(k) &= \boldsymbol{C}_n\boldsymbol{x}_n(k) + \boldsymbol{D}_n\boldsymbol{w}_n(k) \end{aligned} \tag{6}$$

mit den Zustandsgrößen $\boldsymbol{x}_n$, dem dimensionslosen weißen Rauschen $\boldsymbol{w}_n$, den konstanten Matrizen $\boldsymbol{A}_n$, $\boldsymbol{B}_n$, $\boldsymbol{C}_n$ und $\boldsymbol{D}_n$ sowie dem Index n ("noise"). Das dimensionslose Messrauschen $\boldsymbol{y}_n$ wird ebenfalls auf die Ausgangsgrößen des Prozesses addiert, die gemessenen Ausgangsgrößen ergeben sich dann zu $\boldsymbol{y}_m(k) = \boldsymbol{y}_p(k) + \boldsymbol{y}_{od}(k) + \boldsymbol{y}_n(k) = \boldsymbol{y}(k) + \boldsymbol{y}_n(k)$. Wenn kein Modell des Messrauschens durch den Anwender vorgegeben wird, werden keine Zustandsgrößen $\boldsymbol{x}_n$ verwendet (bzw. deren Anzahl ist gleich Null), für $\boldsymbol{A}_n$, $\boldsymbol{B}_n$, $\boldsymbol{C}_n$ sind leere Matrizen voreingestellt, und $\boldsymbol{D}_n$ ist eine Einheitsmatrix mit so viel Zeilen und Spalten wie die Zahl der gemessenen Ausgangsgrößen $\boldsymbol{y}_m$. Das Modell des Messrauschens wird also auf $\boldsymbol{y}_n(k) = \boldsymbol{w}_n(k)$ reduziert.

Wie die Störmodelle in der Bedienoberfläche der MPC Toolbox vorgegeben bzw. verändert werden können, wird weiter unten in Abschnitt 3.5 beschrieben.

2.3.2 Schätzung

Um die Vorhersage des zukünftigen Verlaufs der Regelgrößen durchzuführen, benötigt der MPC-Regler die aktuellen Werte der Zustandsgrößen (sowohl des Prozessmodells als auch der Störmodelle). Da diese im Allgemeinen nicht gemessen werden können, müssen sie aus messbaren Ein- und Ausgangsgrößen geschätzt werden. Dazu wird ein Zustandsvektor des MPC-Reglers in der Form

$$\boldsymbol{x}_c^T(k) = \begin{bmatrix} \boldsymbol{x}_p^T(k) & \boldsymbol{x}_{id}^T(k) & \boldsymbol{x}_{od}^T(k) & \boldsymbol{x}_n^T(k) \end{bmatrix} \tag{7}$$

definiert. Er fasst also die Zustandsvektoren des Prozessmodells und der drei Störmodelle zusammen. Der Index c bedeutet "current" (aktuell). Die aktuellen Werte der Zustandsgrößen werden über einen Zustandsbeobachter der Form

$$\begin{aligned} \boldsymbol{x}_c(k+1) &= \boldsymbol{A}\boldsymbol{x}_c(k) + \boldsymbol{B}\boldsymbol{u}_o(k) \\ \boldsymbol{y}(k) &= \boldsymbol{C}\boldsymbol{x}_c(k) + \boldsymbol{D}\boldsymbol{u}_o(k) \end{aligned} \tag{8}$$

ermittelt. Die Eingangsgrößen des Beobachters werden als

$$\boldsymbol{u}_o^T(k) = \begin{bmatrix} \boldsymbol{u}^T(k) & \boldsymbol{v}^T(k) & \boldsymbol{w}_{id}^T(k) & \boldsymbol{w}_{od}^T(k) & \boldsymbol{w}_n^T(k) \end{bmatrix} \tag{9}$$

definiert, setzen sich also aus den manipulierten Variablen, den gemessenen Störgrößen und den weißen Rauschsignalen der Störmodelle zusammen. Die konstanten Matrizen $\boldsymbol{A}$, $\boldsymbol{B}$, $\boldsymbol{C}$ und $\boldsymbol{D}$ setzen sich aus den Matrizen der Prozess- und Störmodelle wie folgt zusammen:

$$\boldsymbol{A} = \begin{bmatrix} \boldsymbol{A}_p & \boldsymbol{B}_{pd}\boldsymbol{C}_{id} & \boldsymbol{0} & \boldsymbol{0} \\ \boldsymbol{0} & \boldsymbol{A}_{id} & \boldsymbol{0} & \boldsymbol{0} \\ \boldsymbol{0} & \boldsymbol{0} & \boldsymbol{A}_{od} & \boldsymbol{0} \\ \boldsymbol{0} & \boldsymbol{0} & \boldsymbol{0} & \boldsymbol{A}_n \end{bmatrix}, \quad \boldsymbol{B} = \begin{bmatrix} \boldsymbol{B}_{pu} & \boldsymbol{B}_{pv} & \boldsymbol{B}_{pd}\boldsymbol{D}_{id} & \boldsymbol{0} & \boldsymbol{0} \\ \boldsymbol{0} & \boldsymbol{0} & \boldsymbol{B}_{id} & \boldsymbol{0} & \boldsymbol{0} \\ \boldsymbol{0} & \boldsymbol{0} & \boldsymbol{0} & \boldsymbol{B}_{od} & \boldsymbol{0} \\ \boldsymbol{0} & \boldsymbol{0} & \boldsymbol{0} & \boldsymbol{0} & \boldsymbol{B}_n \end{bmatrix} \tag{10}$$

$$\boldsymbol{C} = \begin{bmatrix} \boldsymbol{C}_p & \boldsymbol{D}_{pd}\boldsymbol{C}_{id} & \boldsymbol{C}_{od} & \begin{bmatrix} \boldsymbol{C}_n \\ 0 \end{bmatrix} \end{bmatrix}, \quad \boldsymbol{D} = \begin{bmatrix} \boldsymbol{0} & \boldsymbol{D}_{pv} & \boldsymbol{D}_{pd}\boldsymbol{D}_{id} & \boldsymbol{D}_{od} & \begin{bmatrix} \boldsymbol{D}_n \\ \boldsymbol{0} \end{bmatrix} \end{bmatrix}$$

Der Zustandsbeobachter nutzt ein stationäres Kalman-Filter als voreingestellten Schätzalgorithmus (MATLAB-Funktion *kalman*). Die Zustandsgrößen werden mit ihm im k−ten Abtastintervall in folgenden Schritten geschätzt.

Schritt 1: Folgende Daten und Parameter werden benötigt:

- $\boldsymbol{x}_c(k|k-1)$ ... im vorangegangenen Abtastintervall $(k-1)$ geschätzter Zustandsvektor,
- $\boldsymbol{u}^{act}(k-1)$ ... aktuell im Zeitintervall von $(k-1)$ bis k verwendete manipulierte Variablen,
- $\boldsymbol{u}^{opt}(k-1)$ ... durch den MPC-Regler als optimal bestimmte Werte der manipulierten Variablen,
- $\boldsymbol{v}(k)$ ... aktuelle Werte der gemessenen Störgrößen,
- $\boldsymbol{y}_m(k)$ ... aktuelle Werte der gemessenen Regelgrößen,
- $\boldsymbol{B}_u, \boldsymbol{B}_v$ ... den manipulierten Variablen und gemessenen Störgrößen zugeordnete Spalten der Beobachter-Matrix $\boldsymbol{B}$,
- $\boldsymbol{C}_m$ ... den gemessenen Ausgangsgrößen zugeordnete Zeilen der Beobachter-Matrix $\boldsymbol{C}$,
- $\boldsymbol{D}_{mv}$ ... Zeilen und Spalten der Beobachter-Matrix $\boldsymbol{D}$, die den gemessenen Ausgangsgrößen und den gemessenen Störgrößen zuzuordnen sind,
- $\boldsymbol{L}, \boldsymbol{M}$ ... konstante Matrizen der Kalman-Verstärkungen.

Schritt 2: Korrektur (Revision) des Zustandsvektors für den Fall, dass $\boldsymbol{u}^{act}(k-1)$ und $\boldsymbol{u}^{opt}(k-1)$ verschieden voneinander sind:

$$\boldsymbol{x}_c^{rev}(k|k-1) = \boldsymbol{x}_c(k|k-1) + \boldsymbol{B}_u(\boldsymbol{u}^{act}(k-1) - \boldsymbol{u}^{opt}(k-1)) \tag{11}$$

Schritt 3: Berechnung der "Innovation" (der Differenz zwischen gemessenen und vorhergesagten Ausgangsgrößen)

$$\boldsymbol{e}(k) = \boldsymbol{y}_m(k) - \left[\boldsymbol{C}_m\boldsymbol{x}_c^{rev}(k|k-1) + \boldsymbol{D}_{mv}\boldsymbol{v}(k)\right] \tag{12}$$

Schritt 4: Aktualisierung des Zustandsvektors

$$\boldsymbol{x}_c(k|k) = \boldsymbol{x}_c^{rev}(k|k-1) + \boldsymbol{M}\boldsymbol{e}(k) \tag{13}$$

Schritt 5: Mit dem aktualisierten Zustandsvektor wird danach die Prädiktion durchgeführt und eine neue optimale Stellgrößenfolge und damit auch dessen erstes Element $\boldsymbol{u}^{opt}(k)$, das im Intervall zwischen k und $(k+1)$ verwendet werden soll, berechnet. Schließlich wird der Zustandsvektor für den Zeitpunkt $(k+1)$ vorhergesagt:

$$\boldsymbol{x}_c(k+1|k) = \boldsymbol{A}\boldsymbol{x}_c^{rev}(k|k-1) + \boldsymbol{B}_u\boldsymbol{u}^{opt}(k) + \boldsymbol{B}_\nu\boldsymbol{\nu}(k) + \boldsymbol{L}\boldsymbol{e}(k) \quad (14)$$

Dabei wird angenommen, dass die unbekannten Werte der weißen Rauschprozesse $\boldsymbol{w}_{id}(k)$, $\boldsymbol{w}_{od}(k)$ und $\boldsymbol{w}_n(k)$ ihren Mittelwerten, d. h. Null, entsprechen.

Alternativ können (erfahrene) Anwender auch andere bzw. selbst entwickelte Schätzverfahren einsetzen.

2.3.3 Prädiktion

Sind die aktuellen Werte des Zustandsvektors $\boldsymbol{x}_c(k|k)$ bekannt, können die zukünftigen Werte der von Messrauschen freien Ausgangsgrößen $\boldsymbol{y}(k+i|k)$ vorhergesagt werden. Dafür sind im $k-$ten Abtastintervall folgende Informationen erforderlich:

- p... der Prädiktionshorizont,
- $\boldsymbol{x}_c(k|k)$... die Schätzung für den Vektor der Zustandsgrößen,
- $\boldsymbol{v}(k)$... die aktuellen Werte der gemessenen Störgrößen,
- $\boldsymbol{v}(k+i|k)$... zukünftige Werte der gemessenen Störgrößen (falls bekannt, sonst $\boldsymbol{v}(k+i|k) = \boldsymbol{v}(k)$),
- $\boldsymbol{A}, \boldsymbol{B}_u, \boldsymbol{B}_v, \boldsymbol{C}, \boldsymbol{D}_v$... Matrizen des Zustandsbeobachters, dabei sind $\boldsymbol{B}_u$, $\boldsymbol{B}_v$ und $\boldsymbol{D}_v$ die Spalten von $\boldsymbol{B}$ und $\boldsymbol{D}$, die den manipulierten Variablen und gemessenen Störgrößen zuzuordnen sind.

Die Vorhersage der Zustandsgrößen für den nächsten Abtastzeitpunkt ist

$$\boldsymbol{x}_c(k+1|k) = \boldsymbol{A}\boldsymbol{x}_c(k|k) + \boldsymbol{B}_u\boldsymbol{u}(k|k) + \boldsymbol{B}_v\boldsymbol{v}(k) \quad (15)$$

Für die folgenden Abtastzeitpunkte bis zum Prädiktionshorizont lassen sich die Zustandsgrößen rekursiv ermitteln:

$$\boldsymbol{x}_c(k+i|k) = \boldsymbol{A}\boldsymbol{x}_c(k+i-1|k) + \boldsymbol{B}_u\boldsymbol{u}(k+i-1|k) + \boldsymbol{B}_v\boldsymbol{v}(k-i-1|k) \quad i = 2...p \quad (16)$$

Die Ausgangsgrößen ergeben sich dann zu

$$\boldsymbol{y}(k+i|k) = \boldsymbol{C}\boldsymbol{x}_c(k+i|k) + \boldsymbol{D}_v\boldsymbol{v}(k+i|k), \quad i = 1...p \quad (17)$$

2.3.4 Optimierung

Modellprädiktive Regler lösen in jedem Abtastintervall ein Optimierungsproblem. Es wird beschrieben durch

- eine skalare, nicht-negative Zielfunktion, die ein Maß für die Regelgüte darstellt und minimiert werden soll,
- Nebenbedingungen, die die Lösung des Problems erfüllen muss, insbesondere die Einhaltung von Grenzwerten für die Stell- und Regelgrößen, und

- unabhängige oder Entscheidungsvariable, hier die zukünftigen Werte der Stellgrößen, deren Wahl zu einem minimalen Wert der Zielfunktion unter Einhaltung der Nebenbedingungen führt.

Bei MPC-Regelungen mit linearen Prozess- und Störmodellen kann die Optimierungsaufgabe mathematisch als quadratisches Optimierungsproblem (auch Quadratic Programming oder QP-Problem) formuliert werden. QP-Probleme sind dadurch gekennzeichnet, dass die Zielfunktion quadratisch von den Entscheidungsvariablen abhängt, die Nebenbedingungen hingegen linear. Die Lösung von QP-Problemen mit Nebenbedingungen lässt sich nicht in expliziter Form in einem Schritt ermitteln. Stattdessen müssen Suchverfahren angewendet werden, die aber bei QP zuverlässig und schnell konvergieren. QP-Probleme sind konvexe Optimierungsaufgaben, bei denen jedes lokale Optimum gleichzeitig auch ein globales Optimum ist. Ihre Lösung ist daher einfacher als die Lösung allgemeiner nichtlinearer Optimierungsaufgaben.

2.3.4.1 Zielfunktion

Die Zielfunktion des Optimierungsschritts bei MPC-Regelungen lässt sich in der Form

$$J(\boldsymbol{z}_k) = J_y(\boldsymbol{z}_k) + J_u(\boldsymbol{z}_k) + J_{\Delta u}(\boldsymbol{z}_k) + J_\varepsilon(\boldsymbol{z}_k) \tag{18}$$

mit $\boldsymbol{z}_k$ als Vektor der unabhängigen Variablen (siehe unten) schreiben. Jeder der in der Zielfunktion auftretenden, im Folgenden näher erläuterten Terme beschreibt einen Aspekt der Regelgüte. Gewichtsfaktoren erlauben dem Anwender, einen Kompromiss zwischen den konkurrierenden Teilzielen zu gestalten.

In den meisten Anwendungen soll der MPC-Regler ausgewählte Prozess-Ausgangsgrößen auf oder zumindest in der Nähe von Referenzwerten (Sollwerten) halten. Ein Maß für dieses "output reference tracking" ist

$$J_y(\boldsymbol{z}_k) = \sum_{j=1}^{n_y} \sum_{i=1}^{p} \left\{ \frac{w_{i,j}^y}{s_j^y} \left[r_j(k+i|k) - y_j(k+i|k) \right] \right\}^2 \tag{19}$$

Darin bedeuten

- k... den aktuellen Abtastzeitpunkt bzw. das aktuelle Abtastintervall,
- p... die Länge des Prädiktionshorizonts als Vielfaches der Abtastzeit,
- n_y... die Zahl der Ausgangsgrößen des Prozesses bzw. der Regelgrößen,
- $\boldsymbol{z}_k$... den Vektor der unabhängigen oder Entscheidungsvariablen, der durch $\boldsymbol{z}_k^T = \left[\boldsymbol{u}(k|k)^T \quad \boldsymbol{u}(k+1|k)^T \quad \cdots \quad \boldsymbol{u}(k+p-1|k)^T \quad \varepsilon_k \right]$ gegeben ist,
- $y_j(k+i|k)$... Vorhersagewerte für die $j-$te Ausgangsgröße im $i-$ten Prädiktionsintervall (in der jeweiligen Maßeinheit),
- $r_j(k+i|k)$... Referenz- oder Sollwert für die $j-$te Ausgangsgröße im $i-$ten Prädiktionsintervall (in der jeweiligen Maßeinheit),

- s_j^y... Skalierungsfaktoren für die $j-$te Ausgangsgröße (in der jeweiligen Maßeinheit),

- $w_{i,j}^y$... Gewichtsfaktoren für die $j-$te Ausgangsgröße im $i-$ten Prädiktionsintervall (dimensionslos).

Die Werte von p und $w_{i,j}^y$ sind konstante MPC-"Reglerparameter". Die Vorhersagen $y_j(k+i|k)$ hängen vom geschätzten Anfangszustand $\boldsymbol{x}_c(k|k)$, den gemessenen Störgrößen $\boldsymbol{v}(k)$ und den zukünftigen Veränderungen der Stellgrößen ab. Da zum Zeitpunkt k sowohl $\boldsymbol{v}(k)$ als auch $\boldsymbol{x}_c(k|k)$ bekannt sind, hängt J_y nur von $\boldsymbol{z}_k$ ab. Der Vektor der Entscheidungsvariablen beinhaltet die in der Zukunft am Prozess einzustellenden Werte der manipulierten Variablen $\boldsymbol{u}(k|k)^T$ ... $\boldsymbol{u}(k+p-1|k)^T$ sowie eine als "Schlupfvariable" bezeichnete, skalare, dimensionslose, nicht-negative Größe ε_k, die ein Maß für größte Verletzung einer vorgegebenen Nebenbedingung ist. Als Steuerhorizont wurde hier $m=p$ gewählt, also die maximal mögliche Länge. In der Praxis wird meist $m<p$ gewählt, dann sind entsprechend weniger zukünftige MV-Werte $\boldsymbol{u}(k|k)^T$ ... $\boldsymbol{u}(k+m-1|k)^T$zu bestimmen, und die Optimierungsaufgabe vereinfacht sich. Die Teilzielfunktion $J_y(\boldsymbol{z}_k)$ ist ein Maß für die zukünftig auftretenden Regeldifferenzen. Über die Gewichte $w_{i,j}^y$ kann der Anwender einerseits Informationen über die Bedeutung der einzelnen Regelgrößen bereitstellen. So bedeutet $w_{i,1}^y \gg w_{i,2}^y \ \forall i$, dass die Einhaltung des Sollwerts für Regelgröße 1 wesentlich wichtiger ist als die Einhaltung des Sollwerts für Regelgröße 2. Andererseits können die Gewichte innerhalb des Prädiktionshorizonts variieren. So bedeutet z. B. $w_{1\ldots5,j}^y \ll w_{p-5\ldots p,j}^y \ \forall j$, dass kleine Regeldifferenzen in den ersten fünf Stützstellen des Prädiktionshorizonts eher toleriert werden können als am Horizontende.

Bei MPC-Mehrgrößenregelungen muss die Zahl der aktuell verfügbaren manipulierten Variablen und die Zahl der zu berücksichtigenden Regelgrößen (d. h. Regelgrößen mit Sollwert oder mit aktuell/zukünftig verletzten Grenzwerten) nicht gleich groß sein. Man spricht dann von nicht-quadratischen Mehrgrößenregelungen. Ist die Zahl der verfügbaren MV größer als die Zahl der zu berücksichtigenden Regelgrößen, können für die "überschüssigen", d. h. nicht für die Regelung notwendigen MV sogenannte "Targets" (Zielwerte) vorgegeben werden. (Wird bei kommerziellen MPC-Programmsystemen die Funktion der statischen Arbeitspunktoptimierung aktiviert, werden diese "Targets" durch Lösung eines weiteren Optimierungsproblems mit betriebswirtschaftlicher Zielfunktion berechnet.) In der MPC Toolbox führt die Vorgabe von "Targets" auf ein weiteres Teilziel:

$$J_u(\boldsymbol{z}_k) = \sum_{j=1}^{n_u} \sum_{i=0}^{p-1} \left\{ \frac{w_{i,j}^u}{s_j^u} \left[u_j(k+i|k) - u_{j.target}(k+i|k) \right] \right\}^2 \tag{20}$$

Der MPC-Regler versucht also, ausgewählte MV auf ihre Zielwerte zu führen bzw. sie dort zu halten. Darin bedeuten

- k... den aktuellen Abtastzeitpunkt,

- p... die Länge des Prädiktionshorizonts als Vielfaches der Abtastzeit,

- n_u... die Zahl der manipulierten Variablen,
- z_k... den Vektor der unabhängigen oder Entscheidungsvariablen $z_k^T = \begin{bmatrix} u(k|k)^T & u(k+1|k)^T & \cdots & u(k+p-1|k)^T & \varepsilon_k \end{bmatrix}$,
- $u_{j,target}(k+i|k)$... Targets für die $j-$te manipulierte Variable im $i-$ten Prädiktionsintervall (in der jeweiligen Maßeinheit),
- s_j^u... Skalierungsfaktoren für die $j-$te manipulierte Variable (in der jeweiligen Maßeinheit),
- $w_{i,j}^u$... die Gewichtsfaktoren für die $j-$te manipulierte Variable im $i-$ten Prädiktionsintervall (dimensionslos).

Die Werte von p und $w_{i,j}^y$ sind wiederum konstante MPC-"Reglerparameter".

Bei vielen Regelungsaufgaben besteht ein Teilziel in der Minimierung des Stellaufwands, ausgedrückt durch möglichst geringe Stellgrößenänderungen zwischen den Abtastzeitpunkten. In der MPC-Literatur wird dieses Teilziel auch als "move suppression" bezeichnet. Es lässt sich mathematisch als

$$\begin{aligned} J_{\Delta u}(z_k) &= \sum_{j=1}^{n_u}\sum_{i=0}^{p-1}\left\{\frac{w_{i,j}^{\Delta u}}{s_j^u}\left[u_j(k+i|k) - u_j(k+i-1|k)\right]\right\}^2 = \\ &= \sum_{j=1}^{n_u}\sum_{i=0}^{p-1}\left\{\frac{w_{i,j}^{\Delta u}}{s_j^u}\left[\Delta u_j(k+i|k)\right]\right\} \end{aligned} \tag{21}$$

formulieren. Darin bezeichnen

- k... den aktuellen Abtastzeitpunkt,
- p... die Länge des Prädiktionshorizonts als Vielfaches der Abtastzeit,
- n_u... die Zahl der manipulierten Variablen,
- z_k... den Vektor der unabhängigen oder Entscheidungsvariablen $z_k^T = \begin{bmatrix} u(k|k)^T & u(k+1|k)^T & \cdots & u(k+p-1|k)^T & \varepsilon_k \end{bmatrix}$,
- s_j^u... Skalierungsfaktoren für die $j-$te manipulierte Variable (in der jeweiligen Maßeinheit),
- $w_{i,j}^{\Delta u}$... die Gewichtsfaktoren für die $j-$te manipulierte Variable im $i-$ten Prädiktionsintervall (dimensionslos).

Auch hier ist zunächst $m = p$ unterstellt, meist wird jedoch $m \ll p$ gewählt.

In der Praxis können zumindest vorübergehende Verletzungen der Nebenbedingungen nicht ausgeschlossen werden. Die Formulierung sogenannter "weicher" Nebenbedingungen (soft constraints) erlaubt dann eine zulässige Lösung des Optimierungsproblems. In die Zielfunktion der quadratischen Optimierung wird dafür ein Summand aufgenommen, der die Verletzung einer Nebenbedingung quantifiziert, die im schlimmsten Fall (worst case) auftritt:

$$J_\varepsilon(z_k) = \rho_\varepsilon \varepsilon_k^2 \tag{22}$$

Darin bezeichnen

- k... den aktuellen Abtastzeitpunkt,
- z_k... den Vektor der unabhängigen oder Entscheidungsvariablen $z_k^T = \left[\boldsymbol{u}(k|k)^T \quad \boldsymbol{u}(k+1|k)^T \quad \cdots \quad \boldsymbol{u}(k+p-1|k)^T \quad \varepsilon_k \right]$,
- ε_k... eine dimensionslose, nicht-negative Schlupfvariable für die Quantifizierung der schlimmstmöglichen Verletzung von Nebenbedingungen,
- ρ_k... einen Gewichtsfaktor, der die Verletzung von Nebenbedingungen bestraft.

Der Anwender kann auch eine alternative, vereinfachte Form der Zielfunktion wählen:

$$J(z_k) = \sum_{i=0}^{p-1} \left\{ \begin{array}{c} \left[\boldsymbol{e}_y^T(k+i)\boldsymbol{Q}\boldsymbol{e}_y(k+i) \right] + \left[\boldsymbol{e}_u^T(k+i)\boldsymbol{R}_u\boldsymbol{e}_u(k+i) \right] + \\ + \left[\Delta\boldsymbol{u}^T(k+i)\boldsymbol{R}_{\Delta u}\Delta\boldsymbol{u}^T(k+i) \right] \end{array} \right\} + \rho_k \varepsilon_k^2 \tag{23}$$

Darin bezeichnen $\boldsymbol{Q}$, $\boldsymbol{R}_u$ und $\boldsymbol{R}_{\Delta u}$ quadratische Gewichtsmatrizen einer geeigneten Dimension, und

$$\begin{aligned} \boldsymbol{e}_y(k+i) &= \boldsymbol{S}_y^{-1}\left[\boldsymbol{r}(k+i+1|k) - \boldsymbol{y}(k+i+1|k) \right] \\ \boldsymbol{e}_u(k+i) &= \boldsymbol{S}_u^{-1}\left[\boldsymbol{u}_{target}(k+i|k) - \boldsymbol{u}(k+i|k) \right] \\ \Delta\boldsymbol{u}(k+i) &= \boldsymbol{S}_u^{-1}\left[\boldsymbol{u}(k+i|k) - \boldsymbol{u}(k+i-1|k) \right] \end{aligned} \tag{24}$$

In den Diagonalmatrizen $\boldsymbol{S}_y$ und $\boldsymbol{S}_u$ sind die Skalierungsfaktoren zusammengefasst. Die vereinfachte Zielfunktion ergibt sich aus der Standard-Zielfunktion, wenn die Gewichtsfaktoren $w_{i,j}^y$, $w_{i,j}^u$ und $w_{i,j}^{\Delta u}$ über den Prädiktions-horizont konstant sind, und die Gewichtsmatrizen $\boldsymbol{Q}$, $\boldsymbol{R}_u$ und $\boldsymbol{R}_{\Delta u}$ die Quadrate dieser Gewichtsfaktoren in der Diagonale enthalten.

2.3.4.2 Nebenbedingungen

Für das quadratische Optimierungsproblem des MPC-Reglers können folgende Nebenbedingungen für die Regelgrößen $\boldsymbol{y}$, die Stellgrößen (manipulierten Variablen) $\boldsymbol{u}$ und deren Veränderung zwischen zwei Abtastzeitpunkten $\Delta\boldsymbol{u}$ (Verstellgeschwindigkeit, rate-of-change) vorgegeben werden:

$$\begin{aligned} &\frac{y_{j,\min}(i)}{s_j^y} - \varepsilon_k V_{j,\min}^y(i) \le \frac{y_j(k+i|k)}{s_j^y} \le \frac{y_{j,\max}(i)}{s_j^y} + \varepsilon_k V_{j,\max}^y(i) \\ &i = 1...p, \quad j = 1...n_y \\ &\frac{u_{j,\min}(i)}{s_j^u} - \varepsilon_k V_{j,\min}^u(i) \le \frac{u_j(k+i-1|k)}{s_j^u} \le \frac{u_{j,\max}(i)}{s_j^u} + \varepsilon_k V_{j,\max}^u(i) \\ &i = 1...p, \quad j = 1...n_u \end{aligned} \tag{25}$$

$$\frac{\Delta u_{j,\min}(i)}{s_j^u} - \varepsilon_k V_{j,\min}^{\Delta u}(i) \leq \frac{\Delta u_j(k+i-1|k)}{s_j^u} \leq \frac{\Delta u_{j,\max}(i)}{s_j^u} + \varepsilon_k V_{j,\max}^{\Delta u}(i)$$
$$i = 1...p, \quad j = 1...n_u$$

Darin bedeuten

- ε_k... eine dimensionslose, nicht-negative Schlupfvariable für das QP-Problem,
- s_j^y und s_j^u... Skalierungsfaktoren für die $j-$te Regel- und Stellgröße (in der jeweiligen Maßeinheit),
- $y_{j,\min}(i), y_{j,\max}(i)$... untere und obere Grenzwerte für die $j-$te Regelgröße im $i-$ten Prädiktionsintervall (in der Maßeinheit der jeweiligen Größe),
- $u_{j,\min}(i), u_{j,\max}(i)$... untere und obere Grenzwerte für die $j-$te Stellgröße im $i-$ten Prädiktionsintervall (in der Maßeinheit der jeweiligen Größe),
- $\Delta u_{j,\min}(i), \Delta u_{j,\max}(i)$... untere und obere Grenzwerte für das Inkrement der $j-$ten Stellgröße im $i-$ten Prädiktionsintervall (in der Maßeinheit der jeweiligen Größe),
- $V_{j,\min}^y, V_{j,\max}^y, V_{j,\min}^u, V_{j,\max}^u, V_{j,\min}^{\Delta u}$ und $V_{j,\max}^{\Delta u}$... dimensionslose ECR-Faktoren (ECR ... Equal Concern of Relaxation), die für das "Aufweichen" oder die "Lockerung" der Nebenbedingungen ("Constraint Softening") benutzt werden und ebenso wie die Gewichte als Reglerparameter aufzufassen sind.

Die Grenzwerte für die Nebenbedingungen der Stell- und Regelgrößen sind mit *−Inf* und *Inf* (minus und plus Unendlich) voreingestellt, die Nebenbedingungen daher unwirksam. Will der Anwender sie aktivieren, muss er technologisch sinnvolle, endliche Grenzwerte vorgeben. Gilt $y_{j,\min}(i) = y_{j,\max}(i)$, entspricht das einer Sollwertvorgabe, mathematisch wird aus einer Ungleichungs- eine Gleichungs-Nebenbedingung.

Wie die oben angegebenen Definitionen der Zielfunktion und der Nebenbedingungen in die mathematische Standardform eines QP-Problems überführt wird, kann [34], S. 2–7 ff. entnommen werden.

2.4 Anwendung von MPC in der Prozessindustrie

Modellprädiktive Regelungen wurden in der Industrie bis in die 90er-Jahre nahezu ausschließlich in kontinuierlich arbeitenden Großanlagen im Raffineriebereich und in der petrochemischen Industrie eingesetzt. Dafür gibt es drei wesentliche Ursachen: erstens handelt es sich bei diesen Anlagen um Prozesse mit relativ langsamer Dynamik. Ein typischer Wert für die Abtastzeit von MPC-Reglern ist dort eine Minute. Daher konnten MPC-Regelalgorithmen auf (dem Prozessleitsystem übergeordneten) Prozessrechnern implementiert werden, deren Rechenleistung für diesen Zweck auch damals schon ausreichend war. Zweitens werden petrochemische Prozesse meist über längere Zeiträume in einer engen Umgebung eines festen Betriebspunktes betrieben, was den Einsatz linearer Modelle für die Beschreibung der Prozessdynamik ermöglicht. Drittens rechtfertigt in diesen Anlagen eine Verbesserung des ökonomischen Ergebnisses um nur wenige Prozent die nicht geringen Kosten für Advanced-Control-Projekte, die

Amortisationsdauer liegt bei weniger als einem Jahr. In den letzten beiden Jahrzehnten hat sich jedoch das Einsatzgebiet von MPC-Reglern auf nahezu alle Bereiche der Prozessindustrie erweitert. Beispiele sind u. a. die chemische Industrie, die Papier- und Zellstoffindustrie, die Lebensmittelindustrie und die Zementindustrie.

Die Einbettung von MPC-Regelungen in die Hierarchie der Funktionen der Prozessautomatisierung ist in **Bild 5** dargestellt.

Eingangsgrößen der MPC-Regler sind Regelgrößen (CV) und messbare Störgrößen (DV). Sie werden durch Messeinrichtungen oder Softsensoren bereitgestellt. Die Ausgangs- oder Stellgrößen (MV) des MPC-Reglers wirken meist auf die Sollwerte bereits existierender, unterlagerten PID-Regelungen, die mit Abtastzeiten im Bereich von Zehntelsekunden bis wenigen Sekunden auf einem Prozessleitsystem (PLS) ausgeführt werden. In selteneren Fällen wirken MPC-Ausgangsgrößen direkt auf Stelleinrichtungen. Diese Kaskadenstruktur hat zwei Vorteile: Sie erlaubt einerseits dem Bedienpersonal, die Anlage im Notfall nur mit konventionellen Regelungen zu betreiben und erleichtert so in der Praxis die Einführung von MPC-Regelungen. Andererseits hat sie einen linearisierenden Effekt – die Zusammenhänge zwischen den Sollwerten der unterlagerten PID-Regler und den MPC-Regelgrößen verhalten sich tendenziell "linearer" als die Zusammenhänge zwischen PID-Stellgrößen und MPC-Regelgrößen. Sie lassen sich daher besser mit linearen Prozessmodellen beschreiben. MPC-Regelalgorithmen werden in verfahrenstechnischen Anwendungen meist mit Abtastzeiten im Bereich von 10 s bis 2 min abgearbeitet. Sie werden heute überwiegend auf dedizierten Rechnern (PC) implementiert, die mit dem Prozessleitsystem über eine OPC-Schnittstelle Daten austauschen. Dabei stellt das PLS einen OPC-Server und das MPC-Programmsystem einen OPC-Client bereit. Für MPC-Regler mit einer geringeren Zahl von Stell- und Regelgrößen gibt es bei ausgewählten Prozessleitsystemen auch MPC-Funktionsbausteine, die direkt auf prozessnahen Komponenten der PLS ablaufen ([23, 50], S. 912)

MPC-Regelungen weisen aber nicht nur eine Schnittstelle "nach unten", zum System der PID-Regelungen auf, die auf dem PLS implementiert sind. Sie haben auch Schnittstellen "nach oben", die allerdings wesentlich vielgestaltiger ausfallen.

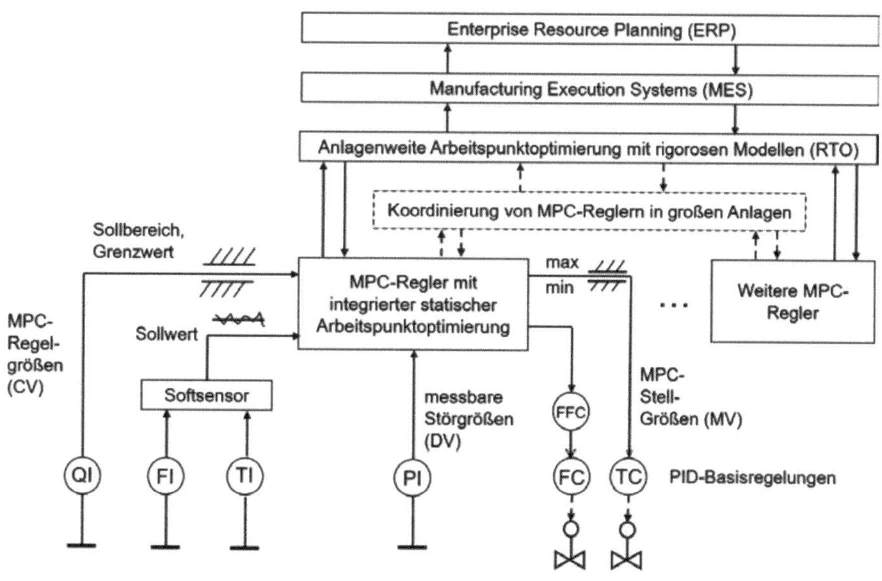

Bild 5.
Einbettung von MPC in die Hierarchie der Prozessautomatisierung (aus [24]).

In **Bild 5** sind einige Möglichkeiten dargestellt. Im Wesentlichen geht es darum, Vorgaben für die MPC-Regler aus betriebswirtschaftlicher Sicht zu ermitteln und an diese zu übergeben.

In einer kleinen, aber zunehmenden Zahl von Prozessanlagen wird eine Funktion der statischen Arbeitspunktoptimierung (Real Time Optimization, RTO) realisiert, deren Aufgabe es ist, betriebswirtschaftlich optimale Sollwerte für das unterlagerte MPC-Regelungssystem zu berechnen [51]. Während MPC-Regler ein experimentell ermitteltes, lineares Modell für die Prozessdynamik verwenden, stützen sich RTO-Systeme auf ein rigoroses (theoretisches) Prozessmodell für das statische Verhalten. RTO-Systeme verwenden oft ein Modell der Gesamtanlage oder eines größeren Anlagenabschnitts, während MPC-Regler sich meist auf eine Teilanlage oder eine bzw. mehrere wichtige Prozesseinheiten beziehen.
RTO-Systeme beinhalten Teilfunktionen zur

- automatischen Erkennung des stationären Verhaltens (steady-state detection),
- Erkennung systematischer Messfehler unter Nutzung von Methoden des Bilanzausgleichs (data reconciliation),
- Anpassung der Modellparameter an das aktuelle Anlagenverhalten und
- Bestimmung des optimalen Arbeitspunkts mit Hilfe von Methoden der nichtlinearen Optimierung mit Nebenbedingungen.

Die Entwicklung des RTO-Anlagenmodells wird durch bereitgestellte Modellbibliotheken für die wichtigsten verfahrenstechnischen Prozesseinheiten, Aggregate und Ausrüstungen sowie Stoffdatenbanken unterstützt. Trotzdem sind Entwicklung und Betrieb eines RTO-Systems für eine konkrete Prozessanlage aufwändige und komplexe Aufgaben, die einen hohen Grad der Spezialisierung erfordern und mit hohen Kosten für Modellbildung und -pflege verbunden sind. Daher ist die Zahl der industriellen Einsatzfälle (im Verhältnis zur Zahl der MPC-Applikationen) relativ gering, wenn auch steigend, u. a. als Folge der Bereitstellung von Prozessmodellen im Zusammenhang mit dem Entwurf und dem Bau neuer Prozessanlagen. RTO-Systeme arbeiten mit Abtastzeiten, die eine Größenordnung höher liegen als die von MPC-Reglern und in der Regel mehrere Stunden bis Tage betragen.

Ist kein RTO-System vorhanden, dann werden die Vorgaben für die MPC-Schicht in MES-(Manufacturing Execution System)- oder ERP-(Enterprise Resource Planning)-Systemen generiert und durch das Betriebspersonal an den MPC-Reglern eingestellt. Die Zeitabstände dieser Veränderungen liegen in einer den RTO-Abtastzeiten vergleichbaren Größenordnung.

Beim Entwurf von MPC-Regelungen ist zu entscheiden, ob für eine Prozessanlage ein einziger MPC-Regler mit einer vergleichsweise großen Zahl von MV/DV und CV, oder mehrere MPC-Regler mit einer kleineren Zahl von Ein- und Ausgangsgrößen konfiguriert werden sollen [5]. Oft fällt die Entscheidung für mehrere "kleinere" MPC-Regler aus, die dann für eine Prozesseinheit (Reaktor, Kolonne) oder für eine Teilanlage zuständig sind. Da diese Regler nur über Informationen über den ihnen zugeordneten Prozessabschnitt verfügen, ist nicht gewährleistet, dass die Summe der durch sie ermittelten Teiloptima auch dem Gesamtoptimum der Anlage entspricht. Einige Anbieter kommerzieller MPC-Produkte haben daher Funktionen entwickelt, die die Arbeitsweise der MPC-Einzelregler anlagenweit untereinander koordinieren [52]. Auch diese Variante ist in **Bild 5** dargestellt.

Es gibt verschieden Ursachen für die weite Verbreitung und Akzeptanz von MPC-Technologien in der Prozessindustrie:

- Verfahrenstechnische Prozesseinheiten und Anlagen sind durch mehr oder weniger strenge Wechselwirkungen zwischen den Stell- und Regelgrößen charakterisiert, was die Regelung durch ein System dezentraler PID-Eingrößenregelungen erschwert. MPC-Regelalgorithmen lassen sich einfach auf den Mehrgrößenfall erweitern. In MPC-Programmpaketen, auch in der MPC Toolbox von MATLAB®/Simulink®, ist die Zahl der Ein- und Ausgangsgrößen frei konfigurierbar.

- Beim Betrieb verfahrenstechnischer Anlagen können manipulierbare Größen nur innerhalb bestimmter Grenzen und mit einer begrenzten Geschwindigkeit verstellt werden. Viele Prozessgrößen dürfen sich nur innerhalb bestimmter Grenzen bewegen, Beispiele sind begrenzte Kapazitäten von Heiz-, Kühl- oder Vakuumsystemen, materialbedingte Temperaturgrenzwerte in Reaktoren oder Flutungsgrenzen in Kolonnen. Für viele Regelgrößen ist es zweckmäßig, Sollbereiche oder Grenzwerte statt Sollwerte vorzugeben. Das betriebswirtschaftliche Optimum liegt überdies häufig im Schnittpunkt solcher Nebenbedingungen. MPC-Regelalgorithmen sind – anders als andere Mehrgrößenregelungs-Ansätze – in der Lage, Nebenbedingungen für die Stell- und Regelgrößen explizit und in systematischer Art und Weise zu berücksichtigen.

- Unter industriellen Bedingungen können Sensoren oder Aktoren ausfallen oder andere Fehlfunktionen aufweisen. Größere Störungen können den Bediener veranlassen, einen PID-Regler in die Betriebsart "Automatik mit internem Sollwert" oder "Hand" zu nehmen, der im Normalfall durch den MPC-Regler manipuliert wird. Regelgrößen des MPC-Reglers sind außerdem nur dann notwendiger Bestandteil der Regelungsaufgabe, wenn die ihnen zugeordneten Grenzwerte jetzt oder in Zukunft verletzt werden. Daher kann sich die Zahl der zur Verfügung stehenden MV im laufenden Betrieb einer Prozessanlage ebenso ändern wie die Zahl der zu berücksichtigenden CV. MPC-Regler sind jedoch in der Lage, die aktuelle Problemstruktur selbsttätig zu erkennen und die aktuell bestmögliche Lösung zu ermitteln, ohne dass der Regler neu entworfen oder eingestellt werden muss.

- Der optimale Betriebspunkt einer Anlage variiert mit den technischen und ökonomischen Randbedingungen. So können sich Preise und Qualitäten von Einsatzstoffen und Energieträgern ebenso ändern wie Spezifikationen für die Zwischen- und Endprodukte. Die integrierte Funktion der statischen Arbeitspunktoptimierung ist in der Lage, den optimalen Betriebspunkt automatisch zu ermitteln und anzufahren.

- Das MPC-Grundkonzept ist mit überschaubarem Training auch für Anlagenpersonal verständlich und bedienbar, das nicht über regelungstechnisches Expertenwissen verfügt. Software für die Entwicklung von MPC-Regelungen mit linearen Prozessmodellen hat inzwischen einen hohen Reifegrad erreicht, es existiert eine größere Zahl von Dienstleistern und ein standardisierter Projektablauf. Die Entwicklungen der letzten Jahre – darunter leistungsfähiger Werkzeuge für die Modellbildung und Identifikation, standardisierter Interfaces zwischen PLS und MPC-Software sowie browserbasierter Visualisierungstools – führen zu kostengünstigeren

Lösungen und verringern die Hürden für den Einsatz von MPC in der Prozessindustrie.

Obwohl die Anwendung von MPC-Technologien bereits weit fortgeschritten ist, ist deren Entwicklung keineswegs abgeschlossen. Zu den Entwicklungstendenzen der letzten Jahre gehören:

- die Verkürzung der Zeit für Anlagentests und Modellbildung: Die traditionelle Vorgehensweise bei der experimentellen Modellbildung für MPC-Regler besteht darin, die Eingangsgrößen der Regelstrecke nacheinander manuell mehrfach sprungförmig in verschiedener Richtung und mit unterschiedlichen Amplituden zu verstellen und die Sprungantworten der Regelgrößen aufzuzeichnen. Bei einer größeren Zahl von Eingangsgrößen und bei langsamer Systemdynamik führt das zu sehr langen Versuchszeiträumen und hohen Projektkosten. Inzwischen bieten verschiedene MPC-Programmsysteme die Option, multivariate Testsignale zu generieren. Diese werden dann automatisch und simultan an den Prozess ausgegeben. Je nach den konkreten Randbedingungen werden heute bereits fünf bis zehn Eingangsgrößen simultan angeregt, bei guten Vorkenntnissen (keine Erstidentifikation) auch mehr. Die Werkzeuge Aspen SmartStep (Aspen Technology [53]) und Profit Stepper (Honeywell [54]) sind Beispiele für die Anwendung dieser Vorgehensweise. Gleichzeitig werden neue Entwicklungen der Theorie der Systemidentifikation aufgegriffen und in die Modellbildungswerkzeuge der MPC-Pakete integriert [55]. Hervorzuheben sind insbesondere der Einsatz von Subspace-Identifikationsmethoden zur Schätzung von linearen Zustandsmodellen, die Anwendung von Verfahren zur Identifikation im geschlossenen (Mehrgrößen-)Regelkreis und die Bereitstellung von Informationen über die erreichte Modellgüte.

- die Integration von MPC-Algorithmen in die prozessnahen Komponenten von Prozessleitsystemen: Die gestiegene Leistungsfähigkeit der prozessnahen Komponenten (PNK) von Leitsystemen eröffnet heute die technische Möglichkeit, MPC-Regelalgorithmen direkt auf den PNK ablaufen zu lassen. Der Vorteil besteht in einer besseren Integration zwischen PLS und MPC-Paket hinsichtlich des Engineering, der Kommunikation mit dem System der Basisregelungen und der Bedienung durch den Anlagenfahrer. Vorreiter dieser Entwicklung war die Firma Emerson Process Management, die seit einigen Jahren die Produkte "DeltaV Predict" und "DeltaV PredictPro" anbietet. Beide Versionen sind auf PNK des PLS DeltaV lauffähig. DeltaV Predict Pro erlaubt die Konfiguration von bis zu 80 CV und bis zu 40 MV/DV, ist also auch für größere Anwendungen geeignet. Für Simatic PCS 7 (Siemens) wird ein Mehrgrößen-MPC mit maximal 10MV/DV und 10 CV angeboten. Er wird wie ein Standard-Funktionsbaustein projektiert. Betriebsarten, Bedienung und Beobachtung sind so weit wie möglich an den Standard-PID-Regler des Leitsystems angelehnt [56]. Honeywell bietet für das PLS Experion PKS den MPC-Eingrößenregler "Profit Loop" als für bestimmte Anwendungen geeignete Alternative zu PID-Reglern an. Mit dem Experion PKS Release R500 wurde seit 2017 zusätzlich der MPC-Mehrgrößenregler "Experion Profit Controller" direkt auf dem Leitsystem verfügbar: auf der PNK C300 sind bis zu fünf MPC-Regler mit maximal 10CVx5MVx5DV lauffähig, auf dem "ACE node" maximal zehn Regler mit bis zu 40CVx20MVx20DV. Auch ABB bietet einen leitsystemintegrierten MPC-Baustein "800xA APC" für sein PLS an [57].

- die Entwicklung des Control Performance Monitoring (CPM) für MPC-Regelungen: Obwohl die Entwicklung von CPM-Werkzeugen für MPC-Mehrgrößenregelungen mit Beschränkungen der Stell- und Regelgrößen noch nicht so weit fortgeschritten ist wie die für PID-Eingrößenregelungen [58], stellen einige MPC-Programmsysteme CPM-Funktionen zur Verfügung. Dazu gehören z. B. der Aspen Watch Performance Monitor (Aspen Technology) und Profit Expert (Honeywell). Diese Werkzeuge liefern u. a. Hinweise über die Genauigkeit der Vorhersage der Regelgrößen und damit über die Modellgüte, statistische Informationen über die aktiven Nebenbedingungen des MPC-Reglers, und sie ermöglichen die Bewertung der Regelgüte durch Performance-Indizes. Sie unterstützen damit den APC-Ingenieur bei der Pflege laufender MPC-Anwendungen Es sind auch CPM-Werkzeuge für MPC-Regelungen verfügbar, die nicht Bestandteil der MPC-Programmpakete selbst sind, darunter Control Performance Monitor (Honeywell Matrikon), MD^{Pro} (Shell Global Solutions) und Expertune Plant Triage (Metso).

- die Anwendung von MPC-Regelungen bei nichtlinearen und zeitvarianten Prozessen: Die erfolgreiche Anwendung von MPC-Verfahren mit linearen Prozessmodellen ist an die Voraussetzung gebunden, dass die Prozesse in einer mehr oder weniger engen Umgebung eines festen Arbeitspunktes betrieben werden, und dass sich das statische und dynamische Verhalten während der Betriebsdauer nicht wesentlich ändert. Das ist bei vielen kontinuierlich betriebenen Raffinerie- und Petrochemie-Anlagen der Fall, was neben anderen Faktoren den hohen Anteil dieser Branchen an der Zahl der MPC-Anwendungen erklärt. Für viele potenzielle Einsatzfälle in der Prozessindustrie sind die Voraussetzungen der Linearität und Zeitinvarianz jedoch nicht erfüllt (Mehrprodukt-Polymerisationsanlagen, Batch-Prozesse, Kraftwerksanlagen mit vielen Lastwechseln u. v. m.). Daher werden seit Jahren in Forschung und Praxis verschiedene Ansätze verfolgt, MPC-Regelungen auf nichtlineare und zeitvariante Prozesse zu übertragen. Dazu gehören:

    a. die Möglichkeit, Parameter des Streckenmodells wie Verstärkungen und Totzeiten durch den Anwender im laufenden Betrieb zu verändern; die Anwendung nichtlinearer Transformationsbeziehungen auf Regel- und/oder Steuergrößen mit dem Ziel der Linearisierung; die Verwendung einer "Bank" linearer Prozessmodelle, zwischen denen in Abhängigkeit von Arbeitspunkt oder Fahrweise stoßfrei umgeschaltet wird. In jüngster Zeit gibt es verstärkte Bemühungen, durch Addition von Testsignalen kleiner Amplitude auf die MPC-Regler-Ausgangssignale Daten für eine Identifikation im geschlossenen Regelkreis zu gewinnen und damit eine fortlaufende, in der Regel aber durch den APC-Ingenieur freizugebende Adaption des MPC-Reglers zu ermöglichen.

    b. die Entwicklung und Anwendung von MPC-Regelungen mit nichtlinearen reglerinternen Prozessmodellen (NMPC). Dabei bleiben das Grundkonzept und wichtige Merkmale von MPC erhalten. Es wird "nur" das lineare durch ein nichtlineares (rigoroses oder empirisches) dynamisches Prozessmodell ersetzt. Damit verbunden ist jedoch ein wesentlich größerer Aufwand für die Modellbildung, für die Lösung des dann nichtlinearen (und nicht-konvexen) beschränkten Optimierungsproblems im Echtzeitbetrieb sowie die Schätzung des aktuellen Systemzustands und der nicht messbaren Störgrößen [29]. Während MPC-Regelungen als "Off-the-shelf"-Lösungen bezeichnet werden können, sind NMPC-Regelungen nahezu immer auf den jeweiligen Prozess zugeschnittene Anwendungen mit geringem Wiederholungsgrad. NMPC-Lösungen haben daher noch einen geringen Anteil an der Gesamtzahl der industriellen MPC-Anwendungen. Es gibt aber durchaus erfolgreiche Einsatzfälle in der Großindustrie wie z. B. bei Polymerisationsanlagen [59] oder im Kraftwerksbereich [60]. In der Forschung wird seit einigen Jahren das Konzept "Economic Model Predictive Control" verfolgt, in dem statt der hierarchischen Struktur von Arbeitspunktoptimierung und (N)MPC eine Struktur verwendet wird, die die betriebswirtschaftliche Optimierung in den dynamischen Teil des MPC-Reglers integriert [32].

Für industrielle MPC-Anwendungen in der Prozessindustrie werden eine Reihe von kommerziellen Programmpaketen angeboten. Eine Auswahl ist **Tabelle 5** (MPC mit linearen Modellen, LMPC) und **Tabelle 6** (MPC mit nichtlinearen Modellen, NMPC) zu entnehmen.

MPC-Programmsysteme enthalten wesentlich mehr Funktionen als den MPC-Regelalgorithmus selbst, darunter

- die Bewertung (Control Performance Monitoring) und Optimierung unterlagerter PID-Regelkreise,
- Testsignalgenerierung, inzwischen auch für die simultane Anregung mehrerer Eingangssignale,
- Systemidentifikation. Neben den bekannten Identifikationsverfahren werden inzwischen auch moderne Subspace-Methoden zur Identifikation linearer Zustandsmodelle und Methoden zur Identifikation im geschlossenen Regelkreis eingesetzt,

Anbieter	Programmpaket
Aspen Technology(USA)	DMCplus, DMC3
Honeywell (USA)	Profit Controller
Shell Global Solutions (NL)/Yokogawa	PACE (früher SMOC)
IPCOS (B/NL)	INCA MPC
Sherpa Engineering (F)	IDCOM/HIECON
Axens (F)	MVAC
Andritz (A/CAN)	BrainWave

Tabelle 5.
Ausgewählte LMPC-Programmpakete.

Anbieter	Programmpaket
Rockwell Software (USA)	Pavilion8
ABB (CH, S)	Expert Optimizer
Perceptive Engineering (UK)	ControlMV
Cybernetica (N)	CENIT
TriSolutions (BRA)	TriNMPC

Tabelle 6.
Ausgewählte NMPC-Programmpakete.

- Konfiguration des MPC-Reglers und der Simulation des geschlossenen Regelungssystems im Offline-Betrieb,
- Kommunikation zwischen Prozessleitsystem und MPC-Regler über eine standardisierte OPC-Schnittstelle,
- Bedienung und Beobachtung des MPC-Reglers durch den Anlagenfahrer. Es kommen zunehmend browserbasierte Oberflächen zum Einsatz, und die projektspezifische Entwicklung von Bedieninterfaces entfällt,
- dynamische Koordination von mehreren MPC-Reglern in großen Anlagen (z. B. Ethylenproduktion): Aktionen von MPC-Reglern vorgeschalteter Anlagenteile werden durch MPC-Regler nachgeschalteter Anlagenteile berücksichtigt,
- Control Performance Monitoring für den MPC-Regler selbst.

2.5 Anwendung von MPC in anderen Bereichen

Wie bereits erwähnt, hat sich gegenüber den 80er-Jahren das Anwendungsspektrum von MPC-Regelungen wesentlich erweitert. Das betrifft zunächst Anlagen der Prozessindustrie und verwandter Bereiche mit träger Prozessdynamik, in denen ursprünglich keine oder nur wenige MPC-Regelungen angewendet wurden. Gründe dafür lagen u. a. in ungünstigeren Kosten-Nutzen-Relationen, Schwierigkeiten bei der Modellbildung, nicht ausreichenden Kenntnissen bei den Betreibern und mangelnder Wahrnehmung des ökonomischen Potenzials dieser Technologie. **Tabelle** 7 listet eine Reihe von Quellen auf, die beispielhaft MPC-Anwendungen in diesen Industriebereichen beschreiben.

Die Entwicklung der Mikrorechentechnik und die Verbesserung der MPC-Algorithmen, besonders die Entwicklung rechenzeitsparender Varianten der quadratischen Optimierung [76], haben den Einsatz von MPC für Prozesse mit wesentlich schnellerer Dynamik (Zeitkonstanten mit Millisekunden-Bereich) ermöglicht. Im Gegensatz zu MPC-Anwendungen in der Prozessindustrie erfolgt

Anwendungsbereich	Quelle
Abwassertechnik	Ocampo-Martinez [61]
Gebäudetechnik	Ma, Kelman, Dali, Borelli [62], Serale et al. [63]
Zementanlagen	Stadler, Poland, Gallestey [64]
Glaserzeugung	Backx et al. [65]
Papierindustrie	Chu et al. [66]
Verarbeitungstechnik	Trifkovic et al. [67]
Solaranlagen	Camacho, Berenguel, Rubio [68]
Lebensmittelindustrie	Petersen et al. [69, 70]
Erzaufbereitung	Coetzee, Craig, Kerrigan [71], Craig [72]
Flussnetze	Breckpot et al. [73]
Medizin	Capocelli et al. [74]
Kraftwerkstechnik	Aurora et al. [75]

Tabelle 7.
MPC-Anwendungen für träge Prozesse und nicht-traditionelle Bereiche der Prozessindustrie.

Anwendungsbereich	Quelle
Luft- und Raumfahrt	Eren et al. [77]
Elektrische Antriebstechnik	Geyer [78]
Leistungselektronik	Vazquez et al. [79]
Windenergietechnik	Lio, Rossiter, Jones [80], Yaramasu, Wu [81]
Landwirtschaft	Ding et al. [82]
Fahrzeugtechnik	Del Re et al. [83], Hrovat et al. [84]
Produktionsplanung	Baldea, Harjunkoski [85]

Tabelle 8.
MPC-Anwendungen außerhalb der Prozessindustrie.

die Implementierung der Algorithmen dann nicht auf Prozessleitsystemen, sondern auf speicherprogrammierbaren Steuerungen (SPS) und auf Mikrocontrollern. **Tabelle 8** listet Quellen auf, die eine Orientierung über MPC-Anwendungen in diesen Bereichen bieten.

2.6 Übersicht über die Model Predictive Control Toolbox™ und weitere MATLAB®/Simulink®-Werkzeuge

In **Bild 6** ist eine Übersicht über die Bestandteile und Einsatzmöglichkeiten der MPC Toolbox dargestellt. Im Folgenden werden diese Bestandteile (hier mit A ... G bezeichnet) näher charakterisiert.

2.6.1 Entwurf und Simulation von MPC-Reglern mit linearen Modellen (LMPC)

Die MPC Toolbox unterstützt zunächst den Entwurf und die Simulation von MPC-Regelungen mit linearen Prozessmodellen (LMPC-Regelung). Beispiele dafür werden in den Kapiteln 4 bis 6 behandelt. Lineare Prozessmodelle können

- in MATLAB® durch spezielle Funktionen der Control Systems Toolbox™ definiert,
- mit Hilfe der System Identification Toolbox™ aus Messdaten generiert, oder
- aus einem nichtlinearen Simulink-Modell mit Hilfe von Simulink Control Design™ oder auf andere Weise durch Linearisierung gewonnen werden.

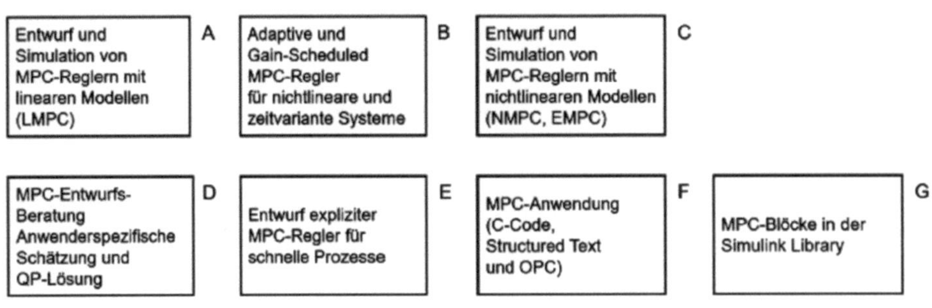

Bild 6.
Übersicht über die MPC Toolbox.

Der MPC-Reglerentwurf kann unter Nutzung von Funktionen der Model Predictive Control Toolbox™ in MATLAB® durch Programmierung von Kommandozeilen im Command Window oder im MATLAB-Editor erfolgen. Eine Übersicht über die MATLAB-Funktionen der MPC Toolbox gibt das Referenzhandbuch [36]. Alternativ kann der Anwender die grafische Nutzeroberfläche der App "MPC Designer" verwenden. Im vorliegenden Buch wird bei LMPC-Regelungen ausschließlich von der zweiten Möglichkeit Gebrauch gemacht. Der MPC Designer stellt Funktionen bereit, die eine Simulation verschiedener Szenarien des Führungs- und Störverhaltens des MPC-Regelungssystems ermöglichen. Um die Robustheit gegenüber "Plant Model Mismatch" zu untersuchen, kann die Simulation so eingestellt werden, dass das lineare Modell der simulierten Regelstrecke sich von dem im MPC-Regler intern verwendeten (ebenfalls linearen) Modell unterscheidet. Es ist auch möglich, mehrere MPC-Regler mit unterschiedlichen Einstellungen zu entwerfen, gegen dasselbe Streckenmodell laufen zu lassen und die erreichte Regelgüte zu vergleichen.

Eine Simulation ist aber nicht nur innerhalb des MPC Designers, sondern auch in Simulink® möglich. Für diesen Zweck stellt die MPC Toolbox einen Simulink-Block "MPC Controller" zur Verfügung. Damit ist auch die Möglichkeit gegeben, einen MPC-Regler, der mit einem linearen Modell entworfen wurde, mit einem nichtlinearen Streckenmodell zu kombinieren. Es lassen sich dann realistischere Robustheits-Untersuchungen durchführen und ein besserer Eindruck davon gewinnen, wie sich der MPC-Regler unter realen Bedingungen verhalten wird.

2.6.2 Adaptive und Gain-Scheduled-MPC-Regler für nichtlineare und zeitvariante Systeme

Wie oben beschrieben, sind bei einer Reihe von Anwendungen die Voraussetzungen der Linearität und Zeitinvarianz des dynamischen Verhaltens verletzt. Die Verwendung eines festen linearen Prozessmodells führt dann zu einer Verschlechterung der Regelgüte. Die MPC Toolbox unterstützt für diesen Fall bereits seit längerer Zeit zwei verschiedene Optionen zur Problemlösung, die *nicht* auf NMPC zurückgreifen:

Erstens ist es möglich, einen *adaptiven* MPC-Regler zu entwerfen. Das bedeutet, die zeitveränderlichen Parameter des linearen Prozessmodell online zu schätzen und das aktualisierte Modell dem MPC-Regler zu übergeben. Dafür kann die Funktion der Online-Parameterschätzung der System Identification Toolbox™ verwendet werden. Die MPC Toolbox selbst stellt einen Simulink-Baustein "Adaptive MPC Controller" zur Verfügung, der in der Lage ist, ein zeitvariantes lineares Prozessmodell zu verarbeiten. Die MPC Toolbox enthält für diesen Fall ein lineares, zeitvariantes, asymptotisch stabiles Kalman-Filter für die Schätzung der Zustands- und der Störgrößen. Wenn, wie z. B. bei periodischen Prozessen, zukünftige Änderungen der Prozessdynamik und des Arbeitspunktes vorab bekannt sind, lässt sich ein Prozessmodell einbinden, dessen Parameter sich innerhalb des Prädiktionshorizonts verändern.

Zweitens ist es möglich, *mehrere* LMPC-Regler für unterschiedliche Arbeitspunkte zu entwerfen und zwischen diesen Reglern im laufenden Betrieb stoßfrei umzuschalten. Auf diese Weise ist es möglich, nichtlineare Prozesse in einem sehr weiten Arbeitsbereich zu regeln. Das verlangt die Bereitstellung einer "Bank" von linearen Prozessmodellen für jeden Arbeitspunkt. Man spricht dann von "Gain-Scheduled" MPC, obwohl die Modelle sich nicht nur in den Streckenverstärkungen (den "process gains"), sondern auch in anderen Parametern (Zeitkonstanten, Totzeiten) voneinander unterscheiden können. Die MPC Toolbox stellt einen Simulink-Baustein "Multiple MPC Controllers" bereit, der den Zugriff auf mehrere LMPC-Regler und die stoßfreie Umschaltung ermöglicht.

In beiden Fällen (Adaptive und "Gain-Scheduled" MPC-Regelung) wird angenommen, dass, obwohl der Prozess nichtlinearen bzw. zeitvarianten Charakter aufweisen kann, die Nebenbedingungen *linear* von den Ein- und Ausgangsgrößen des Prozesses abhängen. Wenn diese Voraussetzung verletzt ist, muss man zu einer nichtlinearen modellprädiktiven Regelung (NMPC) übergehen. **Bild** 7 gibt eine zusammenfassende Übersicht über die Möglichkeiten des Entwurfs von MPC-Regelungen für nichtlineare und zeitvariante Systeme. In den Kapiteln 7 und 8 wird jeweils ein Beispiel für die adaptive und die Gain-Scheduled MPC-Regelung behandelt.

2.6.3 Entwurf und Simulation von MPC-Reglern mit nichtlinearen Modellen (NMPC) und Economic Model Predictive Control (EMPC)

Seit Release 2018b stellt die Model Predictive Control Toolbox™ die Möglichkeit zur Verfügung, modellprädiktive Regelungen mit nichtlinearen Prozessmodellen (NMPC-Regelungen) zu entwerfen. Die Grundstruktur der MPC-Regelungsalgorithmen bleibt dabei erhalten, für die Prädiktion des zukünftigen Verhaltens der Regelgrößen werden jetzt aber nichtlineare Prozessmodelle verwendet, die in der Regel durch theoretische Prozessanalyse, in selteneren Fällen durch Prozessidentifikation, gewonnen werden. Die Bestimmung der optimalen Stellgrößenfolge geschieht durch Lösung eines nichtlinearen, beschränkten Optimierungsproblems, die Bestimmung der aktuellen Werte der nicht gemessenen Zustands- und Störgrößen durch nichtlineare Filterung oder ebenfalls durch Lösung eines nichtlinearen Optimierungsproblems.

Der Entwurf von NMPC-Regelungen in der MPC Toolbox kann z. Z. nur auf Kommandozeilenebene, d. h. nicht im MPC Designer, vorgenommen werden. Ein neuer Funktionsbaustein "Nonlinear MPC Controller" ermöglicht die Untersuchung von NMPC-Regelungen in Simulink®. Außer der MPC Toolbox wird für NMPC-Regelungen in MATLAB®/Simulink® auch die Optimization Toolbox™ benötigt. Ausführlicher wird der NMPC-Reglerentwurf im Kapitel 9 behandelt.

Wie in Abschnitt 2.4 beschrieben, weisen voll ausgebaute RTO/LMPC-Systeme in ihrer gegenwärtig angewendeten Form eine hierarchische Struktur von Optimierungsfunktionen auf. Sie ist in **Bild 8** links veranschaulicht.

In der RTO-Schicht werden betriebswirtschaftlich optimale Arbeitspunktwerte für die Stell- und Regelgrößen mit Hilfe eines rigorosen (theoretischen) statischen

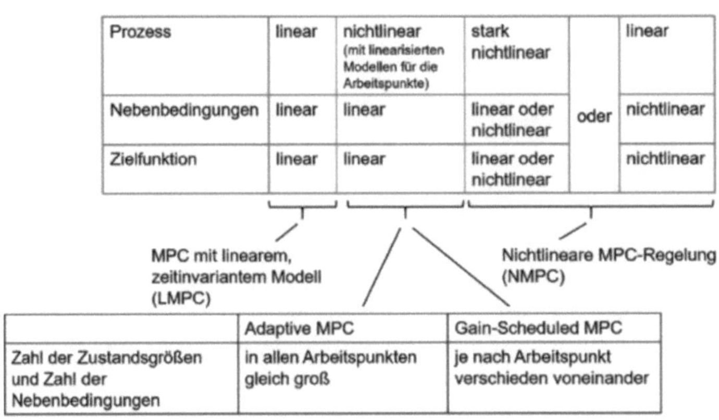

Bild 7.
Klassen von MPC-Regelungen.

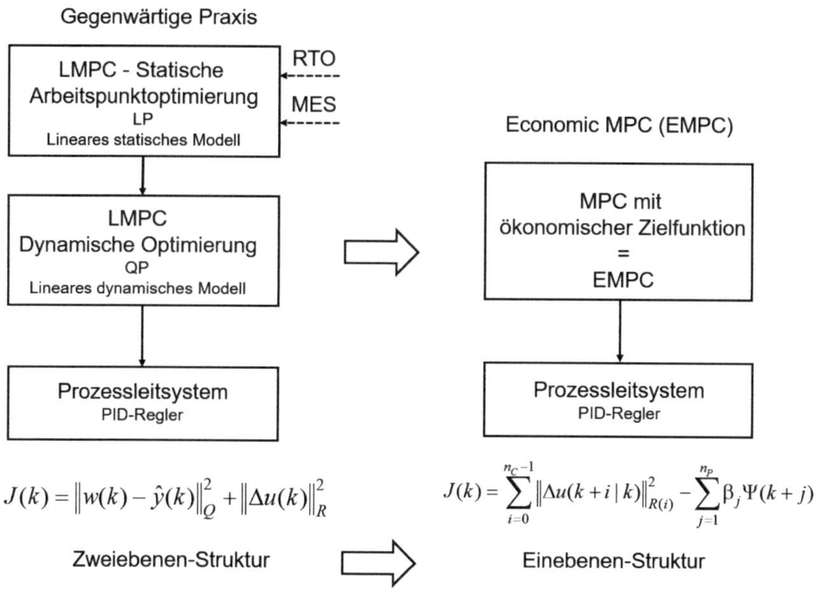

Bild 8.
RTO/LMPC-Systeme und Economic MPC.

Prozessmodells für die Gesamtanlage durch nichtlineare Optimierung ermittelt, alternativ durch ein MES/ERP-System (MES... Manufacturing Execution System, ERP... Enterprise Resource Planning) in größeren Zeitabständen (Tage ... Wochen) bereitgestellt und an die MPC-Regler übergeben. Kommerzielle LMPC-Programmpakete verfügen selbst über eine Funktion der statischen Arbeitspunkt-optimierung, die sich auf die von den Stell- und Regelgrößen des LMPC-Reglers umfassten Teil der Anlage oder eine Prozesseinheit bezieht. Dort wird durch Linearoptimierung mit Hilfe eines linearen Prozessmodells und einer linearen, betriebswirtschaftlich orientierten Zielfunktion ein lokal (d. h. für einen Teil der Anlage) gültiges betriebswirtschaftliches Optimum bestimmt. Im LMPC-Regler wird aber auch eine dynamische Optimierung durchgeführt, die die regelungstechnisch optimale Stellgrößenfolge bestimmt und dafür ein lineares Modell für das Zeitverhalten des Prozesses verwendet. Die LMPC-internen Optimierungsfunktionen werden mit wesentlich geringeren Abtastzeiten (Sekunden ... Minuten) als RTO ausgeführt. Die hier ermittelten optimalen Stellgrößen werden als Sollwerte an unterlagerte PID-Regelkreise übergeben, die ihrerseits mit Abtastzeiten von 50 Millisekunden bis wenigen Sekunden arbeiten.

In dieser Struktur weist insbesondere die Aufteilung der statischen Optimierungsfunktionen auf die RTO- und die LMPC-Schicht Inkonsistenzen hinsichtlich der verwendeten Modelle und Zeitskalen auf [86]. In jüngerer Zeit ist daher ein "Economic Model Predictive Control (EMPC)" genannter Ansatz Gegenstand intensiver Forschungsarbeiten. Ein Merkmal von EMPC ist, dass die Zweischichtenstruktur "Ökonomische (lineare) Arbeitspunktoptimierung/Dynamische Optimierung" oder "Target selection/Target tracking" durch eine einschichtige Struktur ersetzt wird (**Bild 8** rechts). Das geschieht dadurch, dass in der traditionellen Zielfunktion

$$J(z_k)=\sum_{i=0}^{p-1}\left\{\left[e_y^T(k+i)Qe_y(k+i)\right]+\left[\Delta u^T(k+i)R_{\Delta u}\Delta u^T(k+i)\right]\right\} \tag{26}$$

der erste Term "Minimierung der zukünftigen quadratischen Regeldifferenzen" durch einen Term ersetzt wird, der die Betriebskosten der Anlage beschreibt:

$$J(z_k) = \sum_{i=0}^{p-1} \left\{ \left[\Delta u^T(k+i) R_{\Delta u} \Delta u^T(k+i) \right] \right\} - \sum_{i=1}^{p} \left\{ \left[\beta_i \Psi(k+i) \right] \right\} \qquad (27)$$

Ziel der Optimierung ist daher jetzt eine dynamische (nichtlineare) Optimierung der Betriebskosten in direkter Form, d. h. *innerhalb* der MPC-Regelung [32, 87].

Die EMPC-Zielfunktion hängt in der Regel *nichtlinear* von den MPC-Entscheidungsvariablen z_k ab. Für die Lösung muss allein deshalb ein nichtlineares Optimierungsverfahren eingesetzt werden. Dann können aber auch die die Prozessmodelle und die Nebenbedingungen für die Stell- und Regelgrößen als nichtlineare (Gleichungs- und Ungleichungs-)Beschränkungen formuliert werden, ohne den Rechenaufwand wesentlich zu erhöhen. EMPC-Probleme sind daher in der Regel auch NMPC-Probleme, wie viele der bisher veröffentlichten EMPC-Studien belegen.

Die MPC Toolbox erlaubte bereits vor dem Erscheinen des Release 2018b die Simulation von EMPC-Regelungen. Zu diesem Zweck musste eine nichtlineare ökonomische Zielfunktion durch den Anwender bereitgestellt werden, und es konnten zusätzliche nichtlineare Nebenbedingungen vorgegeben werden. Das im Regler zur Prädiktion verwendete Modell der Prozessdynamik war aber bis zum Release 2018a ein *lineares* Modell. Diese Einschränkung ist jetzt entfallen. Daher ist es logisch, dass in der Dokumentation der MPC Toolbox NMPC- und EMPC-Regelungen jetzt in einem gemeinsamen Abschnitt behandelt werden.

2.6.4 MPC-Entwurfsberatung, anwenderspezifische Schätzung und Optimierung, MPC-Monitoring

Die MPC Toolbox stellt eine Diagnosefunktion bereit, die es dem Anwender erlaubt, evtl. auftretende Stabilitäts- und Robustheitsprobleme zu erkennen und Gewichte, Grenzwerte und andere MPC-Reglerparameter geeignet zu wählen. So kann zum Beispiel vorab erkannt werden, ob der MPC-Regler oder der geschlossenen MPC-Regelkreis instabil werden kann, ob das QP-Problem schlecht konditioniert ist, ob nicht zulässige Lösungen entstehen können, oder ob schließlich stationäre Genauigkeit (ohne bleibende Regeldifferenzen) erreicht werden kann. Zugriff zu dieser Diagnosefunktion bekommt man durch Anwahl der Schaltfläche "Review Design" unter dem "TUNING"-Tab im Hauptfenster der MPC Designer App.

Wie weiter oben erläutert, stellt die MPC Toolbox standardmäßig Verfahren für die Zustands- und Störgrößenschätzung und die quadratische Optimierung bereit. Erfahrene Anwender können diese Verfahren durch andere bzw. selbst entwickelte ersetzen. Was dabei zu beachten ist, wird in den Dokumentationen der MPC Toolbox näher erläutert.

Die Arbeitsweise des MPC-Reglers lässt sich während der Simulation, aber auch im Echtzeitbetrieb beobachten. So hat der Anwender z. B. Zugriff auf den Status der Optimierung, den Wert der Zielfunktion und die berechnete optimale Stellgrößenfolge. Die Gewichtskoeffizienten und die Grenzwerte für die Nebenbedingungen lassen sich online verändern.

2.6.5 Entwurf expliziter MPC-Regler

Die Erhöhung der Rechnerleistung und die Entwicklung rechenzeitsparender QP-Algorithmen haben in den letzten beiden Jahrzehnten dazu geführt, dass MPC-Regelalgorithmen mit wesentlich kürzeren Abtastzeiten betrieben werden können als das zu Beginn des industriellen Einsatzes in den 70er- und 80er-Jahren möglich war. Für sehr schnelle Prozesses besteht aber auch die Möglichkeit der Entwicklung und Anwendung von sogenannten "expliziten MPC-Regelungen". Bei der expliziten MPC-Regelung wird das dynamische QP-Problem zur Ermittlung der optimalen Stellgrößenfolge in ein sogenanntes "multiparametrisches Optimierungsproblem" umgeformt. Dabei werden die aktuellen Zustandsgrößen des Prozesses als Parameter des Optimierungsproblems aufgefasst und *offline* die optimalen Stellgrößenfolgen in Abhängigkeit von den aktuellen Werten der Zustandsgrößen berechnet und in einer Zuordnungstabelle hinterlegt. In [88] wurde gezeigt, dass sich der durch die Zustandsgrößen aufgespannte mehrdimensionale Raum in ein verallgemeinertes konvexes Polyeder ("polyhedral set") partitionieren lässt, in dem sich die in diesen Teilbereichen geltende optimale Lösungen des QP-Problems bestimmen lassen. Diese mit hohem Rechenaufwand verbundenen Aufgaben der Partitionierung des Zustandsraums und die Lösung aller QP-Probleme werden in die Entwurfsphase vorverlagert. Im Online-Betrieb des Reglers müssen dann "nur" noch die aktuellen Werte der Zustandsgrößen bestimmt und die Zugehörigkeit zu einer bestimmten Partition geklärt werden. Dann können die optimalen Stellgrößen durch Auswertung der Zuordnungstabelle ohne großen Rechenaufwand nach $\boldsymbol{u}(k|k) = F(\boldsymbol{x}_c(k|k))$ bestimmt werden. Darin bezeichnet die Funktion F den in der Zuordnungstabelle hinterlegten funktionalen Zusammenhang zwischen den optimalen Stellgrößen und den aktuellen Zustandsgrößen. Daher sind – zumindest bei MPC-Problemen kleiner Dimension – einfache Hardwarelösungen möglich ("MPC on a chip", embedded MPC). Diese Vorgehensweise eignet sich für MPC-Anwendungen mit einer kleinen Zahl von Ein- und Ausgangsgrößen und kleinen Horizontlängen, also eher nicht für Anwendungen in der Prozessindustrie.

Die MPC Toolbox stellt Funktionen für die Generierung von expliziten MPC-Regelalgorithmen aus einem traditionell entworfenen MPC-Regler bereit. Außerdem kann ein Simulink-Block "Explicit MPC Controller" für die Simulation von Regelungen mit explizitem MPC-Regler eingesetzt werden.

2.6.6 Erzeugung von C-Code und Structured Text, OPC-Schnittstelle

Die MPC Toolbox unterstützt verschiedene Möglichkeiten, MPC-Regler auf ausgewählte Zielhardware ("Real-Time targets") zu portieren:

- Entwurf eines MPC-Reglers in MATLAB® und Verwendung des MATLAB Coder™ zur Generierung von C-Code für eine Anwendung im Echtzeitbetrieb,

- Entwurf eines MPC-Reglers mit Hilfe der MPC-Simulink-Blöcke und Verwendung des Simulink Coder oder des Simulink PLC Coder, um C-Code oder IEC 61131-3 Structured Text zu generieren, der auf verschiedenen Echtzeitsystemen oder auf speicherprogrammierbaren Steuerungen (SPS, englisch PLC... Programmable Logic Controller) lauffähig ist.

Nähere Informationen finden sich in Abschnitt 9 der Dokumentation [34]. Schließlich kann die MATLAB® OPC Toolbox™ verwendet werden, um einen Datenaustausch eines in MATLAB® oder Simulink® arbeitenden MPC-Reglers aus der MPC Toolbox mit einem Automatisierungssystem zu organisieren. Dafür ist ein OPC-Server auf dem Automatisierungssystem erforderlich, während die OPC-Toolbox™ einen OPC-Client zur Verfügung stellt.

In den folgenden Abschnitten dieses Buches werden die Funktionen A, B und C (Entwurf und Simulation traditioneller MPC-Regler mit linearen Prozessmodellen,

Adaptive und Gain-Scheduled MPC-Regelungen, NMPC- und EMPC-Regelungen) ausführlicher behandelt. Die Funktionen D, E und F (MPC-Diagnose, Explizite MPC-Regelung, Code-Generierung) werden nicht weiter vertieft.

2.6.7 Model Predictive Control in Simulink®

Mit der Installation der MPC Toolbox wird auch der Vorrat an Simulink-Bausteinen erweitert. Es werden sechs MPC-Blöcke bereitgestellt, die über den Simulink Library Browser im Bereich "Model Predictive Control Toolbox" erreichbar sind (**Bild 9**):

- der Baustein "MPC Controller" für LMPC-Regelungen,
- der Baustein "Multiple MPC Controllers", der zwischen verschiedenen, für unterschiedliche Arbeitspunkte des Prozesses entworfenen LMPC-Reglern stoßfrei umschalten kann und auf diese Weise die Regelung nichtlinearer Systeme in einem weiteren Arbeitsbereich erlaubt,
- der Baustein "Adaptive MPC Controller", der eine Online-Adaption der Modellparameter für den LMPC-Regler zugänglich macht, der Baustein "Nonlinear MPC Controller" (seit Release 2018b). der die Simulation von NMPC-Reglern unterstützt,

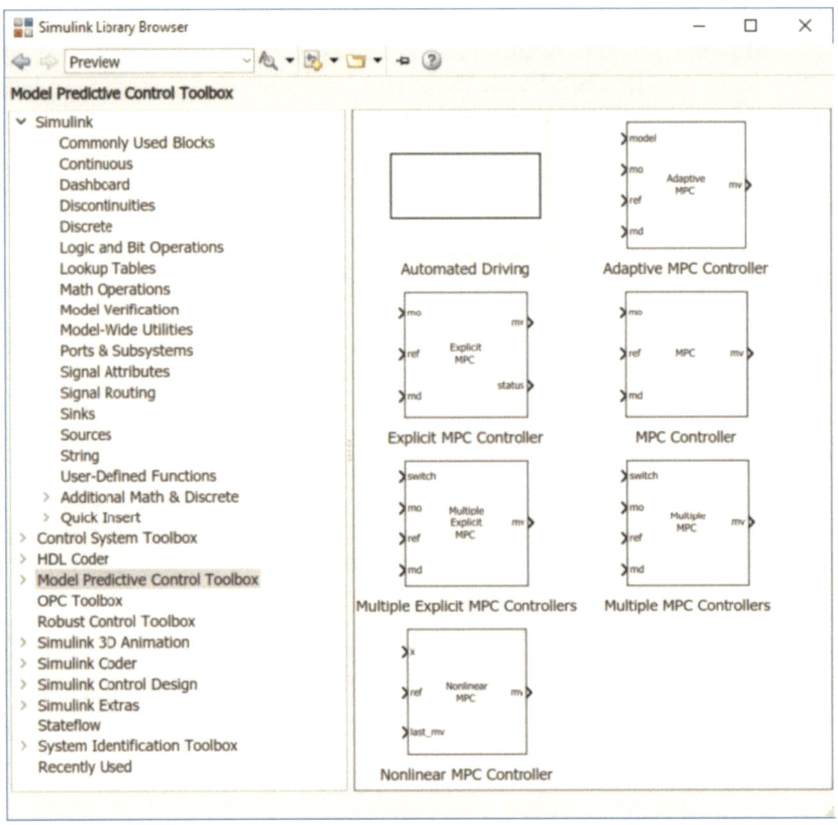

Bild 9.
Bereich Model Predictive Control im Simulink Library Browser.

- der Baustein "Explicit MPC Controller", der die Simulation expliziter MPC-Regelungen ermöglicht, und

- der Baustein "Multiple Explicit MPC Controllers", der zwischen verschiedenen, für unterschiedliche Arbeitspunkte des Prozesses entworfenen expliziten MPC-Reglern umschalten kann.

Die Bausteine können per "Drag&Drop" in ein Simulink-Modell übernommen werden. Die Parametrierung der MPC-Regler-Bausteine wird in den Abschnitten 4 bis 8 im Zusammenhang mit den dort erläuterten Fallbeispielen beschrieben.

Der Simulink Library Browser wird durch Eingabe des Befehls slLibraryBrowser im Command-Window von MATLAB® zugänglich.

Wenn bereits ein Simulink-Modell existiert, das einen MPC-Baustein enthält, kann man auch von Simulink® aus auf die MPC Designer App zugreifen und den Reglerentwurf durchführen. Diese Variante, die in ([35], S. 5-1 f.) näher beschrieben ist, wird in diesem Buch nicht näher behandelt. Die in den Kapiteln 4 bis 8 beschriebenen Fallbeispiele enthalten jedoch auch Abschnitte, in denen die Verwendung von MPC-Bausteinen in Simulink-Modellen demonstriert wird.

3. Entwurf von MPC-Regelungen mit der MPC Designer App

Im folgenden Kapitel wird die Vorgehensweise beim Entwurf von MPC-Regelungen mit Hilfe der “MPC Designer” App der MPC Toolbox ausführlich beschrieben.

Die MPC Designer App der MPC Toolbox kann mit Hilfe des Befehls mpcDesigner im Command Window von MATLAB® gestartet werden. Alternativ ist der Zugriff über den Reiter “APPS” der MATLAB-Benutzeroberfläche möglich. In beiden Fällen öffnet sich das Hauptfenster des MPC Designers. Es ist in **Bild 10** dargestellt.

In der linken Bildhälfte werden später die Prozessmodelle, die MPC-Regler und die Simulations-Szenarien aufgelistet. In der rechten Bildhälfte werden Simulationsergebnisse präsentiert. Im oberen Teil des Hauptfensters sind drei Tabs (auch als “Registerkarten” oder “Reiter” bezeichnet) angeordnet: MPC DESIGNER, TUNING und VIEW. Unter dem Tab “MPC DESIGNER” befinden sich folgende Schaltflächen (**Bild 11**):

- “Open Session” zur Öffnung eines (vorher gespeicherten) MPC-Entwurfsprojekts,

- “Save Session” zur Speicherung des aktuellen Stands der Bearbeitung eines MPC-Projekts,

- “MPC Structure” für den Import eines Prozessmodells und die Festlegung der MPC-Reglerstruktur (d. h. der Zahl und Art der Ein- und Ausgangsgrößen des MPC-Reglers),

- “I/O Attributes” zur Definition der Arbeitspunktwerte, Skalierungsfaktoren, Maßeinheiten und Bezeichnungen der Ein- und Ausgangsgrößen des MPC-Reglers,

- “Import Plant” zum Import weiterer Prozessmodelle,

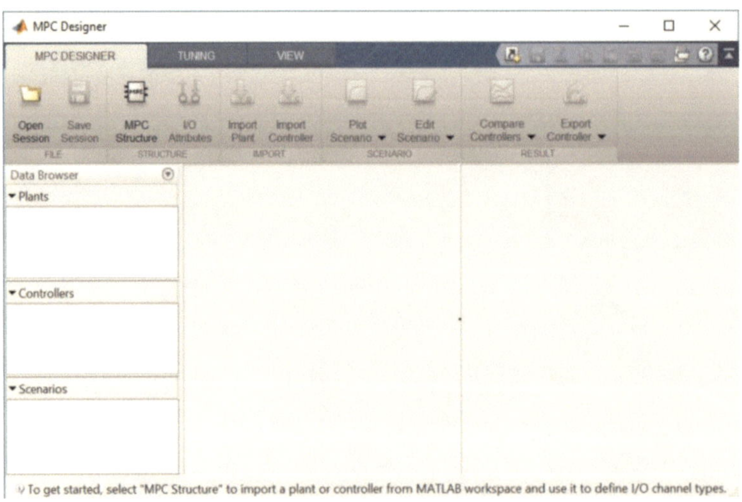

Bild 10.
Hauptfenster des MPC Designers zu Beginn des Reglerentwurfs.

Bild 11.
Schaltflächen unter dem Tab "MPC DESIGNER".

- "Import Controller" zum Import eines (bereits vorher entworfenen und abgespeicherten) MPC-Reglers aus dem MATLAB-Arbeitsspeicher,
- "Plot Scenario" für die Aktivierung zusätzlicher Plots von Simulationsergebnissen,
- "Edit Scenario" für die Definition von Simulationsszenarien (Führungs- und Störverhalten, Art/Amplituden/Zeitpunkte/Dauer von Eingangssignaländerungen für die Simulation),
- "Compare Controllers" für die Visualisierung von Simulationsergebnissen mit unterschiedlich parametrierten MPC-Reglern,
- "Export Controller" für den Export eines MPC-Reglers in den MATLAB-Arbeitsspeicher.

Unter dem Tab "TUNING" (**Bild 12**) befinden sich von links nach rechts angeordnet folgende Bedienelemente:

- Auswahllisten für MPC-Regler und reglerinterne Prozessmodelle,
- Eingabefelder für Abtastzeit, Prädiktions- und Steuerhorizont,
- Schaltfläche "Constraints" zur Eingabe von Nebenbedingungen für die Stell- und Regelgrößen,
- Schaltfläche "Weights" für die Eingabe von Gewichtsfaktoren,
- Schaltfläche "Estimation Models" für die Spezifikation der Modelle für die Schätzung von Störgrößen,
- Slider für die Beeinflussung der Regelkreisdynamik und der Robustheit sowie der Dynamik der Störgrößen-Schätzung,
- Schaltfläche "Review Design" für den Aufruf eines Assistenten beim MPC-Reglerentwurf,

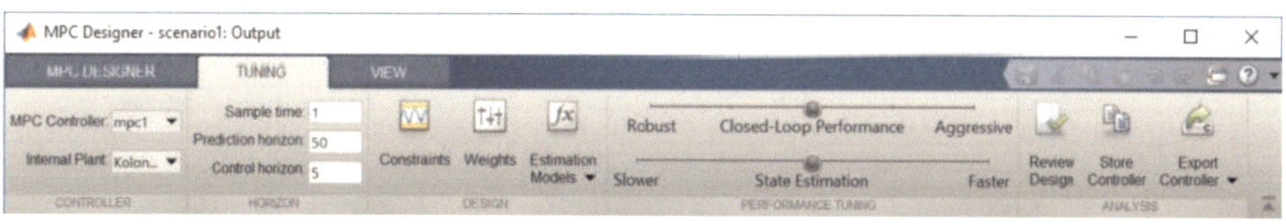

Bild 12.
Eingabemöglichkeiten unter dem Tab "TUNING".

- Schaltfläche “Store Controller” für die (toolbox-interne) Speicherung eines MPC-Reglers im Data Browser der MPC Designer App,
- Schaltfläche “Export Controller” für die (externe) Speicherung eines MPC-Reglers im MATLAB-Arbeitsspeicher.

Die unter dem Tab “VIEW” angeordneten Bedienelemente dienen der Organisation der Visualisierung der Simulationsergebnisse.

Beim Entwurf einer MPC-Regelung mit Hilfe der MPC Designer App geht man nacheinander in folgenden Schritten vor:

1. Laden eines Prozessmodells für das dynamische Verhalten der Regelstrecke (Ein- oder Mehrgrößensystem),
2. Festlegung der MPC-Reglerstruktur. Das bedeutet, den Ein- und Ausgangskanälen des Prozessmodells die Variablentypen “Manipulated variable (MV)”, “Measured disturbance (MD)”, “Unmeasured disturbance (UD)”, “Measured output (MO)” oder “Unmeasured output (UO)” zuzuweisen. Auf diese Weise wird der MPC Designer App bekannt gemacht, welche Variablen als Stellgrößen, als gemessene und nicht gemessene Störgrößen und als Regelgrößen aufzufassen sind,
3. Festlegung der Abtastzeit für den MPC-Regler,
4. Vorgabe der Horizontlängen (Prädiktions- und Steuerhorizont),
5. Definition der Skalierungsfaktoren für die Normierung der Variablen,
6. Eingabe von Nebenbedingungen für die Stell- und Regelgrößen,
7. Eingabe von Gewichtsfaktoren für die Variablen des MPC-Reglers,
8. Optional: Anpassung der Modelle für die Schätzung nicht gemessener Störgrößen,
9. Optional: Vorgabe eines “MV Blocking” mit dem Ziel der Verringerung des Rechenaufwands bei der Stellgrößenberechnung,
10. Festlegung eines oder mehrerer Szenarien für die Simulation des geschlossenen MPC-Regelungssystems, insbesondere für die simulative Untersuchung des Führungs- und/oder des Störverhaltens der MPC-Regelung und für die Optimierung der MPC-Reglereinstellung.

In den folgenden Abschnitten werden diese Schritte im Detail erläutert.

3.1 Prozessmodell, MPC-Reglerstruktur und Wahl der Abtastzeit

Die ersten Schritte des MPC-Reglerentwurfs sind der Import eines Prozessmodells aus dem Arbeitsspeicher von MATLAB® und die Festlegung der MPC-Reglerstruktur. Dazu klickt man (nach dem Start der MPC Designer App) im Tab “MPC Designer” auf die Schaltfläche “MPC Structure”. Es öffnet sich ein Fenster “Define MPC Structure By Importing”, in dessen oberem Teil die Struktur eines MPC-Regelungssystems dargestellt ist (vgl. **Bild 2**). Darunter werden die die im Arbeitsspeicher verfügbaren LTI-Modelle aufgelistet. Dabei spielt es keine Rolle, wie diese Modelle ursprünglich definiert wurden. Es werden sowohl

- numerische LTI-Modelle (Übertragungsfunktionen in Polynomform – Befehl *tf*, Übertragungsfunktionen in Pol-Nullstellen-Form – Befehl *zpk*, lineare Zustandsmodelle – Befehl *ss*, in allen Fällen sowohl zeitkontinuierlich als auch zeitdiskret), als auch

- mit Hilfe der System Identification Toolbox™ identifizierte Modelle (Befehle idss, idtf, idproc und idpoly)

unterstützt. Das zu importierende LTI-Modell muss aus der Liste ausgewählt werden. Unabhängig vom Format des LTI-Modells wird innerhalb der Toolbox eine Umwandlung in ein lineares, totzeitfreies, zeitdiskretes Zustandsmodell vorgenommen. Dafür ist in diesem Fenster die Vorgabe der Abtastzeit T_s des MPC-Reglers notwendig. Die MPC-Reglerstruktur wird aus der Zahl der Ein-und Ausgangsgrößen des LTI-Modells wie folgt ermittelt: alle Eingangsgrößen werden zunächst als manipulierte Variable (MV), alle Ausgangsgrößen als gemessene Ausgangsgrößen (MO) bzw. Regelgrößen aufgefasst. Der Anwender kann aber die I/O-Kanäle anderen Variablentypen zuweisen und auf diese Weise die Reglerstruktur verändern. So ist es für das in Abschnitt 4 vorgestellte Modell einer Pilot-Destillationskolonne sinnvoll, die Eingangsgrößen 4 und 5 als gemessene oder nicht gemessene Störgrößen und nicht als manipulierte Variable zu deklarieren. **Bild 13** zeigt eine MPC-Struktur im Fenster "Define MPC Structure By Importing".

Für die Wahl der Abtastzeit T_s sollten folgende Hinweise beachtet werden:

- Faustformeln für die Wahl der Abtastzeit sind $T_r/20 \leq T_s \leq T_r/10$ mit T_r als Anstiegszeit der Sprungantwort der Regelstrecke

- $T_s \approx T_{CLST}/10$, wobei T_{CLST} die kleinste angestrebte Ausregelzeit (Closed loop settling time, CLST) ist,

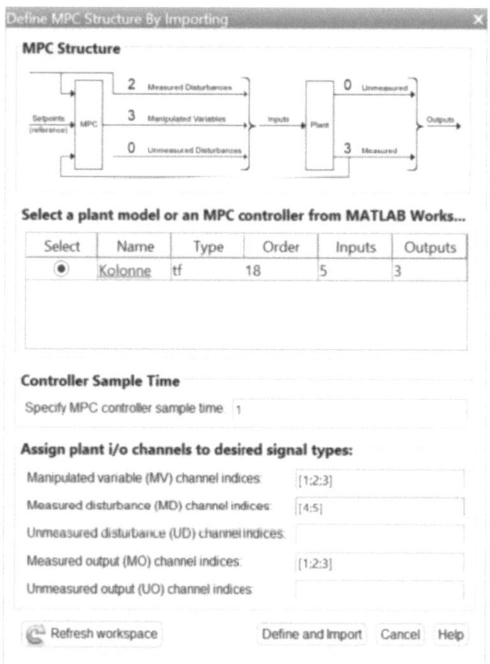

Bild 13.
Fenster "Define MPC Structure By Importing".

- eine Verkleinerung der Abtastzeit führt zunächst zu einer schnelleren Ausregelung nicht gemessener Störgrößen, bevor eine weitere Verkleinerung keine Verbesserung der Regelgüte mehr bringt,
- kleine Abtastzeiten führen zu einer deutlichen Erhöhung des Rechenaufwands,
- eine Verringerung der Abtastzeit T_s führt zu einem größeren Wert von p, wenn die Länge des Prädiktionshorizonts (d. h. das ProduktpT_s, also der Zeitraum, über den das zukünftige Verlauf der Regelgrößen vorhergesagt wird) konstant bleiben soll; ein größeres p erhöht aber seinerseits der Speicherbedarf des MPC-Regelalgorithmus und die für die Lösung des QP-Problems erforderliche Zeit,
- wenn bei (im offenen Kreis) instabilen Regelstrecken der Wert von pT_s so groß ist, dass die Amplitude der Sprungantwort in dieser Zeit unendlich groß wird, treten Probleme im MPC-Regelalgorithmus auf, die zu einer Fehlermeldung führen.

Die Maßeinheit der Zeit wird aus dem Parameter TimeUnit des LTI-Modells abgeleitet, die mit 1 s (Sekunde) voreingestellt ist.

Bild 14 zeigt die Einheits-Sprungantwort der schnellsten Teilstrecke $G_{21}(s) = \frac{1.11}{(3.25s+1)}e^{-6.5s}$ der Pilot-Destillationskolonne (vgl. Abschnitt 4.1), die den Zusammenhang zwischen der Ethanol-Konzentration und dem Durchfluss am Seitenabzug beschreibt. Die Anstiegszeit kann in MATLAB® im Plot der Sprungantwort angezeigt werden (rechte Maustaste – im Kontextmenü "Characteristics/Rise Time" anwählen). Sie wird defaultmäßig zwischen 10% und 90% des Endwerts der Sprungantwort gemessen und beträgt in diesem Beispiel ca. 8 s. Daraus ergibt sich der Vorschlag für eine Abtastzeit von 1 s.

Sind die Wahl der Abtastzeit und die Festlegung der MPC-Reglerstruktur erfolgt, kann die Schaltfläche "Define and Import" (**Bild 13** unten) betätigt und die Eingabe abgeschlossen werden. Danach verändert sich das Aussehen des Hauptfensters der MPC Designer App. Ein Beispiel zeigt **Bild 15**.

In der linken Bildhälfte ("Data Browser") werden das Prozessmodell, der neu angelegte MPC-Regler (voreingestellter Name "mpc1") und ein automatisch

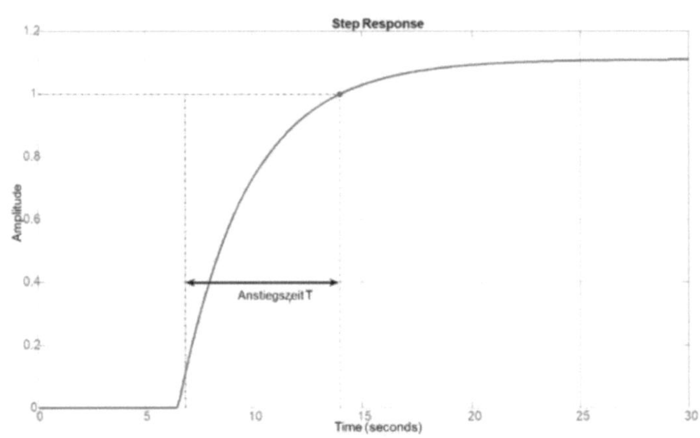

Bild 14.
Anstiegszeit der Sprungantwort.

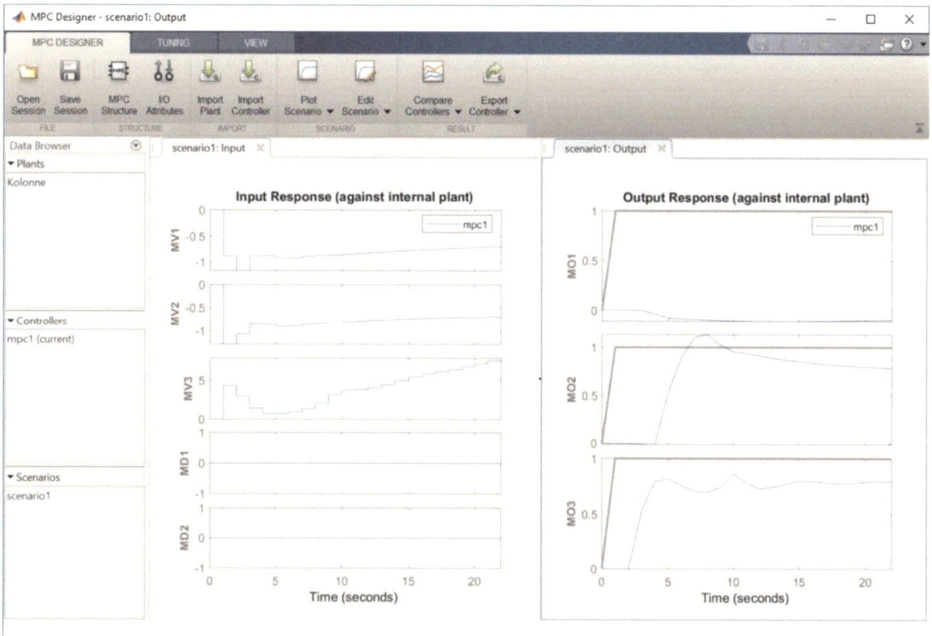

Bild 15.
Hauptfenster der MPC Designer App nach dem Import eines Prozessmodells.

erzeugtes Simulationsszenarium eingereiht. Die Namen der MPC-Regler und der Szenarien lassen sich nach Doppelklick auf die Bezeichnungen editieren. Rechts sind Simulationsergebnisse zu sehen. Voreingestellt ist eine gleichzeitige sprungförmige Änderung der Sollwerte für die Regelgrößen und eine Simulationsdauer, die so lang ist wie der (vom Programm automatisch gewählte) Prädiktionshorizont angibt. Es werden die simulierten Verläufe sowohl die Eingangs- als auch die Ausgangsgrößen des Prozesses dargestellt. Dieses Simulationsszenarium und insbesondere die Simulationsdauer können (und sollten in der Regel!) durch den Anwender verändert werden.

3.2 Skalierungsfaktoren und Horizontlängen

Im nächsten Schritt sollten Skalierungsfaktoren für die Ein- und Ausgangsgrößen des MPC-Reglers vorgegeben werden. Das kann durch Anwahl der Schaltfläche “I/O Attributes” unter dem Tab “MPC Designer” im Hauptfenster initiiert werden. Es öffnet sich dann ein Fenster “Input and Output Channel Specifications” (**Bild 16**).

In diesem Fenster können anwendungsspezifische Variablennamen (Spalte “Name”) und Maßeinheiten (Spalte “Unit”) vergeben werden. In der Spalte “Nominal Value” können die (mit Null voreingestellten) Arbeitspunktwerte der Variablen angegeben werden. In der letzten Spalte können schließlich die mit Eins voreingestellten “Skalierungsfaktoren” s_j^u und s_j^y eingegeben werden.

Die Skalierungsfaktoren dienen der Normierung der Variablen. Sie sind besonders dann von Bedeutung, wenn in einem Mehrgrößensystem die einzelnen Prozessgrößen unterschiedliche Größenordnungen aufweisen, z. B. eine Konzentration von 0,1% und eine Temperatur von 550°C. Die Skalierungsfaktoren sollten den Bereichen der Prozessvariablen entsprechen, die diese im Arbeitsbereich des Prozesses annehmen. Bewegt sich eine Temperatur zum Beispiel im Bereich T = 500 ... 600°C, sollte als Skalierungsfaktor 100°C gewählt werden. In der MPC

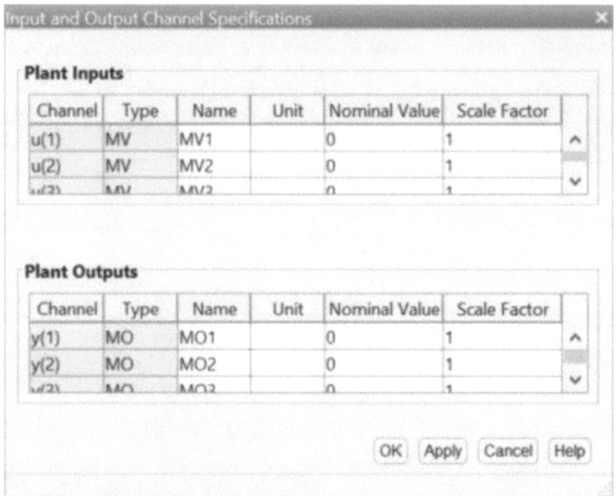

Bild 16.
Fenster "Input and Output Specifications".

Toolbox werden die Prozessgrößen vor ihrer Weiterverarbeitung intern durch die Skalierungsfaktoren dividiert, um dimensionslose Signale zu generieren (vgl. die Abschnitte 2.3.1 und 2.3.4). Dadurch erreicht man eine verbesserte numerische Konditionierung der Rechenschritte im MPC-Algorithmus. Ein weiterer Vorteil besteht darin, dass die später einzustellenden Gewichtsfaktoren $w^y_{i,j}$, $w^u_{i,j}$ und $w^{\Delta u}_{i,j}$ der MPC-Reglereinstellung ausschließlich auf die Priorisierung der Variablen untereinander gerichtet sind, Priorisierung und Skalierung also nicht vermischt werden. Es ist daher sinnvoll, *zuerst* die Skalierungsfaktoren vorzugeben und diese im weiteren Verlauf des Reglerentwurfs konstant zu halten.

Alle Eingaben werden erst dann wirksam, wenn sie mit "Apply/OK" abgeschlossen werden.

Durch Anwahl des Tabs "TUNING" im Hauptfenster des MPC Designers (vgl. **Bild 12**) erhält man Zugang zur Eingabe der Horizontlängen, der Nebenbedingungen (Constraints) und der Gewichtsfaktoren (Weights).

Der Prädiktionshorizont (Prediction horizon) p bezeichnet die Zahl der Abtastintervalle, über die das zukünftige Verhalten der Regelgrößen vorhergesagt wird (vgl. Abschnitt 2.3.3). Im Zeitmaßstab ergibt sich daraus eine Horizontlänge von pT_s Zeiteinheiten. Der Prädiktionshorizont sollte so gewählt werden, dass zukünftige Verletzungen der Nebenbedingungen rechtzeitig erkannt werden. Eine sinnvolle Wahl ist

- $p \approx T_{CLST}/T_s$, worin T_{CLST} die längste gewünschte Ausregelzeit (CLST... Closed Loop Settling Time) bezeichnet, oder
- $p \leq \max_{i,j}\left(\frac{5T_{\text{dom},ij}}{T_s} + \frac{T_{d,ij}}{T_s} + 1\right)$ mit $T_{\text{dom},ij}$ als dominierende Zeitkonstanten und $T_{d,ij}$ als Totzeiten der Teilstrecken zwischen Eingangsgröße i und Ausgangsgröße j.

Die Vorhersage der Regelgrößen sollte also bis zu einem Zeitpunkt erfolgen, zu dem sich nach einer Sollwertänderung ein neuer stationärer Zustand einstellt. Alternativ kann $p \approx T_{OLST}/T_s$ gewählt werden, worin T_{OLST} die Einschwingzeit der trägsten Teilregelstrecke bezeichnet (OLST... Open Loop Settling Time). Sind Regelstrecken mit Totzeiten behaftet, muss $p > T_d/T_s$ mit T_d als größter Totzeit aller Teilstrecken gewählt werden. Weisen Regelstrecken "Inverse-Response"-

Verhalten auf, sollte der Prädiktionshorizont größer sein als die Zeit, bei der deren Einheits-Sprungantwort die Zeitachse schneidet. Regelstrecken mit "Inverse-Response"-Verhalten sind dadurch charakterisiert, dass deren Übertragungsfunktion eine Nullstelle in der rechten Halbebene aufweist. In **Bild 17** sind beispielhaft die Einheitssprungantworten von Regelstrecke mit Totzeit und "Inverse-Response"-Verhalten dargestellt. Die Übertragungsfunktionen sind hier $G(s) = \frac{1}{(10s+1)(5s+1)} e^{-4s}$ und $G(s) = \frac{1-4s}{(10s+1)(5s+1)}$.

Bei (im offenen Kreis) instabilen Regelstrecken sollte pT_s kleiner sein als die Zeit, bei der die Sprungantwort unendlich groß wird. Weitere Hinweise zur Wahl des Prädiktionshorizonts finden sich in [15, 34, 89]. Der Prädiktionshorizont sollte zu Beginn des Reglerentwurfs gewählt und anschließend konstant gehalten werden. Er ist im Gegensatz zu den Gewichtsfaktoren kein Parameter für die Reglereinstellung.

Der Steuerhorizont (control horizon) m bezeichnet die Zahl der in jedem Abtastintervall optimal zu bestimmenden Stellgrößenänderungen. Im Zeitmaßstab ergibt sich daraus eine Horizontlänge von mT_s Zeiteinheiten. Es gilt $1 \leq m \leq p$. Der voreingestellte Wert ist $m = 2$. In der Regel sollte $m \ll p$ gewählt werden: der Wert von m bestimmt die Zahl der unabhängigen Variablen im QP-Problem und damit den Rechenaufwand. Eine Faustformel ist $m \leq \max_{i,j}\left(\frac{T_{\text{dom},ij}}{T_s} + \frac{T_{d,ij}}{T_s} + 1\right)$ mit denselben Bezeichnungen wie oben.

Die durch die MPC Designer App voreingestellten Horizontlängen sind in jedem Fall zu überprüfen und wenn nötig anzupassen.

3.3 Nebenbedingungen für die Stell- und Regelgrößen

Wird in der MPC Toolbox ein neuer MPC-Regler angelegt, sind zunächst keine Nebenbedingungen für die Stell- und Regelgrößen definiert, d. h. alle Grenzwerte sind mit $\pm\infty$ (−Inf ... +Inf) voreingestellt. Durch Anwahl der Schaltfläche "Constraints" im Hauptfenster des MPC Designer (Tab "TUNING", vgl. **Bild 12**) lässt sich ein Eingabefenster für die Nebenbedingungen öffnen. Zunächst werden zwei Tabellen für die Stellgrößen (Inputs) und die Regelgrößen (Outputs) angezeigt. Für die Stellgrößen können untere und obere Grenzwerte für die Größen selbst (Min, Max) sowie für deren Verstellgeschwindigkeit (RateMin, RateMax) eingegeben

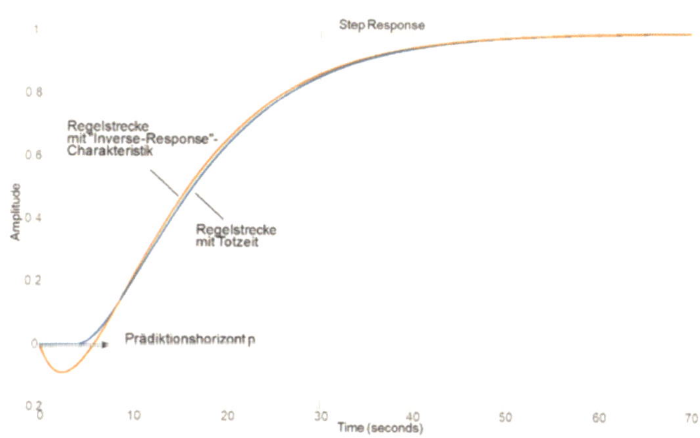

Bild 17.
Wahl des Prädiktionshorizonts bei Strecken mit Totzeit oder "Inverse-Response"-Verhalten.

werden. Für die Regelgrößen kann man nur untere/obere Grenzwerte (Min, Max) vorgeben. **Bild 18** zeigt das Eingabefenster mit voreingestellten Werten der Nebenbedingungen.

Grenzen für die Eingangsgrößen $u_{j,\,\min}(i)$, $u_{j,\,\max}(i)$ ergeben sich aus physikalischen Randbedingungen der jeweiligen Anwendung. Sie können als "harte Nebenbedingungen (NB)" spezifiziert werden, die durch den MPC-Regler in jedem Fall zu respektieren sind. Begrenzte Verstellgeschwindigkeiten $\Delta u_{j,\,\min}(i)$, $\Delta u_{j,\,\max}(i)$ können aus der verfügbaren Stelltechnik oder anderen prozessspezifischen Grenzen resultieren. Auch die Verstellgeschwindigkeiten können als harte NB vorgegeben werden. Allerdings sollte man vermeiden, für ein und dieselbe Eingangsgröße sowohl harte NB für die Absolutwerte als auch harte NB für Verstellgeschwindigkeiten vorzugeben, weil das zu nicht zulässigen Lösungen des QP-Problems führen kann. Wenn beide Arten von NB von Bedeutung sind, muss eine von ihnen als weich spezifiziert werden. *Man beachte*: die Grenzen für die Stellgrößeninkremente dienen der Prozesssicherheit, sie sollen nicht für die Reglereinstellung verwendet werden!

Grenzen für die Ausgangsgrößen $y_{j,\,\min}(i)$, $y_{j,\,\max}(i)$ sind in jedem Fall als "weiche NB" vorzugeben. Man kann Grenzen für die Ausgangsgrößen auch als zeitvariant über den Prädiktionshorizont gestalten (vgl. Abschnitt 3.7 "Zeitvariante Nebenbedingungen und Gewichte"). So lässt sich zum Beispiel erreichen, dass am Anfang des Prädiktionshorizonts Über- oder Unterschwingen der Regelgrößen zulässig ist, während sich die Regelgrößen am Ende des Prädiktionshorizonts in einem engeren Bereich aufhalten sollen (vgl. **Bild 19**). Das entspricht der "Trichtertechnik" bei einigen kommerziellen MPC-Programmpaketen.

"Harte" NB *müssen* durch die Lösung des QP-Problems eingehalten werden. Ist das nicht möglich, spricht man von einer nicht zulässigen Lösung (infeasible solution oder infeasibility). Infolge des Wirkens nicht gemessener Störgrößen und der immer vorhandenen Modellunsicherheit können in der Praxis harte NB für die Regelgrößen aber auch dann verletzt werden, wenn die optimalen Stellgrößen einer an sich zulässigen QP-Lösung an den Prozess ausgegeben werden. Werden harte NB nur für die Stellgrößen (oder alternativ für die Verstellgeschwindigkeiten) vorgegeben, können keine unzulässigen Lösungen auftreten. Harte NB für die Regelgrößen können hingegen zu unzulässigen QP-Lösungen führen.

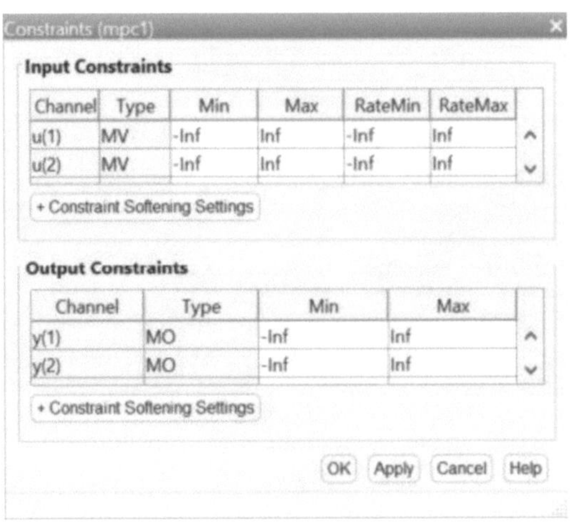

Bild 18.
Eingabe von Nebenbedingungen für die Ein- und Ausgangsgrößen.

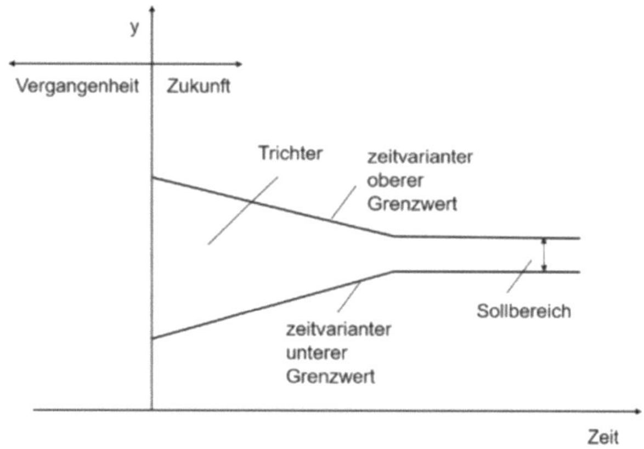

Bild 19.
Trichtertechnik bei der Vorgabe von weichen Nebenbedingungen für die Regelgrößen.

Weiche Nebenbedingungen können spezifiziert werden, nachdem man im Constraints-Fenster (**Bild 18**) auf die Schaltflächen "Constraint Softening Settings" klickt. Die Tabellen werden dann, wie in **Bild 20** dargestellt, um die Eingabe von ECR-Werten (vgl. Abschnitt 2.3.4) erweitert.

Je größer die gewählten ECR-Werte, desto mehr wird der MPC-Algorithmus eine Verletzung der jeweiligen NB tolerieren, um andere Regelungsziele zu erreichen. Für die Wahl der ECR-Werte gelten nach [34] folgende Empfehlungen:

- 0 ... keine Verletzung der NB zulässig (harte NB),
- 0,05 ... sehr geringe Verletzung der NB zulässig,
- 0,2 ... geringe Verletzung der NB zulässig,

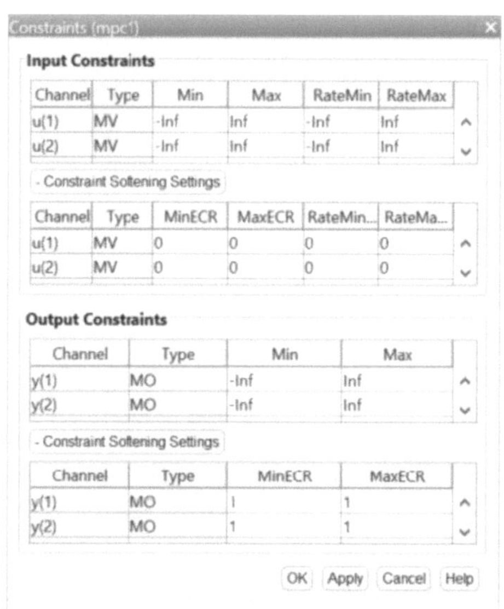

Bild 20.
Vorgabe von weichen Nebenbedingungen (Constraint Softening).

- 1 ... mittlere Verletzung der NB zulässig,
- 5 ... größere Verletzung der NB zulässig,
- 20 ... sehr große Verletzung der NB zulässig.

Weitere Hinweise und Optionen zur Gestaltung der Nebenbedingungen findet man in [34], S. 1–12 ff.

3.4 Gewichtsfaktoren

Gewichtsfaktoren treten in allen Termen der Zielfunktion der quadratischen Optimierung auf und dienen der Einstellung (dem Tuning) des MPC-Reglers. Man unterscheidet Gewichte $w^y_{i,j}$ für die Sollwertfolge (output reference tracking), $w^u_{i,j}$ für die Einhaltung von Stellgrößenzielwerten (MV target tracking) und $w^{\Delta u}_{i,j}$ für den Stellaufwand (move suppression). Alle Gewichte sind dimensionslos. Eine Erhöhung der Gewichte für die Regelgrößen bewirkt eine schnellere Regelkreisdynamik, allerdings zu Lasten der Robustheit gegenüber Modellunsicherheit. Mit der Wahl unterschiedlicher Gewichtsfaktoren für verschiedene Regelgrößen lassen sich diese untereinander priorisieren.

Für die Wahl der Gewichte für die Ausgangsgrößen $w^y_{i,j}$ gelten folgende Hinweise:

1. Regelgrößen, für die keine Sollwerte (sondern nur Bereiche) vorgegeben werden sollen, erhalten Gewichte von $w^y_{i,j} = 0$. Damit entfallen die zugehörigen Terme aus der Zielfunktion des QP-Problems. Regelgrößen mit Gewichten von $w^y_{i,j} = 0$ werden zwar nicht auf ihren Sollwerten gehalten, vorgegebene obere und untere Grenzwerte können aber eingehalten werden, wenn genügend freie Stellgrößen zur Verfügung stehen. Gemessene Regelgrößen werden auch dann zur Schätzung der Zustands- und Störgrößen herangezogen, wenn sie Gewichte von $w^y_{i,j} = 0$ aufweisen.

2. Bei Mehrgrößensystemen sind folgende Strukturen denkbar:

   a. die Zahl der verfügbaren Stellgrößen und der zu berücksichtigenden Regelgrößen (d. h. Regelgrößen mit Sollwert plus Regelgrößen an den Grenzen oder außerhalb ihres Sollbereichs) ist gleich groß ($n_u = n_y$); man spricht dann von einem exakt spezifizierten oder quadratischen Mehrgrößensystem. Für diesen Fall ist $w^y_{i,j} = 1$ ein sinnvoller Startwert.

   b. die Zahl der verfügbaren Stellgrößen und der zu berücksichtigenden Regelgrößen ist nicht gleich groß ($n_u \neq n_y$), dann handelt es sich um ein nicht-quadratisches Mehrgrößensystem. Wenn $n_u < n_y$ ist, können nicht alle Regelungsziele erreicht werden, es treten bleibende Regeldifferenzen bei *allen* Regelgrößen auf. Die Gewichte dienen dann der Priorisierung der Regelgrößen: je größer $w^y_{i,j}$ gewählt wird, desto kleiner die bleibende Regeldifferenz. Im Fall $n_u > n_y$ sind "überschüssige" Stellgrößen vorhanden, für die ökonomisch oder technisch sinnvolle Zielwerte (Targets) vorgegeben werden können. Macht man das nicht, können Stellgrößen "wegdriften".

c. Für den Fall $n_u < n_y$ gelten nach [34] folgende Richtwerte für die Wahl von $w_{i,j}^{y}$:

- 0,05 ... Regelgröße hat geringe Bedeutung, große bleibende Regeldifferenz akzeptabel,
- 0,2 ... weniger als mittlere Bedeutung,
- 1 ... mittlere Bedeutung,
- 5 ... größer als mittlere Bedeutung,
- 20 ... Regelgröße hat große Bedeutung, geringe bleibende Regeldifferenz gefordert.

Bei der Wahl der Gewichte für die Stellgrößen $w_{i,j}^{u}$ ist zu beachten:

1. Für Stellgrößen ohne Targets ist $w_{i,j}^{u} = 0$ zu setzen (der voreingestellte Wert).
2. Stellgrößen mit Targets erhalten Gewichte von $w_{i,j}^{u} > 0$. Wenn für alle "überschüssigen" Stellgrößen Targets vorgegeben werden, sollten die Targets priorisiert werden; es gelten dieselben Richtwerte wie für die Priorisierung der Regelgrößen. Wenn nur für einige Stellgrößen Targets vorgegeben werden, sollten diese gleich groß mit $w_{i,j}^{u} = 0.2$ gewichtet werden.

Voreingestellte Werte für die Gewichte der Stellgrößeninkremente sind $w_{i,j}^{\Delta u} = 0.1$. Eine Vergrößerung dieser Gewichte führt zu kleineren Stellgrößenänderungen pro Abtastintervall und zur Verlangsamung der Regelkreisdynamik. Bei instabilen Regelstrecken kann es erforderlich sein, die Gewichte $w_{i,j}^{\Delta u}$ zu verkleinern, um im Falle von Störungen größere Stellgrößenänderungen pro Abtastintervall zu ermöglichen.

Zugang zur Eingabe der Gewichtsfaktoren erhält man durch Anwahl der Schaltfläche "Weights" im Hauptfenster des MPC Designer (Tab "TUNING"). Es öffnet sich ein Eingabefenster "Weights", in dem die Gewichte $w_{i,j}^{y}$, $w_{i,j}^{u}$ und $w_{i,j}^{\Delta u}$, die Targets für die Stellgrößen $u_{j,\,target}(k+i|k)$ und der ECR-Wert für das Gewicht der Schlupfvariable ρ_k vorgegeben werden können (**Bild 21**). Die Bezeichnung "nominal" für die Stellgrößen-Targets bedeutet, dass die Arbeitspunktwerte ("Nominal Values", vgl. **Bild 16**) verwendet werden sollen. Diese Bezeichnung kann durch anwendungsspezifische Zahlenwerte überschrieben werden.

Man beachte, dass $\rho_k = 100000$ voreingestellt ist. Ein großer Wert für ρ_k bewirkt einen großen Straffunktionsterm in der QP-Zielfunktion und soll sichern, dass die Verletzung der Nebenbedingungen (ausgedrückt durch die Schlupfvariable ε_k) möglichst klein ausfällt.

Ob geeignete Werte für die Gewichtsfaktoren gewählt wurden, kann durch Simulation des MPC-Regelungssystems (siehe Abschnitt 3.8) überprüft werden. Dabei sollten das Prozessmodell für die Regelstreckensimulation und das reglerintern verwendete Prozessmodell identisch sein. Anders ausgedrückt: es sollte zunächst kein "Plant-Model-Mismatch" angenommen werden. Die Simulation zur Überprüfung der Gewichtsfaktoren sollte ohne aktive Nebenbedingungen durchgeführt werden.

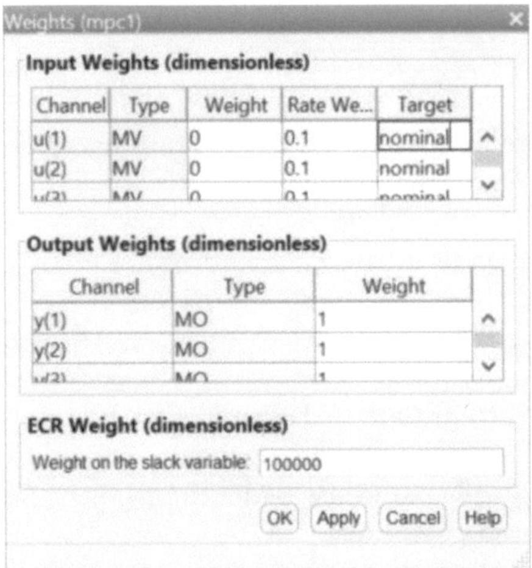

Bild 21.
Fenster zur Vorgabe der Gewichtsfaktoren und der MV Targets.

3.5 Anpassung der Schätzung von Störmodellen

Wie in Abschnitt 3.1 erläutert, nutzt ein MPC-Regelalgorithmus Modelle für das dynamische Verhalten, um den zukünftigen Verlauf der Regelgrößen vorherzusagen. Darunter sind neben dem Prozessmodell (Zusammenhänge zwischen MV/DV und CV) auch die Modelle für nicht gemessene Störungen am Eingang und am Ausgang der Regelstrecke und für das Messrauschen. Während das Prozessmodell immer durch den Anwender bereitgestellt werden muss, können für die Störgrößen alternativ auch voreingestellte Modelle verwendet werden. Zugang zur Auswahl und Anpassung der Störmodelle bekommt man über die Anwahl der Schaltfläche "Estimation Models" im TUNING-Tab des MPC-Designer-Hauptfensters.

Nach Klicken auf diese Schaltfläche hat der Anwender die Möglichkeit, zwischen dem Modell der Ausgangsstörung, dem Modell des Messrauschens und für den Fall, dass nicht gemessene Eingangsgrößen definiert sind, dem Modell der Eingangsstörung zu wählen. Für alle Störungen hat Anwender die Wahl zwischen

- dem voreingestellten Modell (sprungförmige Änderung zu zufälligen Zeitpunkten),
- der Eingabe eines selbstdefinierten Zustandsmodells,
- der kanalspezifischen Auswahl zwischen den Alternativen "weißes Rauschen", sprungförmige oder rampenförmige Änderung zu zufälligen Zeitpunkten.

Bild 22 zeigt die Variante der kanalspezifischen Auswahl für die Ausgangsstörungen.

Die Störmodelle werden intern erzeugt, indem ein weißer Rauschprozess über die Dynamik eines Eingrößensystems verformt (gefiltert) wird. Dieses Eingrößensystem besteht aus

- einer statischen Verstärkung (Modelltyp weißes Rauschen (White Noise)),
- einer statischen Verstärkung in Reihe mit einem Integrator (Modelltyp zufällige sprungförmige Störung (Random Step-like)), oder

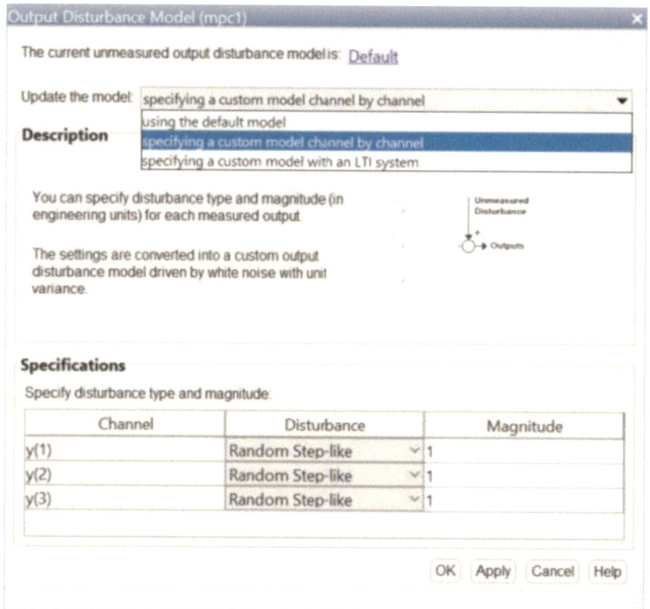

Bild 22.
Auswahl von Störmodellen für die Ausgangsgrößen.

- einer statischen Verstärkung in Reihe mit zwei Integratoren (Modelltyp zufällige rampenförmige Störung (Random Ramp-like)).

Die Vorgabe der statischen Verstärkung geschieht in der Spalte “Magnitude”.

Der Anwender kann auf das ausgewählte Modell über den Befehl `getoutdist (mpc1)` im MATLAB Command Window zugreifen, nachdem der MPC-Regler (z. B. mpc1) in den MATLAB-Arbeitsspeicher exportiert wurde (Schaltfläche “Export Controller” unter dem TUNING-Tab des Hauptfensters, **Bild 23**). Die Störgröße “random step-like disturbance” wird zum Beispiel durch folgendes Zustandsmodell beschrieben:

$$\boldsymbol{A} = \boldsymbol{B} = \boldsymbol{C} = \begin{bmatrix} 1 & 0 \\ 0 & 1 \end{bmatrix}, \boldsymbol{D} = \begin{bmatrix} 0 & 0 \\ 0 & 0 \end{bmatrix} \tag{28}$$

Weitere Hinweise zur Spezifikation der Störmodelle findet man in [34], S. 2–15 ff.

Um die Fähigkeit des MPC-Reglers zur Störunterdrückung zu überprüfen, kann man das Verhalten des MPC-Regelungssystems simulieren. Dazu sollte man die Regelgrößen und die nicht gemessenen Eingangsgrößen mit sprungkonstanten oder anderen Störsignalen beaufschlagen. Zusätzlich kann das Störverhalten bei sprungförmigen Änderungen der MV simuliert werden. Bei nicht zufriedenstellendem Störverhalten trotz richtig gewähltem Störmodell-Typ ist es am einfachsten, die Zustands-/Störgrößenschätzung zu beschleunigen. Dazu kann man

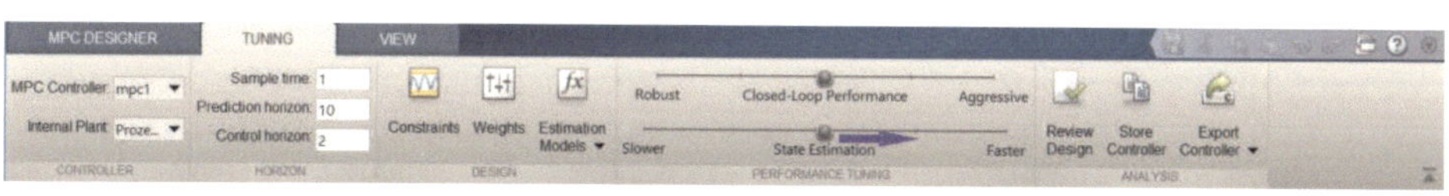

Bild 23.
Einstellung der Störschätzung und der Dynamik des Störverhaltens.

den “State Estimation Slider” unter dem TUNING-Tab des MPC-Designer-Hauptfensters nach rechts ziehen (**Bild 23**).

Die Rechtsverschiebung des Sliders bewirkt eine Vergrößerung der statischen Verstärkungen der Störmodelle und eine gleichzeitige Verringerung der statischen Verstärkungen des Messrauschens und verbessert auf dieses Weise die Dynamik des Störverhaltens.

3.6 MV Blocking

Wenn man unterstellt, dass sich innerhalb des Steuerhorizonts m die Stellgrößen zu jedem Abtastzeitpunkt ändern können, bedeutet die Festlegung des Steuerhorizonts m gleichzeitig auch die Festlegung der Zahl der unabhängigen Variablen in der quadratischen Optimierung. Sie beträgt $m \cdot n_u$, wobei n_u die Zahl der manipulierten Variablen bezeichnet. Je größer das Produkt $m \cdot n_u$, desto rechenzeitintensiver ist die Lösung des QP-Problems in jedem Abtastintervall. Eine Verringerung der Zahl der Unabhängigen lässt sich durch die Anwendung der Technik des “MV Blocking” erreichen [90, 91]. Dabei bildet man innerhalb des Steuerhorizonts eine Reihe von Blöcken, innerhalb deren die Stellgröße konstant bleibt. **Bild 24** zeigt ein Beispiel. Die Regelgüte wird dadurch erfahrungsgemäß nicht wesentlich verschlechtert.

Der Steuerhorizont ist im Beispiel $m = 10$. Daraus ergeben sich zehn mögliche Stellgrößenänderungen $\Delta \boldsymbol{u} = [\,\Delta u(0) \quad \Delta u(0) \quad \cdots \quad \Delta u(9)\,]^T$, wenn in jedem Abtastzeitpunkt eine Änderung erlaubt wird. Bildet man nun vier Blöcke (hier wachsender Länge von 1, 2, 3 und 4 Abtastintervallen), reduziert sich die Zahl der Stellgrößen*änderungen* auf vier, nämlich $\Delta \boldsymbol{u} = [\,\Delta u(0) \quad \Delta u(1) \quad \Delta u(3) \quad \Delta u(6)\,]^T$.

Wenn man von der Option “MV Blocking” Gebrauch machen will, muss man in der MPC Designer App den Steuerhorizont als einen Vektor von Impulslängen spezifizieren, im Beispiel also $[1 \quad 2 \quad 3 \quad 4]$. Die Summe der Blocklängen muss mit der Länge des Prädiktionshorizonts p übereinstimmen. In **Bild 25** ist dargestellt, wie die Eingabe im MPC Designer unter dem Tab “TUNING” erfolgt, hier für $m = p = 10$ und den Blocking-Vektor $[1 \quad 2 \quad 3 \quad 4]$.

3.7 Zeitvariante Nebenbedingungen und Gewichte

Sowohl die Gewichtsfaktoren $w^y_{i,j}$, $w^u_{i,j}$ und $w^{\Delta u}_{i,j}$ als auch die Nebenbedingungen $u_{j,\min}(i)$, $u_{j,\max}(i)$, $\Delta u_{j,\min}(i)$, $\Delta u_{j,\max}(i)$ und $y_{j,\min}(i)$, $y_{j,\max}(i)$ können prinzipiell

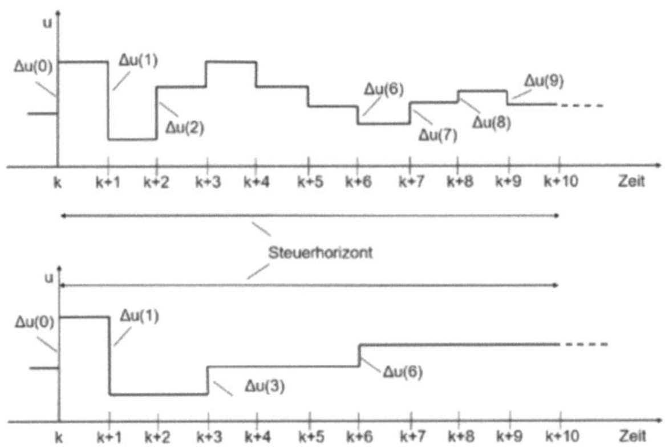

Bild 24.
MV Blocking.

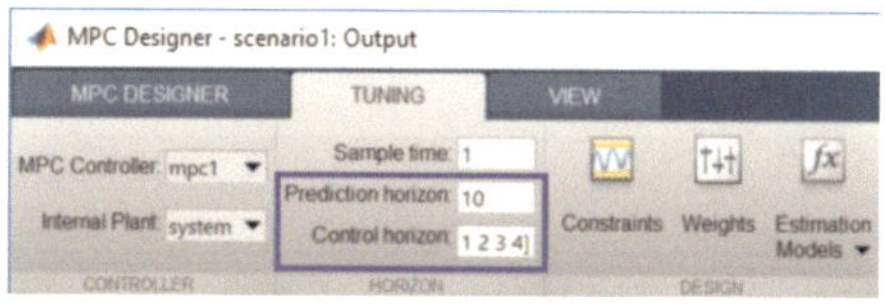

Bild 25.
Eingabe des Blocking-Vektors im MPC Designer.

innerhalb des Prädiktionshorizonts variieren. Damit ergeben sich zusätzliche Einstellmöglichkeiten wie z. B. die Definition von "Trichtern" für die Regelgrößen. Allerdings wird damit auch die Reglereinstellung komplizierter. Es wird daher empfohlen, mit Gewichten und Nebenbedingungen zu arbeiten, die über den Prädiktionshorizont konstant sind und von dieser Empfehlung nur abzuweichen, wenn man anwendungsspezifische Vorteile erwarten kann.

Die Eingabe zeitvarianter Gewichte und Nebenbedingungen erfolgt dadurch, dass man in die entsprechenden Tabellen (vgl. **Bild 18** und **Bild 21**) statt einfacher Zahlenwerte Vektoren einträgt. Die Vektoren können maximal p Elemente enthalten. Definiert man weniger Elemente, wird der letzte definierte Wert im gesamten weiteren Verlauf des Prädiktionshorizonts verwendet. So bedeutet $w^y_{1,j} = [1 \quad 1.5 \quad 2]$ dasselbe wie $w^y_{1,j} = [1 \quad 1.5 \quad 2 \quad 2 \quad \cdots \quad 2]$.

Durch Programmieren auf Kommandozeilenebene, d. h. nicht in der MPC Designer App, lassen sich sogenannte "terminal weights" und "terminal constraints" definieren. Damit ist es möglich MPC-Regler mit unendlichem Horizont zu definieren und die Stabilität der MPC-Regelung im geschlossenen Kreis zu garantieren. Eine ausführliche Diskussion findet man in [14]. Die Nutzung dieser Möglichkeit wird allerdings nur mit der MPC-Theorie vertrauten Anwendern empfohlen.

3.8 Simulation des MPC-Regelungssystems in der MPC Designer App

Innerhalb der MPC Designer App ist es möglich, das geschlossene MPC-Regelungssystem zu simulieren. Auf diese Weise können das Führungs- und das Störverhalten des geschlossenen MPC-Regelungssystems untersucht und die Parametrierung überprüft werden. Für das Störverhalten kann insbesondere die Reaktion auf Änderungen der gemessenen Störgrößen (Störgrößenaufschaltung bzw. feedforward compensation) sowie auf Änderungen nicht gemessener Störgrößen am Eingang und am Ausgang der Regelstrecke untersucht werden.

Wie bereits in Abschnitt 3.1 erwähnt, wird beim Laden des Prozessmodells ein voreingestelltes Simulationsszenario erzeugt. Dieses kann editiert werden, wenn man im Hauptfenster des MPC Designers die Schaltfläche "Edit Scenario" anwählt und das zu editierende Szenarium auswählt. Es öffnet sich dann ein Fenster "Simulation Scenario", für das in **Bild 26** ein Beispiel dargestellt ist.

Unter "Simulation Settings" kann der Anwender zunächst auswählen, welches Modell als Streckenmodell für die Simulation verwendet werden soll. Voreingestellt ist, dass das für die Streckensimulation verwendete Modell und das reglerintern für die Prädiktion verwendete Modell ("controller internal model") identisch sind. Das bedeutet, dass der MPC-Regler über ein exaktes Modell des Streckenverhaltens verfügt. Dieser (in der Praxis unrealistische) Fall sollte zunächst immer untersucht werden. Der Nutzer kann aber vom Nominalmodell abweichende lineare Prozessmodelle im MATLAB-Arbeitsspeicher definieren (z. B. mit veränderten Streckenverstärkungen, Zeitkonstanten oder Totzeiten) und diese dann hier für die Simulation auswählen. Da reglerinternes Modell und Simulationsmodell dann nicht

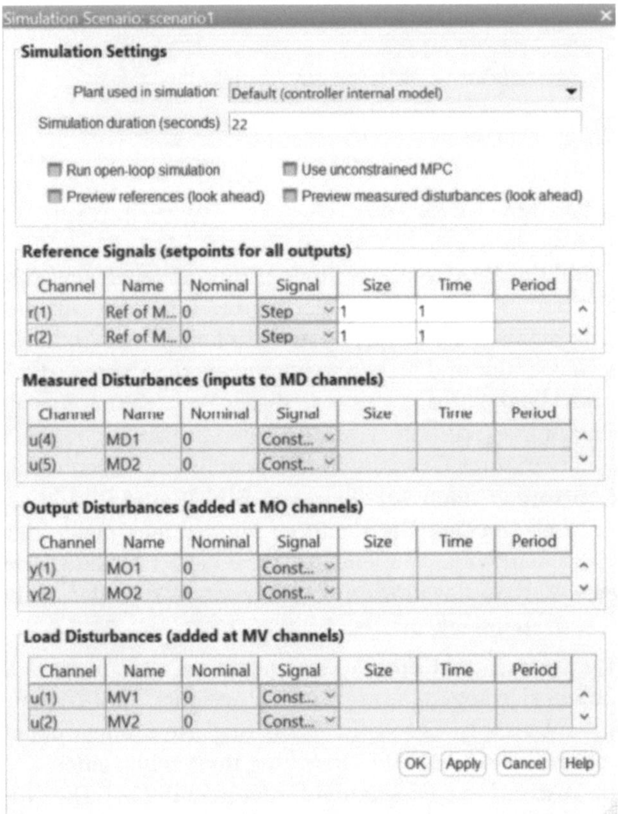

Bild 26.
Fenster "Simulation Scenario".

mehr übereinstimmen, spricht man von "Plant-Model-Mismatch". Eine solche Art der Simulation erlaubt die Untersuchung der Robustheit des MPC-Reglers gegenüber Änderungen des Prozessverhaltens.

Zweitens muss oft die Simulations*dauer* verändert werden, weil sie mit der Länge des Prädiktionshorizonts voreingestellt und daher in den meisten Fällen zu kurz gewählt ist.

Es ist möglich, die Simulation im offenen Regelkreis durchzuführen ("Run open-loop simulation") oder einen MPC-Algorithmus ohne Berücksichtigung von Nebenbedingungen zu verwenden ("Use unconstrained MPC"). Schließlich können zukünftige Änderungen von Sollwerten oder messbaren Störgrößen angezeigt werden, falls diese bekannt sind und in die Simulation einbezogen werden sollen ("Preview references" und "Preview measured disturbances").

Im unteren Teil des Fensters "Simulation Scenario" kann vorgegeben werden, wie und zu welchem Zeitpunkt sich Sollwerte, gemessene Störgrößen und nicht gemessene Ein- und Ausgangsstörgrößen ändern sollen. In der Spalte "Signal" kann aus eine Liste der Signaltyp ausgewählt werden. Verfügbare Optionen sind "Constant", "Step", "Ramp", "Pulse", "Sine" und "Gaussian" (d. h. keine, sprungförmige, rampenförmige, impulsförmige, sinusförmige und zufällige Signaländerung). In der Spalte "Size" kann eine Größenangabe gemacht werden, deren Bedeutung vom Signaltyp abhängt (Sprunghöhe, Rampenanstieg, Impuls- und Sinusamplitude, Varianz). In der Spalte "Time" kann der Zeitpunkt der Signaländerung vorgegeben werden. In der Spalte "Period" kann für Impulse die Impulslänge und für Sinussignale die Periodendauer spezifiziert werden. Eingaben müssen mit "Apply/OK" abgeschlossen werden, um sie für die Simulation wirksam zu machen. In **Tabelle 9** sind die Eingabemöglichkeiten im Fenster "Simulation scenario" zusammengefasst.

Die Regelgüte kann bekanntlich durch die Wahl der Gewichtsfaktoren beeinflusst werden. Eine weitere, sehr nutzerfreundliche Möglichkeit besteht darin, den "Closed-Loop Performance Slider" in Richtung einer schnelleren oder langsameren Regelkreisdynamik zu verschieben. Dieser findet sich wie der "State Estimation Slider" unter dem TUNING-Tab des MPC-Designer-Hauptfensters (**Bild 27**).

Eine Verschiebung nach links bedeutet eine Erhöhung der Robustheit gegenüber Modellunsicherheit und eine langsamere Regelkreisdynamik, eine Verschiebung nach rechts aggressiveres Verhalten und geringere Robustheit. Ein Verschiebung in Richtung größerer Robustheit bewirkt, dass reglerintern die Gewichte der Regel- und Stellgrößen verringert, die der Stellgrößeninkremente erhöht werden.

Sowohl MPC-Regler als auch Szenarien lassen sich nach Anwahl ihrer Bezeichnungen im MPC-Designer-Hauptfenster und Anklicken der rechten Maustaste duplizieren. Die duplizierten Objekte sind anschließend editierbar. So lassen sich verschiedene Versionen eines MPC-Reglers (z. B. mit unterschiedlicher Reglereinstellung) generieren. Über die Anwahl der Schaltfläche "Compare Controllers" unter dem Tab "MPC DESIGNER" des Hauptfensters (**Bild 28**) kann man dann Simulationen starten, die ein vorgegebenes Szenarium mit unterschiedlichen MPC-Reglern berechnen. Die sich ergebenden Zeitverläufe der Stell- und Regelgrößen werden farblich gekennzeichnet und lassen sich miteinander vergleichen. Diese Funktion eignet sich insbesondere, um den Einfluss unterschiedlicher Horizontlängen und Gewichte, verschiedener Stellungen des Closed-Loop Performance Slider, unterschiedlich gewählter Nebenbedingungen

Signaltyp	Spalte "Size"	Spalte "Period"
Constant	-	-
Step	Sprunghöhe	-
Ramp	Anstieg	-
Pulse	Impulsamplitude	Impulslänge
Sine	Sinusamplitude	Periodendauer
Gaussian	Varianz	-

Tabelle 9.
Eingabemöglichkeiten im Fenster "Simulation scenario".

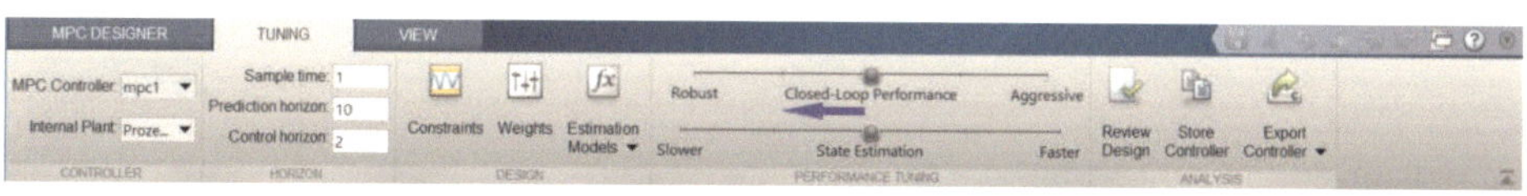

Bild 27.
Closed-Loop Performance Slider – Verschiebung in Richtung "Robust".

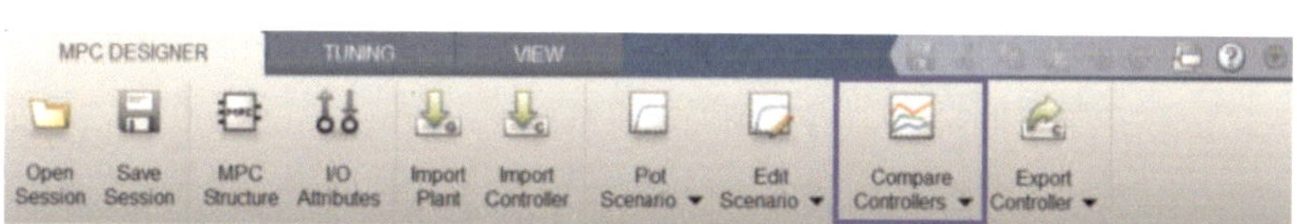

Bild 28.
Schaltfläche "Compare Controllers" unter dem Tab "MPC DESIGNER".

oder Einstellungen der Schätzverfahren für Zustands- und Störgrößen miteinander zu vergleichen und ein anwendungsspezifisches Optimum zu finden.

Der Tab "VIEW" des MPC-Designer-Hauptfensters eröffnet den Zugriff auf unterschiedliche Möglichkeiten der Anordnung und Gestaltung von Fenstern für die Präsentation der Simulationsergebnisse. Wie in **Bild 29** dargestellt, ist es zum Beispiel möglich, die Trends für die Stell- und Regelgrößen nebeneinander (Left/ Right), untereinander (Top/Bottom) oder anwenderdefiniert (Custom) darzustellen. Die Wahl "Single" vergrößert die Darstellung entweder der Stell- oder der Regelgrößenverläufe, "Float" ermöglicht eine freie Verschiebung der Trends innerhalb der Oberfläche des MPC Designer.

Eine Alternative zur Simulation des geschlossenen Regelungssystems innerhalb der MPC Designer App ist die Entwicklung eines Simulink-Modells unter Verwendung der in der MPC Toolbox enthaltenen MPC-Funktionsbausteine. In **Bild 30** ist ein Beispiel für den prinzipiellen Aufbau eines solchen Simulink-Modells dargestellt. Es besteht mindestens aus

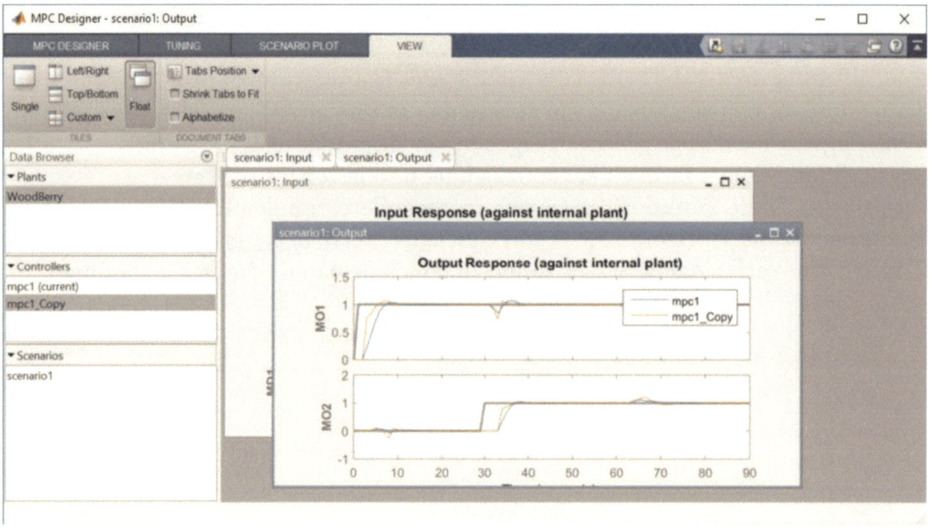

Bild 29.
Tab "VIEW" (Float-Darstellung des Vergleichs der Simulationsergebnisse mit zwei Reglern).

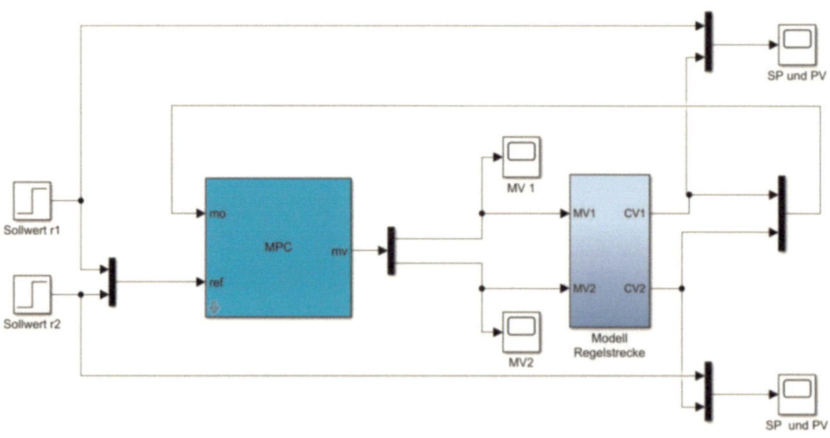

Bild 30.
Beispiel für die Simulation eines MPC-Regelungssystems mit Hilfe von Simulink®.

- einem der in der MPC Toolbox enthaltenen Simulink-Funktionsbausteine für MPC-Regler, die bereits in Abschnitt 2.6 aufgelistet wurden (vgl. **Bild 9**),
- Simulink-Bausteinen, die das dynamische Verhalten der Regelstrecke beschreiben,
- Signalquellen-Bausteinen für die Vorgabe von Sollwert- oder Störgrößenänderungen,
- Signalsenken-Bausteinen für die Visualisierung oder Speicherung der Simulationsergebnisse.

Ein deutlicher Vorteil dieser Variante der Simulation besteht natürlich darin, dass Plant-Model-Mismatch wesentlich realistischer untersucht werden kann. Das ist zum Beispiel dann der Fall, wenn das reglerintern verwendete Prozessmodell linear ist, und für die Simulation des realen Prozessverhalten ein nichtlineares Modell verwendet wird.

Die Ein- und Ausgänge des MPC-Blocks sind mit denselben Abkürzungen bezeichnet, die schon einführend im Zusammenhang mit **Bild 1** und **Bild 2** erläutert wurden: so stehen

- Eingang "mo" für "measured output" (Regelgröße),
- Eingang "ref" für "reference value" (Sollwert),
- Ausgang "mv" für "manipulated variable" (Stellgröße).

Durch eine entsprechende Parametrierung des MPC-Blocks können weitere Ein- und Ausgangsgrößen als I/O-Ports definiert werden. Dann steht z. B.

- Eingang "md" für "measured disturbance" (gemessene Störgröße),
- Ausgang "cost" für den Wert der Zielfunktion bei der quadratischen Optimierung zur Bestimmung der optimalen Stellgrößenfolge,
- Ausgang "mv.seq" für die optimale Stellgrößenfolge.

Weitere Eingänge des MPC-Blocks können als "Input Port" festgelegt werden, die während der Simulation verändert werden dürfen, z. B.

- "umin, umax, ymin, ymax" (untere und obere Grenzwerte der Stell- bzw. Regelgrößen),
- "y.wt, u.wt, du.wt" (Gewichtsfaktoren für Regel- und Stellgrößen sowie die Stellgrößenänderungen),
- "mv.target" (Zielwerte für Stellgrößen für den Fall $n_u > n_y$.

4. MPC-Regelung einer Pilot-Destillationskolonne

Der folgende Abschnitt illustriert die Anwendung der MPC Toolbox auf den Entwurf eines Mehrgrößenreglers an einer Destillationskolonne bei gegebenem Prozessmodell. Im Mittelpunkt steht die Verbesserung der Regelgüte, die sich mit einem MPC-Regler gegenüber einer konventionellen PI-Regelung erreichen lässt. Der MPC-Regler wird auch für ein Range-Control-Problem eingesetzt, bei dem kein Sollwert, sondern Ungleichungs-Nebenbedingungen für die Regelgrößen vorgegeben sind. Abschließend wird gezeigt, dass sich bei modernen MPC-Algorithmen auch eine befriedigende Regelgüte bei der Kompensation von Störungen am Streckeneingang erzielen lässt.

4.1 Definition von LTI-Modellen am Beispiel einer Pilot-Destillationskolonne

Auf der Grundlage von Versuchen an einer Destillationskolonne im Maßstab einer Pilotanlage wurde in [92] ein lineares dynamisches Modell entwickelt. Obwohl diese Kolonne einen Seitenabzug besitzt und daher für die Trennung von (ternären) Mehrstoffgemischen geeignet ist, wurde nur die Trennung eines Ethanol-Wasser-Gemischs untersucht. Die Kolonne besitzt 19 Böden und hat einen Durchmesser von 12 Zoll (30,5 cm). Der Zulauf ist auf Boden 10, der Seitenabzug auf Boden 5 angeordnet. Alle Durchflüsse, Temperaturen und Zusammensetzungen werden kontinuierlich gemessen. **Bild 31** zeigt ein vereinfachtes Fließbild mit konventioneller PI(D)-Regelungsstruktur.

Regelgrößen CV1 ... CV3 ($y_1 ... y_3$) sind

- der Stoffmengenanteil (früher "Molenbruch") des Ethanols am Kolonnenkopf (y_1),
- der Stoffmengenanteil des Ethanols im Seitenabzug (y_2),
- die Temperatur auf dem Boden 19 im Abtriebsteil der Kolonne (y_3),

die Stellgrößen MV1...MV3 ($u_1 ... u_3$)

- der Durchfluss des Rücklaufs (u_1),

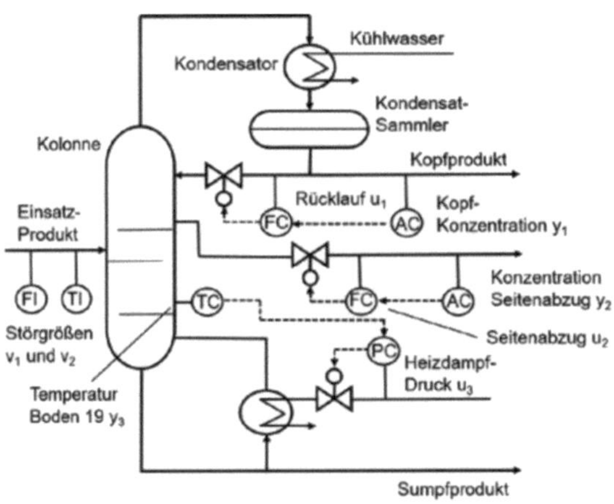

Bild 31.
Vereinfachtes Fließbild einer Pilot-Destillationskolonne (konventionelle Regelungsstruktur).

- der Durchfluss des Seitenabzugs (u_2), und
- der Druck des Heizdampfs (u_3).

Als Störgrößen werden der Durchfluss (v_1 bzw. MD1) und die Temperatur (v_2 bzw. MD2) des Einsatzprodukts aufgefasst. **Tabelle 10** zeigt die statischen Arbeitspunktwerte der Kolonne. Die amerikanischen Maßeinheiten sind gpm (gallons per minute) und psig (pounds-force per square inch gauge), sie wurden in SI-Einheiten umgerechnet.

Tabelle 11 zeigt die oberen und unteren Grenzwerte für die Stellgrößen.

Das Übertragungsfunktions-Modell des Mehrgrößensystems lautet

$$\begin{bmatrix} Y_1(s) \\ Y_2(s) \\ Y_3(s) \end{bmatrix} = \begin{bmatrix} \frac{0.66}{(6.7s+1)}e^{-2.6s} & \frac{-0.61}{(8.64s+1)}e^{-3.5s} & \frac{-0.0049}{(9.06s+1)}e^{-s} \\ \frac{1.11}{(3.25s+1)}e^{-6.5s} & \frac{-2.36}{(5.0s+1)}e^{-3s} & \frac{-0.012}{(7.09s+1)}e^{-1.2s} \\ \frac{-34.68}{(8.15s+1)}e^{-9.2s} & \frac{46.2}{(10.9s+1)}e^{-9.4s} & \frac{0.87(11.61s+1)}{(18.8s+1)(3.89s+1)}e^{-2.6s} \end{bmatrix} \left[\begin{bmatrix} U_1(s) \\ U_2(s) \\ U_3(s) \end{bmatrix} \right] + $$
$$+ \begin{bmatrix} \frac{0.14}{(6.2s+1)}e^{-12s} & \frac{-0.0011(26.32s+1)}{(14.63s+1)(7.85s+1)}e^{-2.66s} \\ \frac{0.53}{(6.9s+1)}e^{-10.5s} & \frac{-0.0032(19.62s+1)}{(8.94s+1)(7.29s+1)}e^{-3.44s} \\ \frac{-11.54}{(7.01s+1)}e^{-0.6s} & \frac{0.32}{(7.76s+1)}e^{-2.6s} \end{bmatrix} \begin{bmatrix} V_1(s) \\ V_2(s) \end{bmatrix}$$

Es besteht aus einer 3x3-Matrix von Übertragungsfunktionen für die Stellgrößen-Regelgrößen-Zusammenhänge und einer 3x2-Matrix für die Störgrößen-Regelgrößen-Relationen.

Die MPC Toolbox unterstützt dieselben LTI-Modell-Formate wie die Control Systems Toolbox™ (LTI ... Linear Time Invariant). Da bei der Kolonne die Modelle in Form von Übertragungsfunktionen vorliegen, ist es möglich, den Befehl tf für die

Regelgrößen		**Stellgrößen**		**Störgrößen**	
Ethanol am Kopf	**0,7**	**Rücklauf**	**0,18 gpm (0,6 l/min)**	**Durchfluss Einsatzprodukt**	**0,8 gpm (3 l/min)**
Ethanol im Seitenabzug	0,52	Seitenabzug	0,046 gpm (0,18 l/min)	Temperatur Einsatzprodukt	78°C
Temperatur Boden 19	92 °C	Druck Heizdampf	20 psig (137,89 kPa)		

Tabelle 10.
Arbeitspunkt der Pilot-Destillationskolonne.

Stellgröße	Unterer Grenzwert	Oberer Grenzwert
Rücklauf	0,068 gpm (0,24 l/min)	0,245 gpm (1,3 l/min)
Seitenabzug	0,00694 gpm (0,0264 l/min)	0,1 gpm (0,6 l/min)
Druck Heizdampf	15,6 psig (107,56 kPa)	34 psig (234,42 kPa)

Tabelle 11.
Obere und untere Grenzwerte für die Stellgrößen.

Modelleingabe zu verwenden. Für den Zusammenhang zwischen Rücklauf und Kopfkonzentration heißt die Übertragungsfunktion

$$G_{11}(s) = \frac{0.66}{(6.7s+1)}e^{-2.6s}.$$

Die MATLAB-Definition lautet

```
G11 = tf(0.66,[6.7 1],'IODelay',2.6)
```

Das Bildschirmecho ist

```
                          0.66
G11 = exp(−2.6*s) * --------
                       6.7 s + 1
```

`Continuous-time transfer function.`

Eine andere Möglichkeit besteht darin, zunächst den Laplace-Operator mit

```
s = tf('s')
```

zu definieren und danach die Übertragungsfunktion (hier für den Zusammenhang zwischen Bodentemperatur und Heizdampfdruck) wie folgt anzugeben:

```
G33 = 0.87*(11.61*s+1)*exp(−s)/((18.8*s+1)*(3.89*s+1))
```

In analoger Weise lassen sich die anderen Teil-Übertragungsfunktionen definieren. Die Übertragungsfunktions *matrix* $\boldsymbol{G}(s)$ für das Mehrgrößensystem ergibt sich dann für die Stellgrößen- Regelgrößen-Zusammenhänge zu

$$\boldsymbol{G}(s) = \begin{bmatrix} G_{11}(s) & G_{12}(s) & G_{13}(s) \\ G_{21}(s) & G_{22}(s) & G_{23}(s) \\ G_{31}(s) & G_{32}(s) & G_{33}(s) \end{bmatrix} \tag{29}$$

In ähnlicher Weise lässt sich die Übertragungsfunktionsmatrix für die Störgrößen-Regelgrößen-Zusammenhänge definieren:

$$\boldsymbol{G}_{\nu}(s) = \begin{bmatrix} G_{\nu,11}(s) & G_{\nu,12}(s) \\ G_{\nu,21}(s) & G_{\nu,22}(s) \\ G_{\nu,31}(s) & G_{\nu,32}(s) \end{bmatrix} \tag{30}$$

In MATLAB-Notation ergibt sich dann für das zusammengefasste Kolonnen-Modell (5 Eingangsgrößen, 3 Ausgangsgrößen)

```
Kolonne = [G11 G12 G13 Gν11 Gν12; G21 G22 G23 Gν21 Gν22;
          ...G31 G32 G33 Gv31 Gv32]
```

Die Einheitssprungantworten des Mehrgrößensystems lassen sich mit

```
[y,t] = step(Kolonne)
```

erzeugen. Sie sind für die Stellgrößen-Regelgrößen-Zusammenhänge in **Bild 32** grafisch dargestellt.

Das sogenannte "Relative Gain Array" (RGA) gilt als Maß für die Stärke der Wechselwirkungen (Kopplungen) in einem Mehrgrößensystem [93]. Sie lässt sich aus der (quadratischen) Matrix der statischen Streckenverstärkungen $\boldsymbol{K}_S$ nach der Beziehung

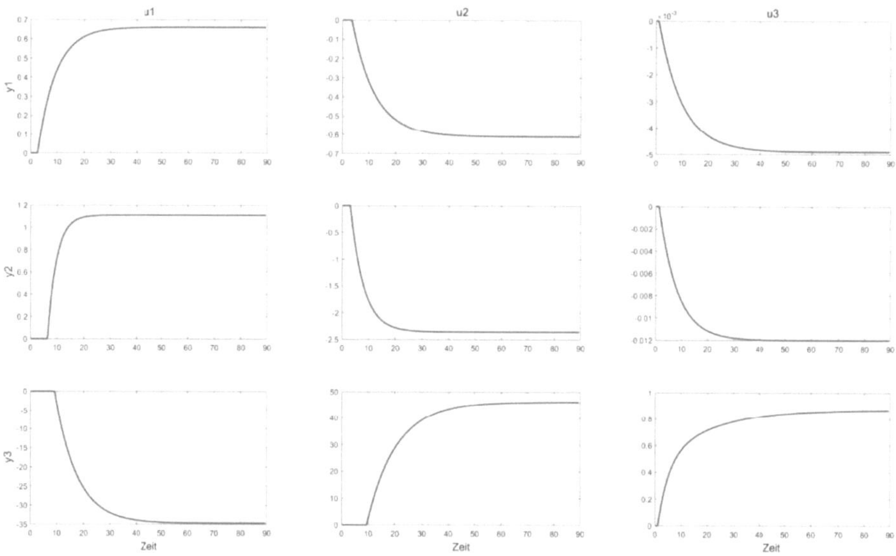

Bild 32.
Einheitssprungantworten für die Stellgrößen-Regelgrößen-Zusammenhänge der Pilot-Destillationskolonne.

$$\boldsymbol{RGA} = \boldsymbol{K}_S \otimes \left(\boldsymbol{K}_S^{-1}\right)^T \tag{31}$$

berechnen. Darin bezeichnet das Symbol ⊗ das Schur- oder Hadamard-Produkt zweier Matrizen. Für die Pilot-Destillationskolonne ergibt sich die RGA-Matrix zu

$$\boldsymbol{RGA} = \begin{bmatrix} 1.9618 & -0.6648 & -0.2970 \\ -0.6699 & 1.8921 & -0.2222 \\ -0.2919 & -0.2273 & 1.5192 \end{bmatrix} \tag{32}$$

Daraus lässt sich folgende Zuordnung von Stell- zu Regelgrößen ableiten, wenn die Kolonne mit drei dezentralen PI-Eingrößenreglern stabilisiert werden soll [94]:

- Rücklauf ➔ Kopfkonzentration Ethanol,
- Seitenabzug ➔ Konzentration Ethanol im Seitenabzug,
- Heizdampfdruck ➔ Bodentemperatur.

Diese Zuordnung, die man sicher auch intuitiv wählen würde, wurde in [92] verwendet. Die entsprechenden Regelkreise sind in **Bild 31** eingezeichnet.

4.2 Dezentrale PI-Regelung der Pilot-Destillationskolonne

Um die konventionelle Regelungsstruktur mit drei PI-Eingrößenregelungen zu simulieren, wurde ein Simulink-Modell entwickelt, das in **Bild 33** dargestellt ist. Das Streckenmodell "Kolonne" wurde in einem "LTI System"-Baustein hinterlegt. Dieses Modell hat als Eingänge drei von den PI-Reglern erzeugten Stellgrößen und die beiden Störgrößen Feed-Durchfluss und -Temperatur.

In [92] wurden folgende PI-Reglerparameter angegeben, die nicht durch Anwendung eines systematischen Entwurfsverfahrens, sondern empirisch durch

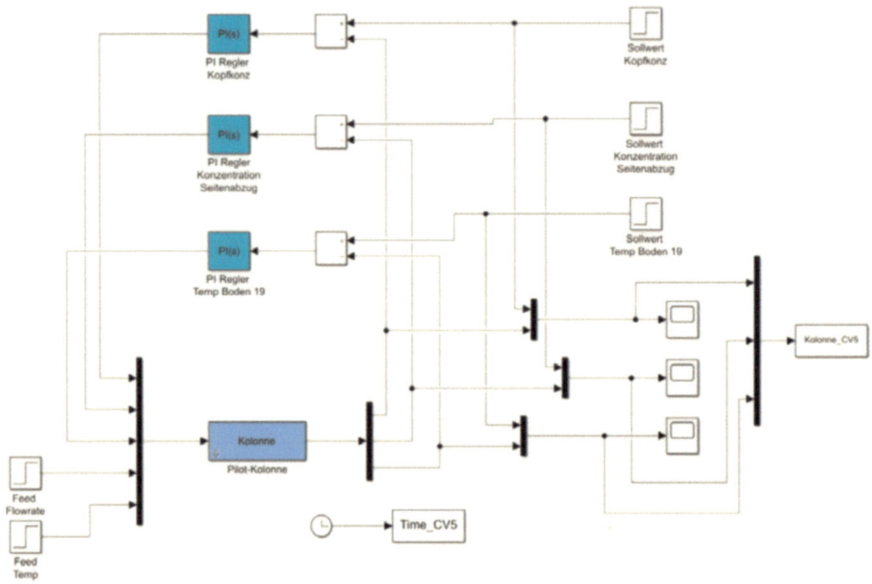

Bild 33.
Simulink-Modell der dezentralen PI-Regelung der Pilot-Destillationskolonne.

Simulationensrechnungen gefunden wurden. Sie werden zu Vergleichszwecken auch hier verwendet:

- Regelung der Ethanolkonzentration am Kolonnenkopf: $K_{P1} = 1.2; T_i = 5$
- Regelung der Ethanolkonzentration am Seitenabzug: $K_{P1} = -0.15; T_i = 10$
- Regelung der Temperatur auf dem Boden 19: $K_{P1} = 0.6; T_i = 4$

Im **Bild 34** ist das Führungsverhalten dargestellt, das sich mit diesen Reglerparametern ergibt. In der Diagonale sind die Reaktionen auf die Sollwertänderungen bei den drei Regelgrößen zu sehen. Die anderen Subplots zeigen die Wirkung auf die jeweils anderen Regelgrößen, deren Sollwerte konstant sind.

Tabelle 12 zeigt die mit diesen Reglereinstellungen erreichten Ausregelzeiten in Minuten. Sie können später mit denen verglichen werden, die bei einer MPC-Regelung erreicht werden.

In **Bild 35** ist die Ausregelung von sprungförmigen Störungen am Kolonneneingang (obere Zeile: Durchfluss, untere Zeile: Temperatur) dargestellt. Es wurden dieselben Reglerparameter verwendet.

In **Tabelle 13** sind die erreichten Ausregelzeiten für das Störverhalten aufgelistet.

Stellt man die drei PI-Regler unabhängig voneinander mit Hilfe der SIMC-Einstellregeln [95] ein, ergeben sich die folgenden, wesentlich aggressiveren Reglerparameter:

- Regelung der Ethanolkonzentration am Kolonnenkopf: $K_{P1} = 1.95; T_i = 6.7$
- Regelung der Ethanolkonzentration am Seitenabzug: $K_{P1} = -0.35; T_i = 5$
- Regelung der Temperatur auf dem Boden 19: $K_{P1} = 3.83; T_i = 10$

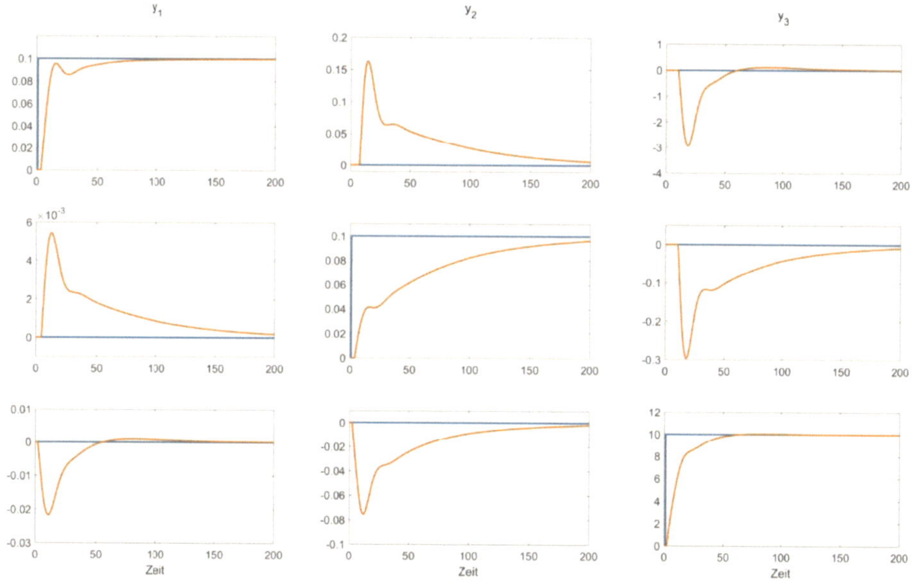

Bild 34.
Führungsverhalten bei dezentraler PI-Regelung der Pilot-Kolonne.

	Sollwertsprung Δr_1	Sollwertsprung Δr_2	Sollwertsprung Δr_3
Kopfkonzentration y_1	100	200	150
Konz. Seitenabzug y_2	200	200	200
Temperatur B19 y_3	150	200	70

Tabelle 12.
Ausregelzeiten bei Führungsverhalten mit dezentraler PI-Regelung.

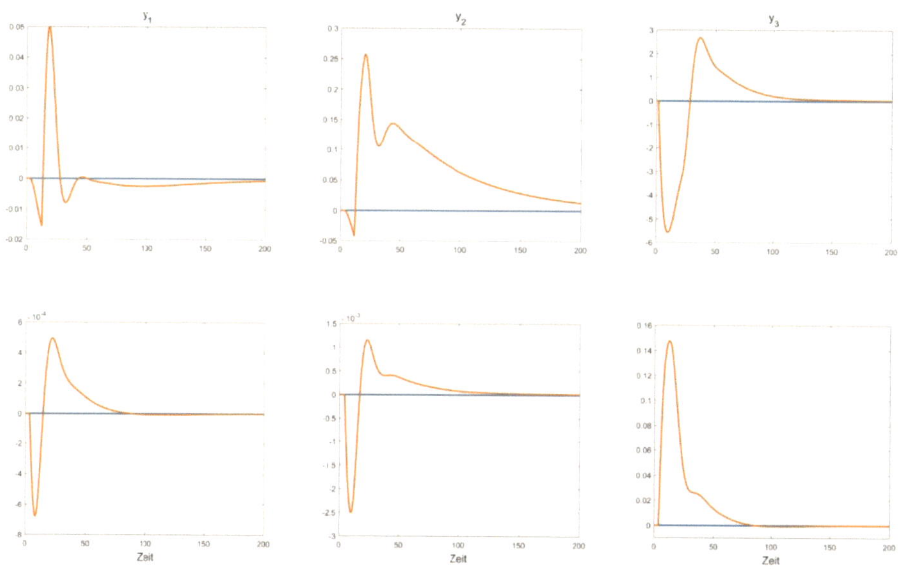

Bild 35.
Störverhalten bei dezentraler PI-Regelung der Pilot-Kolonne.

	Störgrößenänderung Δv_1	Störgrößenänderung Δv_2
Kopfkonzentration y_1	200	100
Konz. Seitenabzug y_2	>200	150
Temperatur B19 y_3	150	80

Tabelle 13.
Ausregelzeiten bei Störverhalten mit dezentraler PI-Regelung.

Mit diesen Parametern ergibt sich für eine Sollwertänderung der Kopfkonzentration das in **Bild 36** dargestellte, praktisch inakzeptable Führungsverhalten.

Die starken Oszillationen zeigen deutlich die starken Kopplungen zwischen den Stell- und Regelgrößen bei diesem Mehrgrößensystem. Die Ergebnisse sind ein Hinweis darauf, dass für dieses Beispiel die PI-Reglerparameter nicht unabhängig voneinander bestimmt werden sollten. Will man die Regelungsstruktur mit drei dezentralen PI-Reglern beibehalten und nicht zu einer Mehrgrößenregelung übergehen, so ist eine Reglereinstellung nach einem Multiloop-Tuning-Verfahren angebracht (für geeignete Methoden vgl. [96]).

4.3 MPC-Regelungsentwurf mit Hilfe der MPC Designer App

Die konventionelle Regelungsstruktur (dezentrale PI-Regelung, **Bild 31**) soll nun durch eine zentrale Mehrgrößenregelung mit Hilfe eines MPC-Reglers ersetzt werden. **Bild 37** zeigt das gegenüber **Bild 31** abgeänderte Fließschema der Kolonne.

Zu diesem Zweck wird nach dem Start der MPC Designer App das Prozessmodell mit dem Namen "Kolonne" importiert. Die MPC-Reglerstruktur wird so modifiziert, dass die ersten drei Eingangsgrößen als manipulierte Variable (MV) und die Eingangsrößen vier und fünf als gemessene Störgrößen (MD) deklariert werden. **Bild 38** zeigt das Fenster "Define MPC Structure by Importing" nach dieser Anpassung. Die von der MPC Designer App vorgeschlagene Abtastzeit von 1 Zeiteinheit (hier: Minuten) wird zunächst nicht verändert. Der erste Schritt wird mit "Define and Import" abgeschlossen.

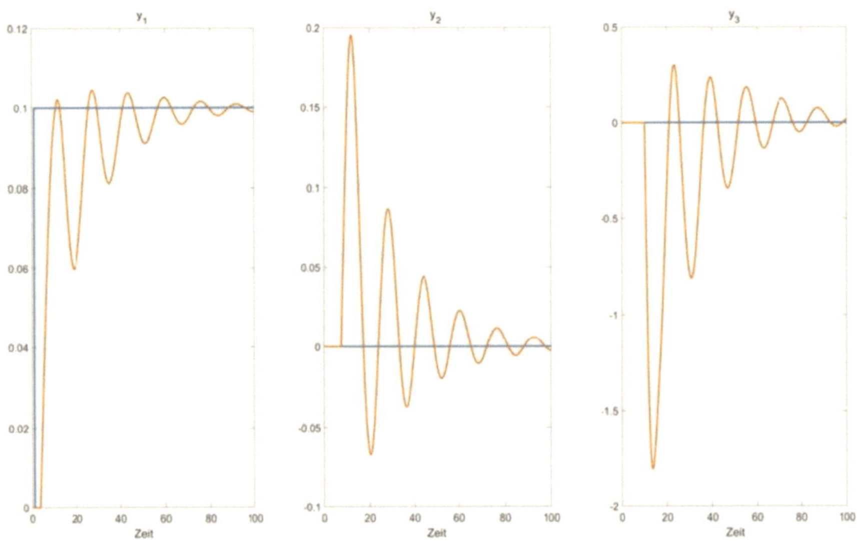

Bild 36.
Sollwertänderung Kopfkonzentration bei SIMC-Reglereinstellung.

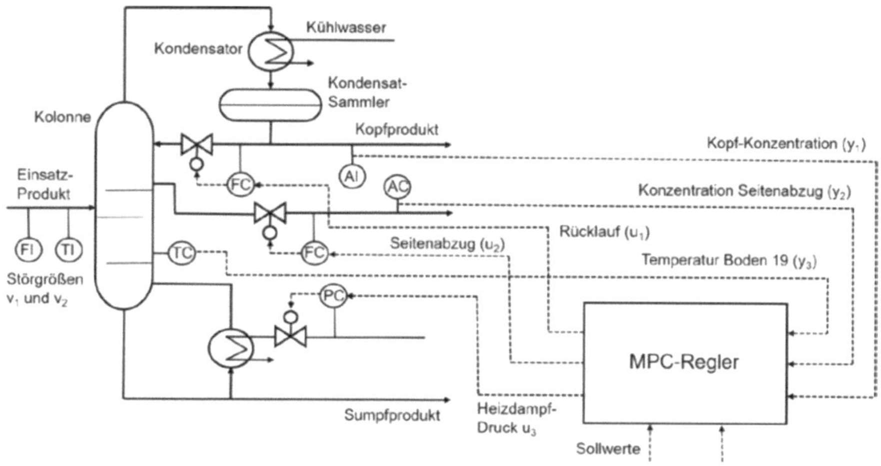

Bild 37.
Zentrale Mehrgrößenregelung der Pilotkolonne mit einem MPC-Regler.

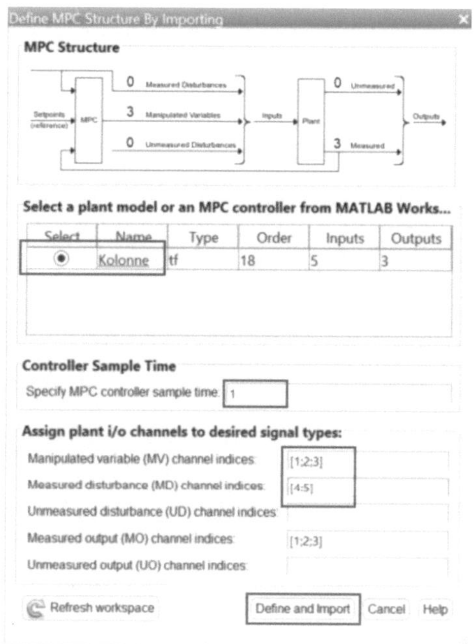

Bild 38.
Import des Modells der Pilotkolonne und Anpassung der MPC-Reglerstruktur.

Im nächsten Schritt werden die Attribute der Ein- und Ausgangsgrößen definiert. In **Tabelle 10** wurden bereits die Maßeinheiten und Arbeitspunktwerte der Stell-, Stör- und Regelgrößen aufgelistet.

Tabelle 14 zeigt die gewählten Skalierungsfaktoren. Sie ergeben sich aus den zu erwartenden Arbeitsbereichen der Prozessgrößen.

Regelgrößen		Stellgrößen		Störgrößen	
Ethanol am Kopf	1	Rücklauf	1,5	Durchfluss Einsatzprodukt	2
Ethanol im Seitenabzug	0,6	Seitenabzug	1,5	Temperatur Einsatzprodukt	40
Temperatur Boden 19	120	Druck Heizdampf	30		

Tabelle 14.
Skalierungsfaktoren für die Prozessgrößen der Pilot-Destillationskolonne.

Für die Eingabe dieser Werte wird die Schaltfläche "I/O Attributes" betätigt. **Bild 39** zeigt das Fenster "Input and Output Channel Specifications"

Für die Reglereinstellung werden die voreingestellten Positionen der Slider für "Closed Loop Performance" und "State Estimation" verwendet (TUNING Tab). Auch für die Gewichtsfaktoren (Schaltfläche "Weights") werden die voreingestellten Werte akzeptiert. Für die Horizontlängen werden $p = 50$ (Prädiktionshorizont) und $m = 5$ (Steuerhorizont) gewählt.

Die Nebenbedingungen (vgl. **Tabelle 11**) können nach Anwahl der Schaltfäche "Constraints" im Hauptfenster des MPC Designer im Fenster "Constraints (mpc1)" eingegeben werden. **Bild 40** zeigt einen Screenshot dieses Fensters. Es werden nur die oberen und unteren Grenzwerte für die Stellgrößen vergeben, die Ausgangsgrößen sollen zunächst auf Sollwert geregelt werden, Grenzen für die Stellgrößeninkremente (Rate-of-change constraints) sind nicht bekannt.

Das MPC-Regelungssystem kann nun innerhalb des MPC Designers simuliert werden. Dazu müssen Simulations-Szenarien konfiguriert werden (Schaltfläche "Edit Scenario/scenario 1"). Für die Simulation des *Führungsverhaltens* wird eine Simulationsdauer von 90 Minuten angenommen. Zum Zeitpunkt $t = 1$ wird der Sollwert der Kopfkonzentration sprungförmig um $\Delta r_1 = 0.05$ (von $r_1 = 0.7$ auf $r_1 = 0.75$) verstellt. Der Sollwert des Ethanol-Molenbruchs (Regelgröße y_2)

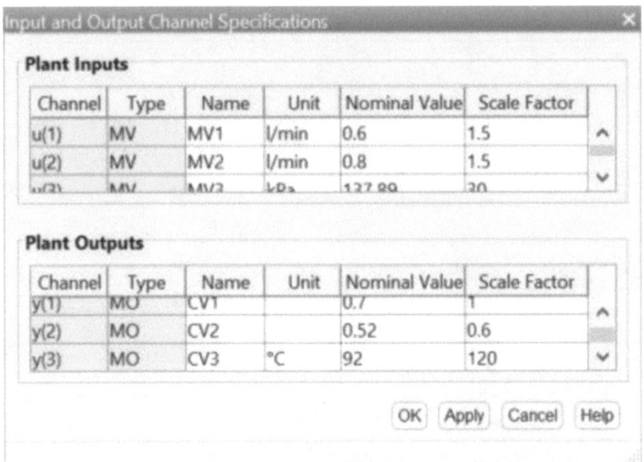

Bild 39.
Definition der Arbeitspunktwerte und Skalierungsfaktoren.

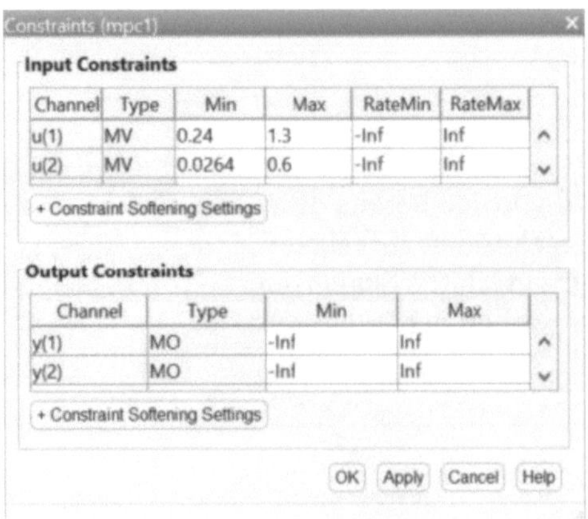

Bild 40.
Vorgabe der Nebenbedingungen für die Stellgrößen im "Constraints"-Fenster.

wird zum Zeitpunkt $t = 30$ ebenfalls um $\Delta r_2 = 0.05$ verstellt, und der Sollwert der Bodentemperatur (Regelgröße y_3) wird bei $t = 60$ um $\Delta r_3 = 5K$ verändert. Die Werte der Störgrößen bleiben konstant. **Bild 41** zeigt das Fenster "Simulation Scenario" für das Führungsverhalten.

In Zeile 1 kann man auch ablesen, dass für die Streckensimulation das reglerinterne Prozessmodell verwendet wurde, also kein Plant-Model-Mismatch vorhanden ist.

In **Bild 42** sind die Simulationsergebnisse für das Führungsverhalten dargestellt.

Für die gewählte Einstellung des MPC-Reglers ergeben sich die in **Tabelle 15** aufgelisteten Ausregelzeiten. In Klammern sind zum Vergleich die Ausregelzeiten aufgenommen, die mit dezentraler PI-Regelung erreicht wurden (vgl. **Tabelle 12)**

Die Ergebnisse zeigen die deutliche Überlegenheit der MPC-Mehrgrößenregelung gegenüber der dezentralen PI-Eingrößenregelung. Der Unterschied zwischen PI- und MPC-Regelung würde sich verringern aber nicht verschwinden, wenn man ein systematisches Entwurfsverfahren für die Multiloop-PI-Regelung einsetzen würde.

In **Bild 43** sind die Simulationsergebnisse für das *Störverhalten* der MPC-geregelten Pilot-Destillationskolonne dargestellt (Simulationsdauer 200 min). Dabei wurde der Durchfluss des Einsatzprodukts zum Zeitpunkt $t = 1$ sprungförmig um $\Delta v_1 = 0.6\ l/\text{min}$ (oder von $v_1 = 3\ l/\text{min}$ auf $v_1 = 3.6\ l/\text{min}$) erhöht, die Temperatur des Einsatzprodukts zum Zeitpunkt $t = 100$ um $\Delta v_2 = 20K$. Die Sollwerte der Regelgrößen bleiben kontant. Das entspricht dem in [92] simulierten Störverhalten. Die für die Simulation des Störverhaltens erforderlichen Einstellungen müssen im Bereich "Measured Disturbances (Inputs to MD channels)" des "Simulation scenario" vorgenommen werden.

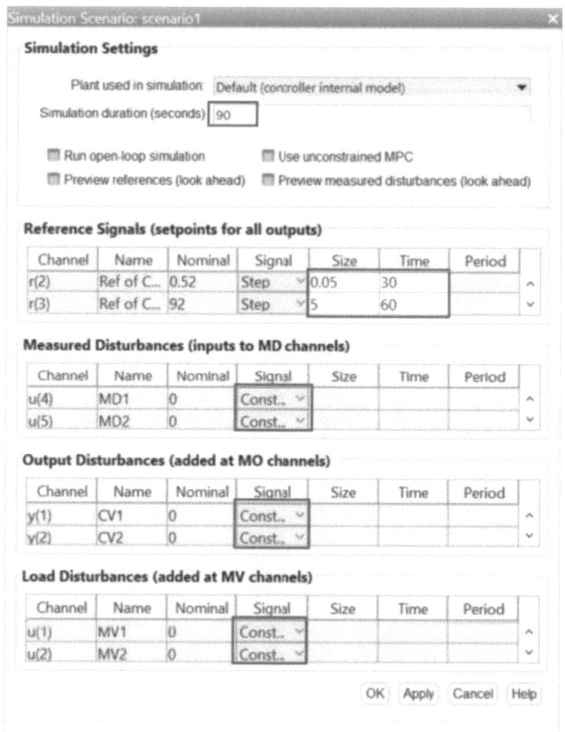

Bild 41.
Definition des Simulations-Szenarios für Führungsverhalten.

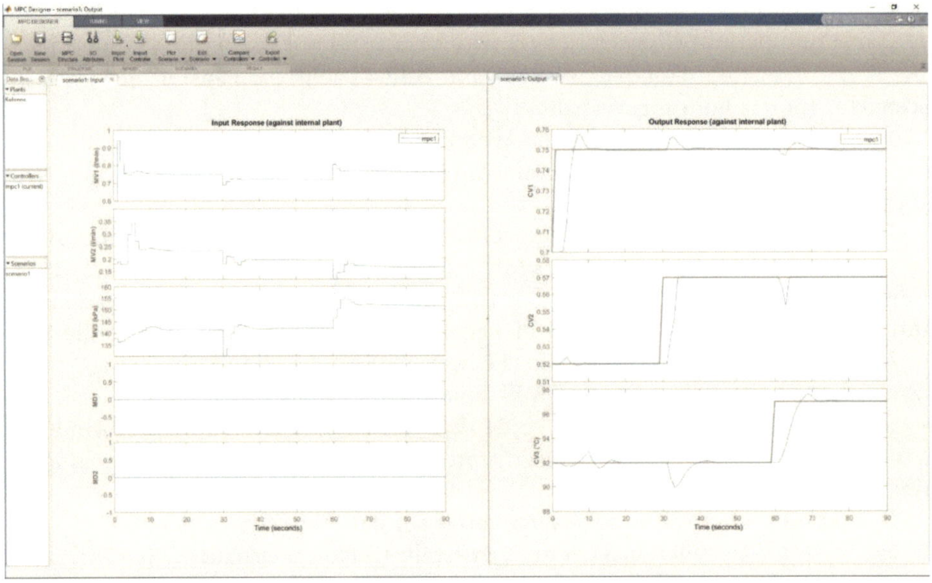

Bild 42.
Führungsverhalten der Pilot-Destillationskolonne.

	Sollwertsprung Δr_1	Sollwertsprung Δr_2	Sollwertsprung Δr_3
Kopfkonzentration y_1	15 (100)	15 (200)	40 (150)
Konz. Seitenabzug y_2	15 (200)	10 (200)	10 (200)
Temperatur B19 y_3	25 (150)	20 (200)	20 (70)

Tabelle 15.
Ausregelzeiten bei Führungsverhalten mit MPC-Regelung.

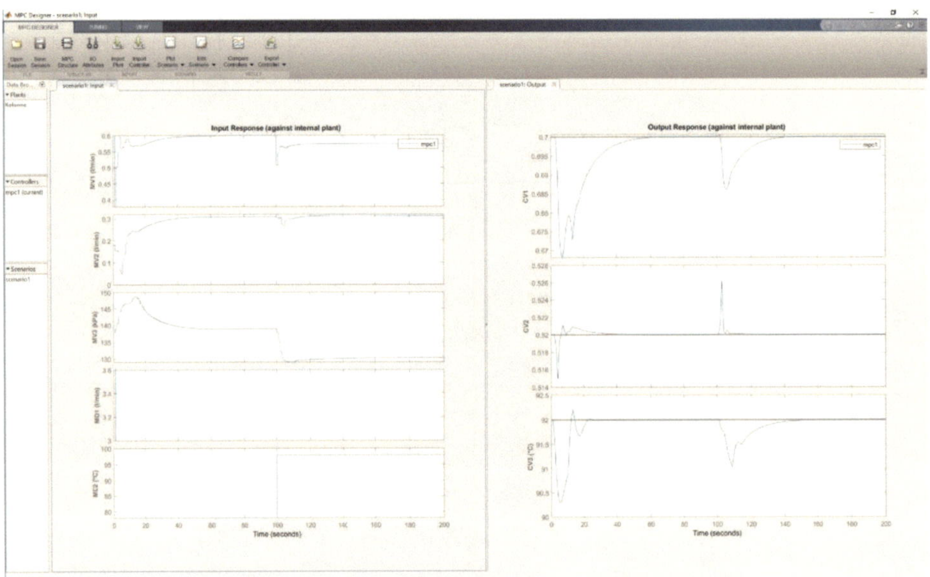

Bild 43.
Störverhalten der Pilot-Destillationskolonne (gemessene Störgrößen).

Die Reglereinstellung des MPC-Reglers wurde nicht verändert. Es ergeben sich die in **Tabelle 16** aufgelisteten Ausregelzeiten (in Klammern sind wieder die Ausregelzeiten aufgenommen, die mit dezentraler PI-Regelung erreicht wurden (vgl. **Tabelle 13**)).

Während in **Bild 43** das Störverhalten für die gemessenen Störgrößen Feed-Durchfluss und Feed-Temperatur dargestellt ist, zeigt **Bild 44** die Simulationsergebnisse für sprungförmige Störungen an den Stellgrößeneingängen (d. h. Rücklauf, Seitenabzug und Heizdampfdruck). Diese Störgrößen gehen als nicht gemessene Störgrößen in die MPC-Regelung ein. Bei $t = 1$ wurde eine sprungförmige Rücklaufstörung von $\Delta u_1 = 0.05l/\text{min}$, bei $t = 100$ eine Störung des Seitenabzugs von $\Delta u_2 = 0.02l/\text{min}$ und bei $t = 200$ eine Störung des Heizdampfdrucks von $\Delta u_3 = 5kPa$ eingebracht. Diese Vorgaben müssen im Bereich "Load Disturbances (added to MV channels)" des "Simulation scenario" gemacht werden. Die Simulationsdauer betrug 300 min, die MPC-Reglereinstellung blieb unverändert.

Nach Abschluss des MPC-Reglerentwurfs kann dieser für eine Weiterverwendung (z. B. für eine Simulation in Simulink®) in den Arbeitsspeicher von MATLAB® exportiert werden (Schaltfläche "Export Controller"). Hier wurde dem MPC-Regler-Objekt der Name "MPC_Kolonne" gegeben, vgl. **Bild 45**.

4.4 MPC-Regelung der Pilot-Destillationskolonne in Simulink®

Alternativ zur Simulation des MPC-Regelungssystems innerhalb der MPC Designer App ist es möglich, die Simulation der MPC-Regelung der

	Störgrößenänderung Δv_1	**Störgrößenänderung Δv_2**
Kopfkonzentration y_1	60 (200)	40 (100)
Konz. Seitenabzug y_2	50 (>200)	20 (150)
Temperatur B19 y_3	40 (150)	60 (80)

Tabelle 16.
Ausregelzeiten bei Störverhalten mit MPC-Regelung.

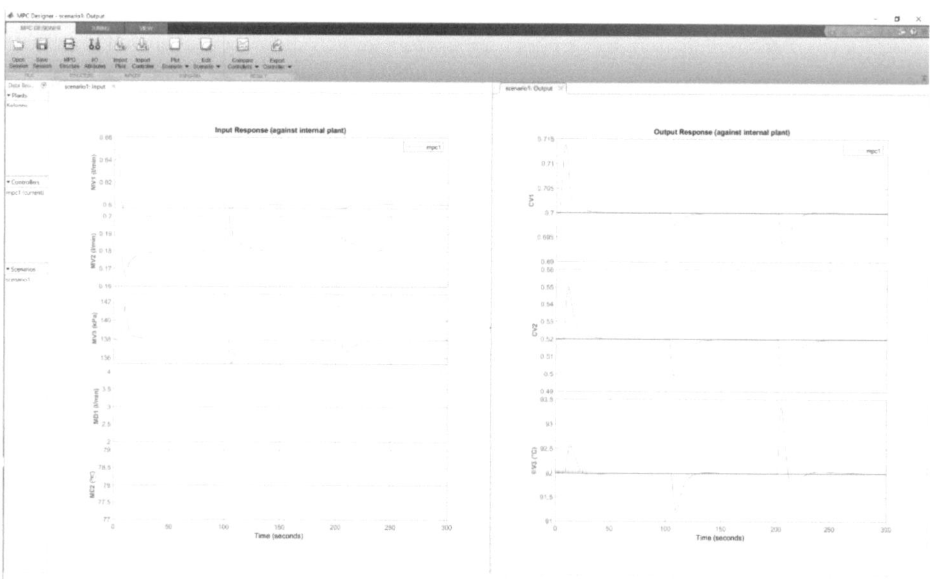

Bild 44.
Störverhalten der Pilot-Destillationskolonne (nicht gemessene Störgrößen am Streckeneingang).

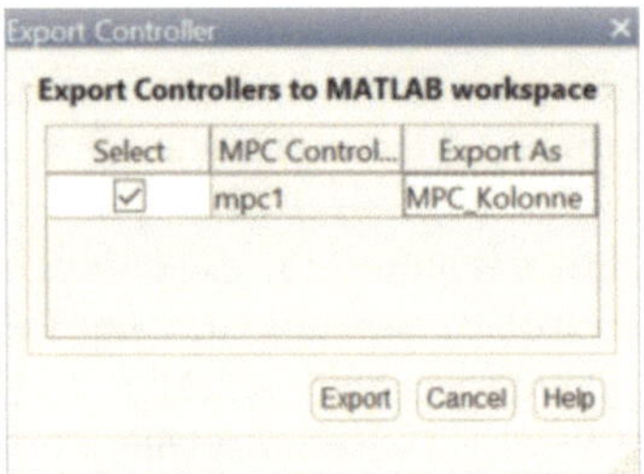

Bild 45.
Exportieren des MPC-Reglers für die Pilot-Destillationskolonne in den MATLAB-Arbeitsspeicher.

Pilot-Destillationskolonne auch in Simulink vorzunehmen. Dazu muss ein Simulink-Modell entwickelt werden. **Bild 46** zeigt eine Möglichkeit.

Kern des Modells sind ein "MPC Controller"-Baustein aus der Simulink-Library der Model Predictive Control Toolbox™ (cyan dargestellt) und ein "LTI System"-Baustein aus der Simulink-Library der Control Systems Toolbox™ (blau, Name "Pilot-Kolonne"). Im "LTI System"-Baustein wird als "LTI system variable" der Name des LTI-Objekts eingetragen, in dem das Modell der Regelstrecke hinterlegt ist, hier das Übertragungsfunktions-Modell "Kolonne" (vgl. Abschnitt 4.1). **Bild 47** zeigt die Eingabemaske für diesen Baustein.

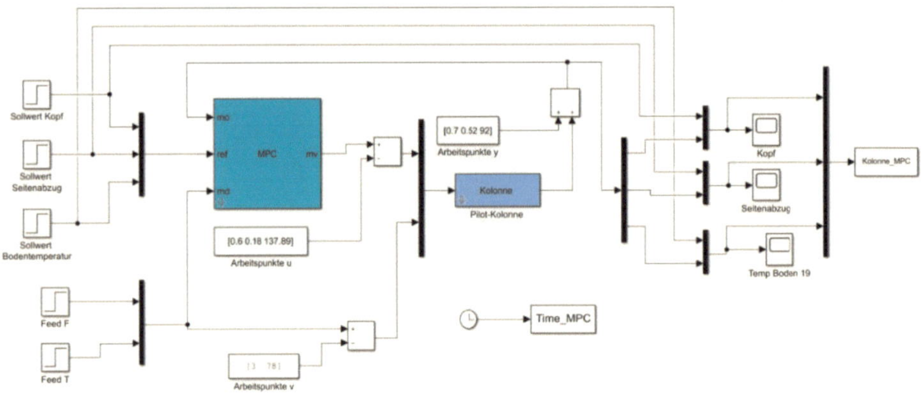

Bild 46.
Simulink-Modell der MPC-Regelung der Pilot-Destillationskolonne.

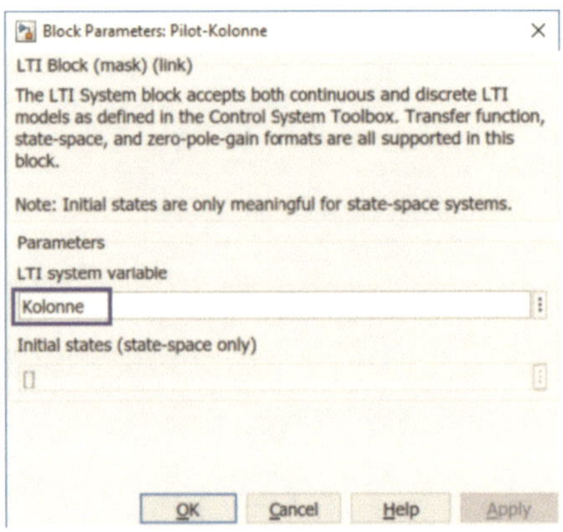

Bild 47.
Eingabemaske des "LTI System"-Bausteins.

DOI: http://dx.doi.org/10.5772/intechopen.88257

Im "MPC Controller"-Baustein muss der Name des MPC-Regler-Objekts angegeben werden, das aus der MPC Designer App in den MATLAB-Arbeitsspeicher exportiert wurde. **Bild 48** zeigt die Eingabemaske für den MPC Controller.

Im Simulink-Modell sind auf der linken Seite Sprungfunktionsgeber für Sollwert- und Störgrößenänderungen angeordnet. Die Sollwert-Signale werden zusammengefasst und mit dem "ref"-Eingang des MPC-Reglers verbunden. Die mv-Ausgänge des MPC-Reglers bilden zusammen mit den gemessenen Störgrößen (Feed-Durchfluss und -Temperatur) die fünf Eingänge der Regelstrecke. Die Ausgänge der Strecke werden auf den mo-Eingang des MPC-Reglers zurückgeführt. Die gemessenen Störgrößen werden nicht nur mit dem Streckeneingang, sondern auch mit dem md-Eingang des MPC-Reglers verknüpft. Die Soll- und Istwerte der Regelgrößen werden in Scopes angezeigt und mit einem "To Workspace"-Baustein in den MATLAB-Arbeitsspeicher exportiert. Eine Besonderheit des Simulink-Modells besteht darin, dass das lineare Übertragungsfunktions-Modell der Mehrgrößen-Regelstrecke Abweichungen vom Arbeitspunkt verarbeitet bzw. erzeugt. Im MPC-Regler (vgl. Abschnitt 4.3, **Bild 39**) wurden aber physikalische Arbeitspunktwerte definiert. Daher müssen die Arbeitspunktwerte der Stell- und Störgrößen vor der Verarbeitung im "LTI System"-Baustein von den MPC-Regler-Ausgangssignalen subtrahiert werden. Ebenso müssen die Arbeitspunktwerte der Regelgrößen auf die Ausgänge der Regelstrecke addiert werden, bevor sie im MPC-Regler-Baustein verarbeitet werden.

Zunächst wurde das Führungsverhalten nach dem gleichen Szenario simuliert, das auch in Abschnitt 4.3 verwendet wurde: Sollwertänderung Kopfkonzentration zum Zeitpunkt $t = 1$, gefolgt von einer Sollwertänderung beim Seitenabzug bei $t = 30$ und einer Sollwertänderung der Bodentemperatur bei $t = 60$. Die Simulationsdauer wurde auf 90 Minuten festgelegt. **Bild 49** zeigt die Simulationsergebnisse, die Stellgrößenverläufe wurden nicht dargestellt. Wie nicht anders zu erwarten, sind die Ergebnisse nahezu identisch mit denen, die bei der Simulation innerhalb der MPC Designer App erreicht wurden, vgl. die rechte Seite von **Bild 42**.

Die Simulation des Störverhaltens in Simulink® folgte ebenfalls dem gleichen Szenario wie in Abschnitt 4.3: sprungförmige Änderung des Zulauf-Durchflusses bei $t = 1$, gefolgt von einem Sprung der Zulauf-Temperatur bei $t = 100$.

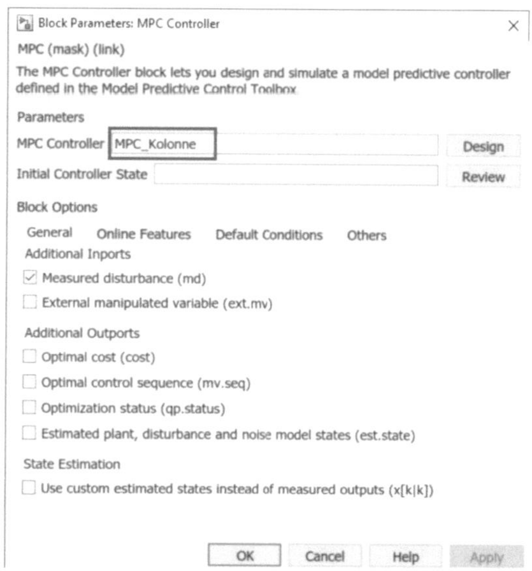

Bild 48.
Eingabemaske des "MPC Controller"-Bausteins.

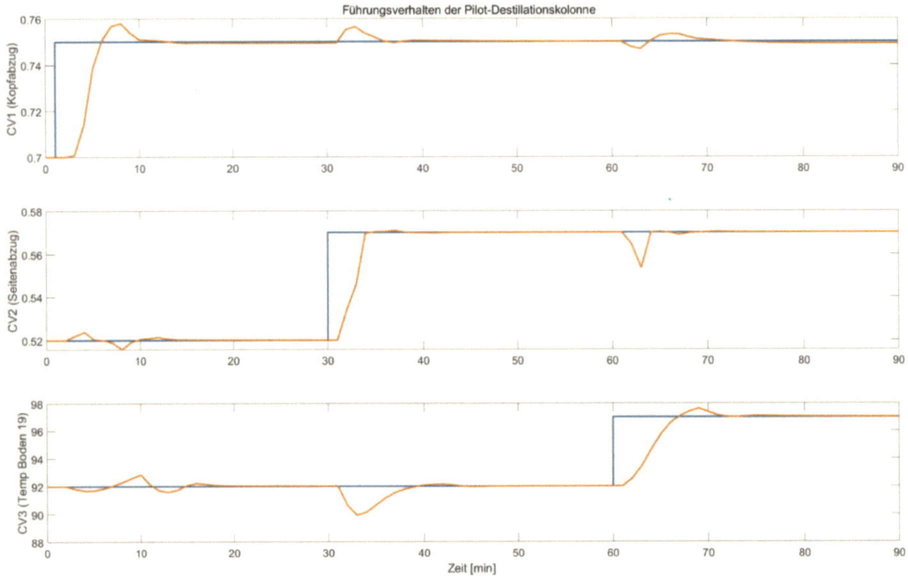

Bild 49.
Simulation des Führungsverhaltens der Pilot-Destillationskolonne in Simulink®.

Die Simulationsergebnisse sind in **Bild 50** dargestellt. Auch diese sind identisch mit denen, die innerhalb der MPC Designer App erzielt wurden., vgl. die rechte Seite von **Bild 43**.

4.5 Range Control der Pilot-Destillationskolonne

In den vorangegangenen Abschnitten wurde angenommen, dass für die drei Regelgrößen jeweils Sollwerte (mathematisch gesehen Gleichheits-Nebenbedingungen)

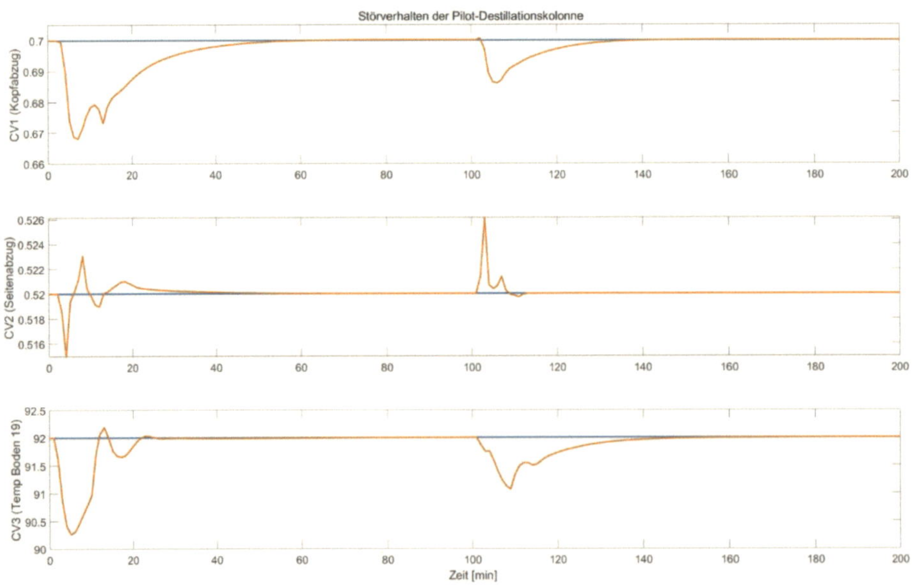

Bild 50.
Simulation des Störverhaltens der Pilot-Destillationskolonne in Simulink®.

vorgegeben werden. In der industriellen Praxis ist aber die Vorgabe von Ungleichungs-Nebenbedingungen für die Regelgrößen gleichermaßen bedeutsam. Man spricht dann auch von "Range Control" oder "Zone Control". Bei vielen MPC-Anwendungen in der Prozessindustrie überwiegt sogar die Vorgabe von Ungleichungs-NB gegenüber einer Sollwertvorgabe. Das resultiert daraus, dass die Fahrweise von Prozessanlagen oft darauf gerichtet ist, die Verletzung von oberen oder unteren Grenzwerten für Prozessgrößen zu vermeiden. Beispiele sind die Verletzung von Flutgrenzen bei Kolonnen, von Grenzwerten für die verfügbare Heiz- oder Kühlleistung oder eines Vakuumsystems, von materialbedingten Temperaturgrenzwerten usw. In einer Reihe von Einsatzfällen ist es möglich, statt fester Sollwerte Bereiche vorzugeben, z. B. für einzuhaltende Produkt-Spezifikationen.

Im Folgenden soll der "Range Control"-Fall am Beispiel der Pilot-Destillationskolonne untersucht werden. Dazu wird angenommen, dass zwar für die Regelgrößen y_1 (Ethanol-Molenbruch am Kopf der Kolonne) und y_3 (Temperatur auf dem Boden 19) Sollwerte vorgegeben werden, für die Regelgröße y_2 (Ethanol-Molenbruch am Seitenabzug) aber eine Bereichsvorgabe erfolgt. Verfahrenstechnisch wäre das sinnvoll, wenn – wie es hier der Fall ist – in der Kolonne kein ternäres Gemisch, sondern nur ein Zweistoffgemisch getrennt wird: dann ist die Einhaltung eines festen Sollwerts für die Ethanol-Konzentration am Seitenabzug nicht zwingend erforderlich. Solange sich die Regelgröße y_2 im vorgegebenen Bereich $y_{2,\min} \leq y_2 \leq y_{2,\max}$ bewegt, liegt ein Regelungsproblem mit drei verfügbaren Stellgrößen $u_1 \ldots u_3$ (Rücklauf, Seitenabzug, Heizdampf), aber nur zwei zu berücksichtigenden Regelgrößen (y_1, y_3) vor. Eine Stellgröße ist also "überschüssig", für sie kann ein Target vorgegeben werden. Um Heizdampf zu sparen, wäre es z. B. möglich, einen möglichst niedrigen Wert für das Target der Stellgröße u_3 vorzugeben. Werden die Bereichsgrenzen für y_2 eingehalten, versucht der MPC-Regler, das Target für u_3 zu erreichen, während die anderen beiden Stellgrößen für die Einhaltung der Sollwerte von y_1 und y_3 sorgen. Wenn unter bestimmten Bedingungen eine Bereichsgrenze für y_2 verletzt wird, werden alle drei Stellgrößen für die Regelung benötigt: für die Einhaltung der Sollwerte von y_1 und y_3, und für die Einhaltung der Bereichsgrenzen von y_2.

Zur Vorbereitung der Simulation muss zunächst der MPC-Regler modifiziert werden. Da Regelgröße y_2 nicht auf Sollwert geregelt werden soll, wird das zugehörige Gewicht auf Null gesetzt. Da ein Target für die Stellgröße u_3 vorgegeben werden soll, wird das zugehörige Gewicht ungleich Null gesetzt und in der Spalte "Target" der Arbeitspunktwert ("nominal") durch einen Zielwert ersetzt, der die angestrebte Fahrweise widerspiegelt. Im vorliegenden Beispiel wurde ein Wert für den Heizdampfdruck eingesetzt, der kleiner ist als der Arbeitspunktwert. **Bild 51** zeigt die gewählten Gewichts-Einstellungen.

Um die Aufgabe zu erfüllen, müssen Nebenbedingungen für die Regelgröße y_2 vorgegeben werden. Im vorliegenden Fall wurde ein Bereich von $0.5 \leq y_2 \leq 0.54$ gewählt. Da Nebenbedingungen für die Regelgrößen immer als weiche NB formuliert werden sollen, müssen auch die "Constraint Softening Settings" überprüft und evtl. angepasst werden. Hier wurden ECR-Werte von $MinECR = 5$ und $MinECR = 1$ gewählt (vgl. Abschnitt 3.3). Die Eingabemaske für die Nebenbedingungen zeigt **Bild 52**.

Der so modifizierte MPC-Regler muss erneut in den MATLAB-Arbeitsspeicher exportiert werden, hier wurde der Name "MPC_Kolonne_Range" vergeben. In der Eingabemaske des "MPC Controller"-Bausteins kann man unter dem Reiter "Online-Features" einstellen, dass die Grenzwerte für die Stell- und Regelgrößen als

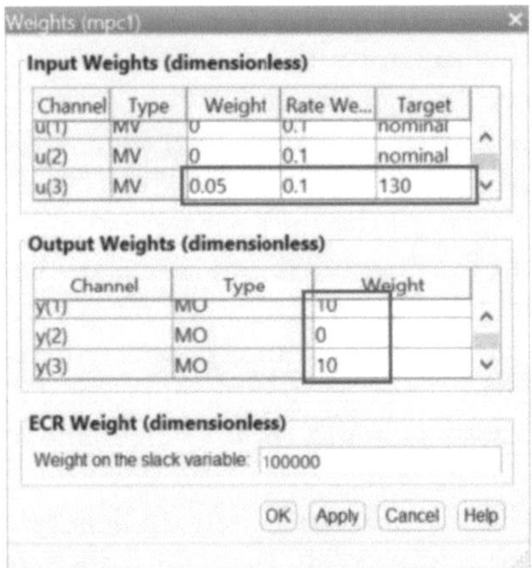

Bild 51.
Gewichtsfaktoren für eine Bereichsregelung (Range Control) der Pilotkolonne.

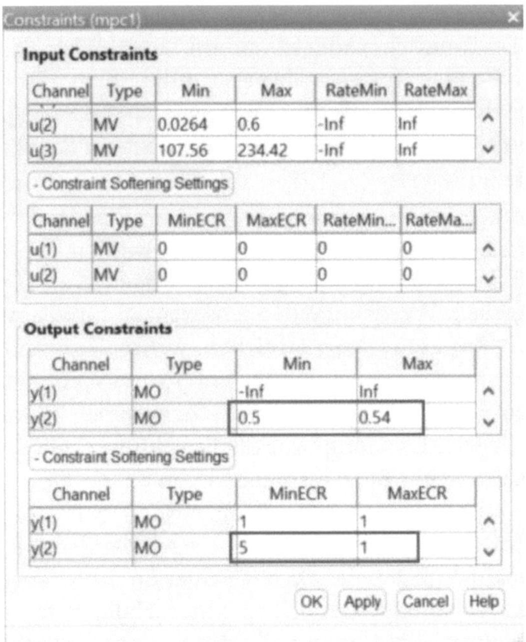

Bild 52.
Nebenbedingungen für eine Bereichsregelung (Range Control) der Pilotkolonne.

verschaltbare Eingänge am MPC-Baustein verfügbar gemacht werden. Bei "Plant input and output limits" ist dann ein Häkchen zu setzen (**Bild 53**).

Im Simulink-Modell der MPC-Regelung können dann Änderungen der Nebenbedingungen zur Laufzeit vorgenommen werden. **Bild 54** zeigt einen Ausschnitt aus dem modifizierten Simulink-Modell, bei dem der "MPC Controller"-Baustein zusätzliche Eingangs-Ports aufweist.

In **Bild 55** sind Simulationsergebnisse für ein ausgewähltes Szenarium dargestellt. Dabei werden die Regelgrößen y_1 und y_3 auf ihren Sollwerten $r_1 = 0.7$ bzw. $r_1 = 92$ gehalten. Die Stellgröße u_3 wird soweit wie möglich verringert (das Target liegt bei $u_3 = 130$). Dabei muss jedoch gewährleistet sein, dass Regelgröße y_2 im Bereich $0.5 \leq y_2 \leq 0.54$ verbleibt, was auch der Fall ist. Die beiden anderen Stellgrößen (hier nicht dargestellt) wachsen und sichern, dass trotz geringerem

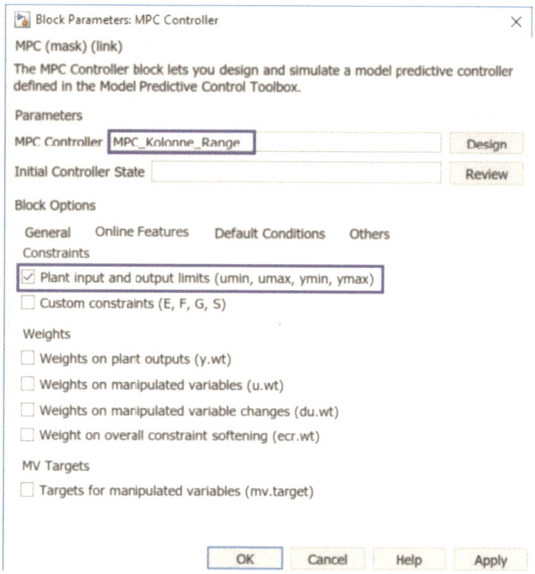

Bild 53.
Modifikation der Vorgaben für den "MPC Controller"-Baustein.

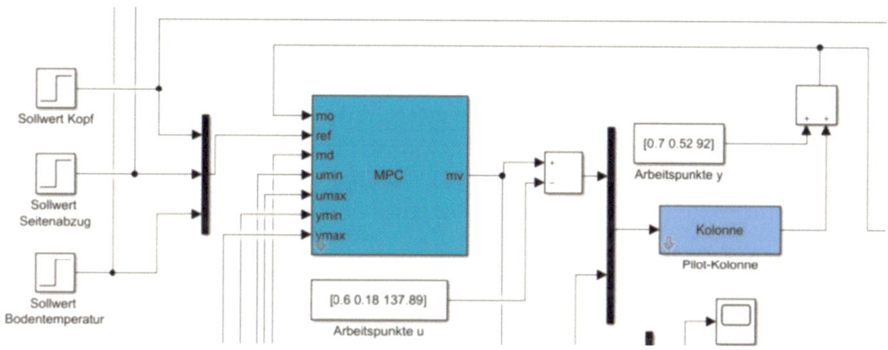

Bild 54.
Modifiziertes Simulink-Modell für Range Control an der Pilotkolonne.

Dampfeinsatz die Sollwerte für die Kopfkonzentration und die Temperatur auf Boden 19 eingehalten werden.

4.6 Ausregelung nicht gemessener Eingangsstörungen

Bisher wurden sowohl der Durchfluss als auch die Temperatur des Einsatzprodukts als *gemessene* Störgrößen (MD bzw. DV) aufgefasst. Der Zusammenhang zwischen diesen Eingangsgrößen und den Ausgangsgrößen (Regelgrößen) der Kolonne wird im Prozessmodell berücksichtigt. Die Wirkung einer Veränderung der gemessenen Störgrößen auf den zukünftigen Zeitverlauf der Regelgrößen ist Bestandteil der Prädiktion. Ändern sich die gemessenen Störgrößen, reagieren die Stellgrößen des MPC-Reglers nicht erst dann, wenn die Störgrößenänderung – verzögert durch die Streckendynamik – bei den Regelgrößen "angekommen" ist. Wie bei einer (richtig entworfenen) Störgrößenaufschaltung auf einen PID-Regelkreis führt das zu einer Verbesserung der Regelgüte im Vergleich zu einer reinen Feedback-Struktur.

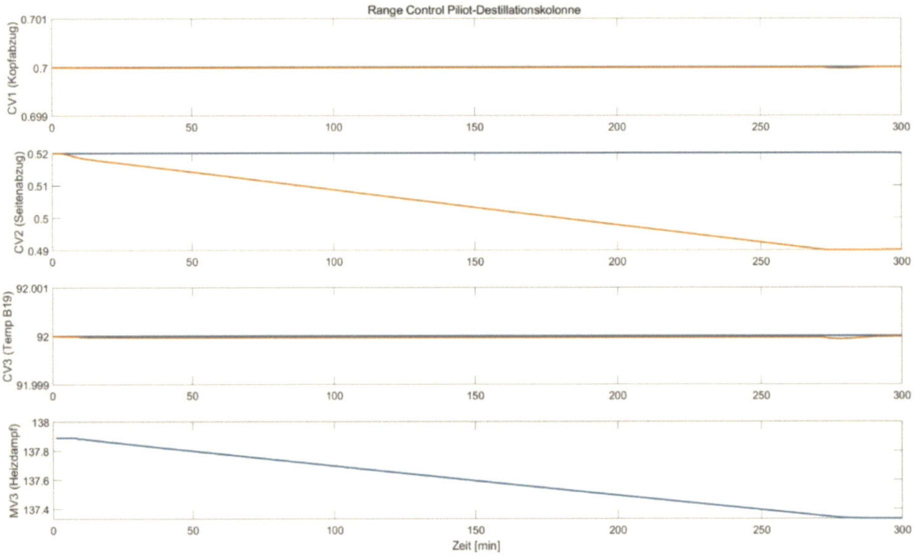

Bild 55.
Range-Control-Simulation an der Pilot-Destillationskolonne.

Am Beispiel der Pilot-Destillationskolonne soll nun gezeigt werden, wie eine *nicht gemessene* Störgröße ausgeregelt wird und wie man die Regelgüte durch den Entwurf und die Einstellung des Störmodells und der Störgrößen-Schätzung (vgl. die Abschnitte 2.3.1 und 2.3.4 sowie **Bild 4**) beeinflussen kann. Zu diesem Zweck wird zunächst die MPC-Struktur so abgeändert, dass die Eingangsgrößen 1 ... 3 als MV, Eingangsgröße 4 (der Durchfluss des Einsatzprodukts) als gemessene Störgröße (MD), Eingangsgröße 5 (die Zulauftemperatur) jetzt aber als nicht gemessene Störgröße (UD) aufgefasst wird. **Bild 56** zeigt das Fenster "Define MPC Structure By Importing" mit diesen Vorgaben.

Die weiteren Einstellungen (Abtastzeit $T_s = 1$, Prädiktionshorizont $p = 50$, Steuerhorizont $m = 5$, Skalierungsfaktoren, Arbeitspunktwerte, Stellbereiche) werden beibehalten, vgl. Abschnitt 4.3.

Als "Input Disturbance Model" wird "Random Step-like" gewählt, d. h. es wird unterstellt, dass sich die Zulauftemperatur zu zufälligen Zeitpunkten sprungförmig

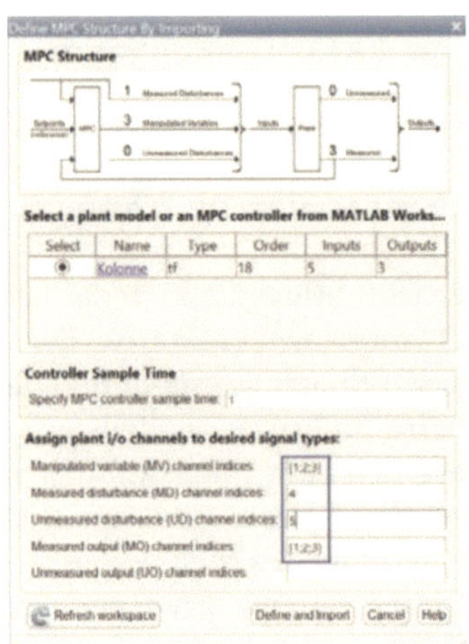

Bild 56.
Festlegung der neuen MPC-Reglerstruktur mit einer nicht gemessenen Störgröße.

verändert. Diese Einstellung wird im Fenster "Input Disturbance Model (mpc1)" vorgenommen, das über die Schaltfläche "Estimation Models" unter dem TUNING-Tab des MPC Designer zugänglich ist. Das Fenster ist in **Bild 57** dargestellt. Für den Parameter "Magnitude" wird defaultmäßig der Skalierungsfaktor (hier 40) übernommen.

Innerhalb des MPC Designer wird nun die Ausregelung einer sprungförmigen Störung der Zulauftemperatur um $\Delta d = 5K$ simuliert (Simulationsdauer 90 min). Der "State Estimation"-Slider verbleibt dabei zunächst in seiner Ausgangsstellung (in der mittleren Position zwischen "Slower" und "Faster"). Das Fenster "Simulation Scenario: scenario1" ist in **Bild 58** gezeigt.

Die Geschwindigkeit, mit der die Störgröße ausgeregelt wird, lässt sich über die Stellung des "State Estimation Slider" beeinflussen. Eine Verschiebung nach rechts (in Richtung "Faster") bewirkt gleichzeitig eine Vergrößerung der Verstärkungen der Störgrößenmodelle und eine Verringerung der Verstärkungen der Modelle für das Messrauschen. Infolgedessen ergibt sich eine aggressivere Störgrößenunterdrückung. Um diesen Effekt zu demonstrieren, wird zunächst der MPC-Regler ("mpc1") im Bereich "Controllers" des Data Browsers (linke Seite der

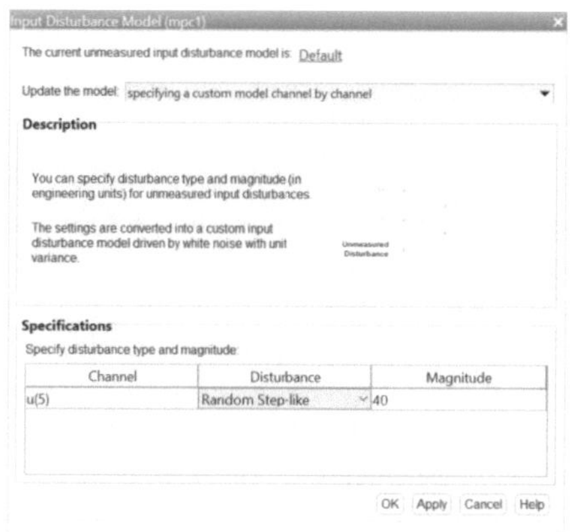

Bild 57.
Parametrierung des Modells für die nicht gemessene Eingangsstörgröße.

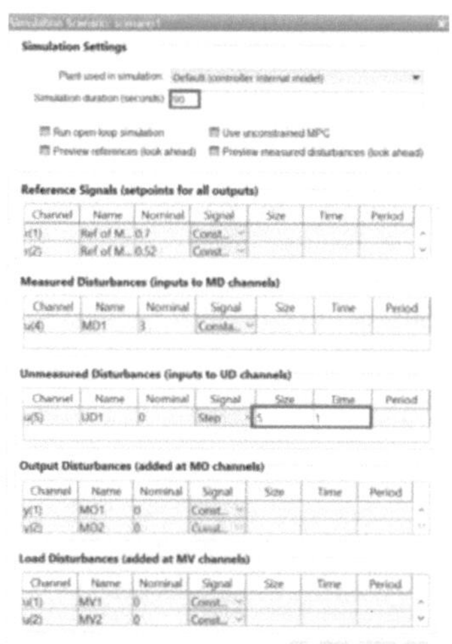

Bild 58.
Definition des Szenariums für die Simulation des Störverhaltens (nicht gemessene Eingangsstörung).

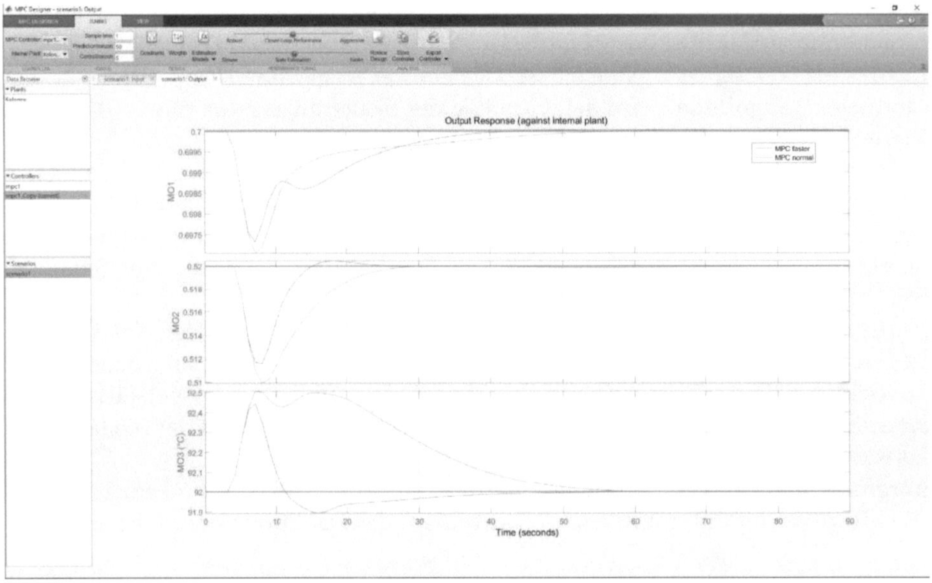

Bild 59.
Vergleich der Simulationsergebnisse für das Störverhalten bei unterschiedlicher Einstellung des Schätzers (rot: Grundeinstellung, blau: schnellere Einstellung).

Benutzeroberfläche des MPC Designer) dupliziert (rechte Maustaste ➔ Copy). Dann wird die so erzeugte zweite Instanz des MPC-Reglers angewählt und der zugehörige “State Estimation Slider” nach rechts verschoben. Durch Anwahl eines der beiden Regler-Instanzen (mpc1 oder mpc1_Copy) kann man über “Rechte Maustaste ➔ Compare” die Simulationsergebnisse miteinander vergleichen, die sich für das Störverhalten mit beiden Reglereinstellungen ergeben (**Bild 59**). Es ist zu erkennen, dass sich mit der schnelleren Einstellung des Schätzers die Ausregelzeiten für alle Regelgrößen um ca. 10 Minuten verringern.

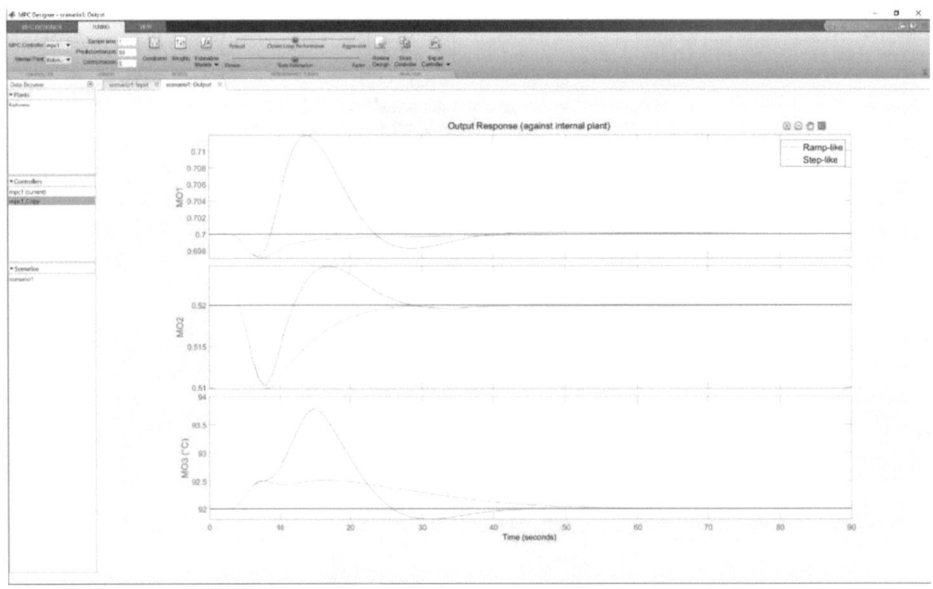

Bild 60.
Vergleich der Simulationsergebnisse für das Störverhalten bei unterschiedlicher Wahl des Störmodells (rot: Random Step-like, blau: Random Ramp-like).

Weiterhin wird untersucht, welchen Einfluss die Wahl des Störmodell-Typs auf das Störverhalten des MPC-Regelungssystems hat. Zu diesem Zweck werden zunächst die “State Estimation Slider” beider Regler in die Grundstellung zurückgebracht. Anschließend wird für die zweite MPC-Reglerinstanz “mpc1_Copy” ein anderes Modell für die Eingangsstörung, nämlich “Random Ramp-like”, gewählt. Die Simulation erfolgt aber wie zuvor mit einer sprungförmigen Veränderung der Zulauftemperatur. Das heißt, Störgrößenmodell und reale Störung stimmen nicht überein. Die Simulationsergebnisse sind in **Bild 60** dargestellt. Während sich die Ausregelzeiten für beide Fälle kaum unterscheiden, ergeben sich unterschiedliche maximale Sollwertabweichungen. Während sie für die richtige Wahl der Modellstruktur (Random Step-like) 0,003/0,01/0,5 betragen, ergeben sich für die falsche Wahl (Random Ramp-like) die Werte 0,015/0,01/1,8 für die Regelgrößen $y_1/y_2/y_3$. Für die Kopfkonzentration verfünffacht sich also die maximale (absolute) Regeldifferenz, für die Temperatur auf dem Boden 19 wird sie mehr als verdreifacht. Diese Ergebnisse zeigen, wie wichtig es ist, vorhandene Vorkenntnisse über Art und Angriffsort der Störgrößen in den MPC-Reglerentwurf einzubringen und die Störgrößenmodelle richtig zu wählen und zu parametrieren.

5. MPC-Regelung eines Verdampfersystems

Im Mittelpunkt des Kapitels 5 steht der Entwurf einer LMPC-Regelung für ein Verdampfersystem. Das dafür erforderliche lineare Prozessmodell wird durch (virtuelle) Anlagentests und Identifikation aus Messdaten gewonnen. Im Gegensatz zur industriellen Praxis, in der die Tests an der realen Prozessanlage erfolgen, werden hier virtuelle "Messdaten" simulativ durch Beaufschlagung eines vorhandenen rigorosen (nichtlinearen) Modells mit PRBS-Testsignalen erzeugt. Die Modellbildung erfolgt mit Hilfe der System Identification Toolbox™. Die Simulation des MPC-Regelungssystems erfolgt sowohl innerhalb der MPC Designer App als auch mit Hilfe von Simulink®. Im letzteren Fall wird das nichtlineare Verdampfermodell zur Nachbildung der Streckendynamik verwendet.

5.1 Theoretisches Prozessmodell

In [97] wurde das theoretische Modell für das dynamische Verhalten eines Zwangsumlaufverdampfers entwickelt, das bereits häufig als Benchmark-Problem zur Untersuchung von Advanced-Control-Strategien verwendet wurde. Ein vereinfachtes technologisches Schema einer Verdampferanlage ist in **Bild 61** dargestellt. Solche Anlagen werden z. B. in der Lebensmittelindustrie (Zucker, Milchpulver), in der Papierindustrie und in der Pharmazie eingesetzt, um Lösungsmittel aus einem Stoffstrom zu entfernen und ihn auf diese Weise zu konzentrieren, bevor er Trocknungs- oder Kristallisationsprozessen zugeführt wird. **Bild 61** zeigt auch die in [97] gewählte konventionelle Regelungsstruktur mit drei dezentral angeordneten PI-Regelungen.

Das Einsatzprodukt, das mindestens eine nichtflüchtige Komponente enthält, wird mit dem aus dem Separator abgezogenen flüssigen Rezirkulationsstrom vermischt und in den vertikal angeordneten Verdampfer gepumpt. Das Gemisch wird durch Ausnutzung der latenten Wärme des Heizdampfes zum Sieden gebracht, als Dampf-/Flüssigkeitsgemisch dem Separator zugeführt und dort in die

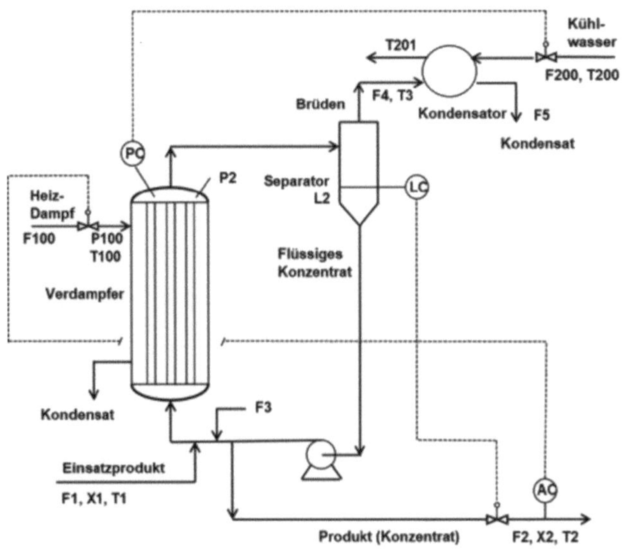

Bild 61.
Vereinfachtes technologisches Schema einer Zwangsumlauf-Verdampferanlage.

Flüssigphase (Konzentrat) und die Dampfphase (Brüden) zerlegt. Der Brüden wird über Kopf abgetrieben und in einem Kondensator mit Hilfe von Kühlwasser verflüssigt. Das flüssige Konzentrat wird rezirkuliert, ein Teil davon wird als Produktstrom abgezogen. Im Folgenden bezeichnen die Variablen Fi, Xi und Ti Durchflüsse, Konzentrationen und Temperaturen sowie Li, Pi und Qi die Füllstände, Drücke und Wärmeleistungen. Das mathematische Prozessmodell besteht aus den folgenden Differenzial- und algebraischen Gleichungen:

Separator: Das Aufstellen der Massenbilanz führt auf

$$\rho A \frac{dL2}{dt} = F1 - F4 - F2 \tag{33}$$

worin ρ die Dichte der Flüssigkeit und A die Querschnittsfläche des Separators bedeuten.

Verdampfer: Die Massenbilanzen in der flüssigen Lösung gelösten Stoffs und des Dampfs ergeben sich zu

$$M \frac{dX2}{dt} = F1 \cdot X1 - F2 \cdot X2 \tag{34}$$

$$C \frac{dP2}{dt} = F4 - F5 \tag{35}$$

Darin bezeichnet M die als konstant angenommene Flüssigkeitsmenge im Verdampfer. C bezeichnet eine Konstante, die die Dampfmasse in einen äquivalenten Druck umformt. Die Flüssigkeit im Verdampfer wird als siedend angenommen, ihre Temperatur ergibt sich aus der Gleichung

$$T2 = 0.5616 \cdot P2 + 0.3126 \cdot X2 + 48.43 \tag{36}$$

Diese Beziehung entsteht aus der Linearisierung der Wasserdampfdruckkurve im Arbeitspunkt plus einem Term, der die Anhebung der Siedetemperatur durch den gelösten Stoff beschreibt. Die Dampftemperatur wird nach der Gleichung

$$T3 = 0.507 \cdot P2 + 55 \tag{37}$$

berechnet, die sich ebenfalls durch Linearisierung der Wasserdampfdruckkurve ergibt.

Die Dynamik der Energiebilanz im Verdampfer kann als sehr schnell angenommen werden, daher kann man vereinfachend

$$F4 = (Q100 - F1 \cdot C_P(T2 - T1))/\lambda \tag{38}$$

schreiben. Darin bedeuten C_p die Wärmekapazität und λ die latente Verdampfungswärme. Es wird angenommen, dass es keine Wärmeverluste an die Umgebung und keine Wärmezufuhr durch die Pumpleistung gibt.

Dampfmantel des Wärmeübertragers: Auf der Dampfseite des Zwangsumlaufverdampfers wird ebenfalls eine schnelle Dynamik vorausgesetzt. Das Modell des Dampfmantels wird dann durch die algebraischen Gleichungen

$$T100 = 0.1538 \cdot P100 + 90 \tag{39}$$

$$Q100 = UA1 \cdot (T100 - T2) = 0.16 \cdot (F1 + F3) \cdot (T100 - T2) \tag{40}$$

$$F100 = Q100/\lambda_S \tag{41}$$

beschrieben, worin λ_S die latente Wärme des Heizdampfs bezeichnet. $UA1 = 0.16 \cdot (F1 + F3)$ ist das Produkt aus Wärmeübergangskoeffizient und Wärmeübertragungsfläche im Verdampfer.

Kondensator: Auch hier wird eine schnelle Prozessdynamik vorausgesetzt. Die Kühlwasser-Energiebilanz ist dann

$$Q200 = F200 \cdot C_P \cdot (T201 - T200) \tag{42}$$

mit C_P als Wärmekapazität des Kühlwassers. Die Wärmeübertragung wird durch

$$Q200 = UA2 \cdot (T3 - 0.5 \cdot (T200 + T201)) \tag{43}$$

beschrieben. Darin bezeichnet $UA2$ das Produkt aus dem Wärmeübertragungskoeffizienten und der Wärmeübertragungsfläche des Kondensators. Beide Gleichungen können miteinander kombiniert werden, um $T201$ zu eliminieren.

Das Kondensator-Modell besteht dann aus den algebraischen Gleichungen

$$Q200 = \frac{UA2 \cdot (T3 - T200)}{1 + UA2/(2 \cdot C_P \cdot F200)} \tag{44}$$

$$T201 = T200 + Q200/(C_P \cdot F200) \tag{45}$$

$$F5 = Q200/\lambda \tag{46}$$

Die 12 Gleichungen des Modells beinhalten 20 Variable, woraus sich ein Freiheitsgrad von DOF = Zahl der Variablen – Zahl der Gleichungen = 20 – 12 = 8 ergibt. Es müssen also 8 Variable (Eingangsgrößen) spezifiziert werden, um eine eindeutige Lösung des Gleichungssystems zu erhalten. Aus regelungstechnischer Sicht ist es sinnvoll, dafür den Vektor der Stellgrößen $\boldsymbol{u} = [F2 \quad F200 \quad P100]^T$ und den Vektor der Störgrößen $\boldsymbol{d} = [F1 \quad T1 \quad X1 \quad F3 \quad T200]^T$ zu wählen.

Der Zustands- und gleichzeitig Ausgangsgrößen(Regelgrößen)-Vektor des Systems ist dann $\boldsymbol{x} = [L2 \quad P2 \quad X2]^T$. In **Tabelle 17** und **Tabelle 18** sind die Arbeitspunktwerte der Prozessvariablen und die Werte der Modellparameter angegeben.

Die in **Bild 61** dargestellte konventionelle Regelungsstruktur nutzt folgende Stellgrößen-Regelgrößen-Zuordnung: $F2 \rightarrow L2$, $P100 \rightarrow X2$ und $F200 \rightarrow P2$. Das bedeutet, dass der Separator-Füllstand über den Produktstrom, der Druck im System über den Kühlwasserdurchfluss und die Produktkonzentration über den Heizdampfdruck als Stellgrößen beeinflusst werden. In der industriellen Praxis sicher vorhandene unterlagerte Regelkreise für den Heizdampfdruck, den Kühlwasser- und den Produkt-Durchfluss sind nicht dargestellt.

Der Füllstand des Separators muss mit Hilfe eines Reglers stabilisiert werden, da es sich hier um eine integrierende Regelstrecke handelt. In [97] wurden für die Druck- und Konzentrationsregler folgende Reglerparameter (PI-Regler) vorgeschlagen:

$$F200 \rightarrow P2\text{: } K_P = -176.5\tfrac{kg/\text{min}}{kPa},\ T_i = 9.77\text{min, direkte Reglerwirkung}$$

$$P100 \rightarrow X2\text{: } K_P = 1.64\tfrac{kg/\text{min}}{\%},\ T_i = 12.5\text{min, invertierende Reglerwirkung}$$

Für die Füllstandsregelung wurden in [98] mit Hilfe der SIMC-Einstellregeln folgende Reglerparameter für den Füllstandsregler ermittelt:

Variable	Beschreibung	Arbeitspunktwert	Maßeinheit
$F1$	Durchfluss des Einsatzprodukts	10,0	kg/min
$F2$	Durchfluss des Produkts	2,0	kg/min
$F3$	Durchfluss Kreislaufstrom	50,0	kg/min
$F4$	Brüden-Durchfluss	8,0	kg/min
$F5$	Kondensat-Durchfluss	8,0	kg/min
$X1$	Konzentration des Einsatzprodukts	5,0	%
$X2$	Konzentration des Produkts	25,0	%
$T1$	Temperatur des Einsatzprodukts	40,0	°C
$T2$	Produkttemperatur	84,6	°C
$T3$	Brüdentemperatur	80,6	°C
$L2$	Füllstand im Separator	1,0	M
$P2$	Systemdruck	50,5	kPa
$F100$	Durchfluss des Heizdampfs	9,3	kg/min
$T100$	Temperatur des Heizdampfs	119,9	°C
$P100$	Heizdampfdruck	194,7	kPa
$Q100$	Leistung des Wärmeübertragers	339,0	kW
$F200$	Durchfluss des Kühlwassers	208,0	kg/min
$T200$	Kühlwasser-Eintrittstemperatur	25,0	°C
$T201$	Kühlwasser-Austrittstemperatur	46,1	°C
$Q200$	Leistung des Kondensators	307,9	kW

Tabelle 17.
Arbeitspunktwerte der Prozessvariablen des Verdampfersystems.

Parameter	Beschreibung	Wert	Maßeinheit
ρA	Produkt Flüssigkeitsdichte*Querschnittsfläche Separator	20,0	kg/m
M	Masse der Flüssigkeit im Verdampfer	20,0	kg
C	Umrechnungskonstante Dampfmasse → Druck im Separator	4,0	kg/kPa
C_P	Wärmekapazität der Lösung im Verdampfer	0,07	kW/K(kg/min)
λ	Latente Wärme der Lösung im Verdampfer	38,5	kW/(kg/min)
λ_S	Latente Wärme des Heizdampfs	36,6	kW/(kg/min)
$UA2$	Produkt Wärmeübertragungskoeffizient* Wärmeübertragerfläche Kondensator	6,84	kW/K

Tabelle 18.
Modellparameter des Verdampfersystems.

$$F2 \to L2\text{: } K_P - -1.33\frac{kg/\min}{m},\ T_i - 20\min$$

Die starke Verkopplung der Druck- und Konzentrationsregelstrecken zeigt eine RGA-Analyse des im Arbeitspunkt linearisierten Prozessmodells. Die statische RGA-Matrix ergibt sich zu

$$\boldsymbol{RGA} = \begin{matrix} & P100 & F200 \\ X2 & \left[0.482 \right. & \left. 0.518 \right] \\ P2 & \left[0.518 \right. & \left. 0.482 \right] \end{matrix} \tag{47}$$

Wären die Elemente in der Hauptdiagonale nahe bei Eins (und die in der Nebendiagonale zwangsläufig nahe bei Null), wäre die gewählte Paarung der Stell- und Regelgrößen nahezu frei von Wechselwirkungen. Wären alle Elemente der RGA-Matrix gleich 0,5, läge die denkbar größte Wechselwirkung zwischen den beiden Eingrößenregelkreisen vor. Da die RGA-Werte in der Nähe von 0,5 liegen, kann erwartet werden, dass eine dezentrale PI-Regelung hier einer Mehrgrößenregelung unterlegen ist.

Bild 62 zeigt die Sprungantworten der Produktkonzentration $X2$ und des Verdampferdrucks $P2$ bei einer Veränderung der Stellgrößen um $\Delta P100 = +10\,kPa$ (linke Bildhälfte) und $\Delta F200 = +10\,kg/\text{min}$ (rechte Bildhälfte).

5.2 Dezentrale PI-Regelung des Verdampfersystems

Für das dynamische Verhalten des Verdampfersystems wurde ein Simulink-Modell entwickelt, das das theoretische Prozessmodell mit Hilfe von Simulink-Blöcken nachbildet. Die Füllstandsregelung wurde in dieses Simulink-Modell aufgenommen. **Bild 63** zeigt das zu einem Subsystem zusammengefasste Verdampfermodell.

Das Subsystem hat als Eingangsgrößen die beiden Stellgrößen Heizdampfdruck $P100$ und Kühlwasserdurchfluss $F200$, die fünf äußeren Störgrößen Durchfluss, Temperatur und Konzentration des Einsatzprodukts ($F1$, $T1$, $X1$), Kreislaufstrom und Kühlwassertemperatur ($F3$, $T200$) sowie die als innere Störgröße aufgefasste Größe $UA2$, die die Wärmeübertragung im Kondensator charakterisiert. Ausgangsgrößen des Subsystems sind der (intern geregelte) Separatorfüllstand $L2$, die Produktkonzentration $X2$ und der Druck $P2$. An den Eingängen befinden sich Konstanten-Blöcke, in denen die Arbeitspunktwerte eingetragen sind. Einige Modellparameter sind unter "File/Model Properties/Callbacks/InitFcn" abgelegt, vgl. **Bild 64**.

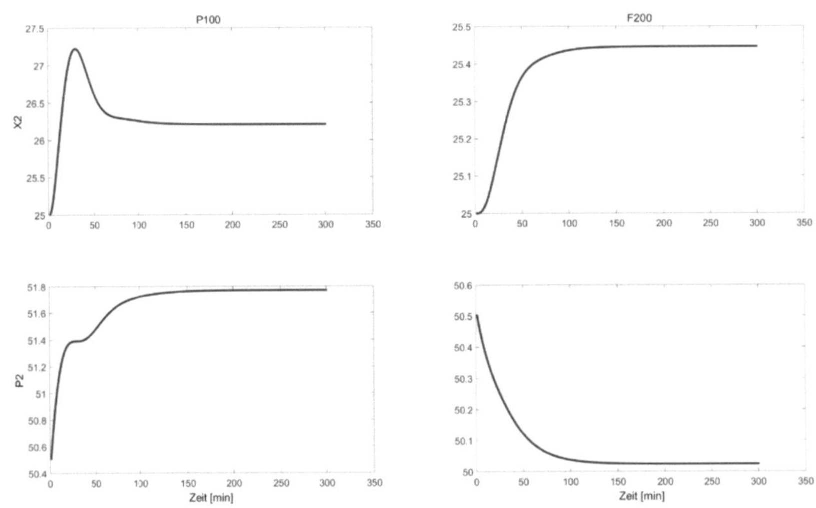

Bild 62.
Sprungantworten des Verdampfersystems.

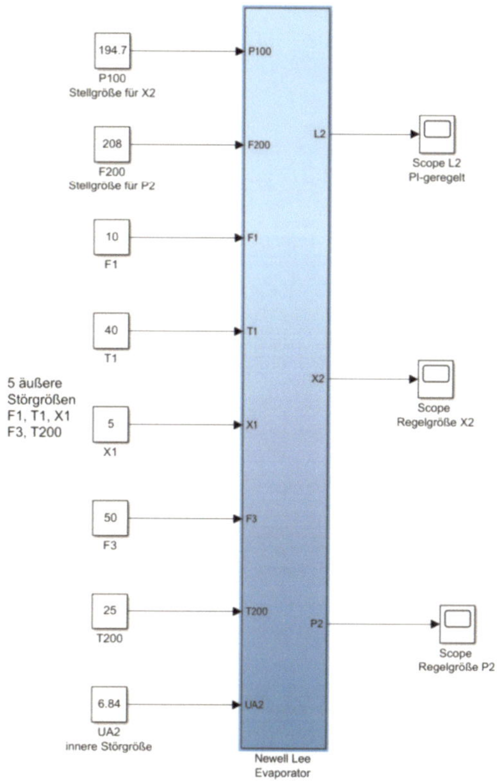

Bild 63.
Simulink-Subsystem Verdampfermodell.

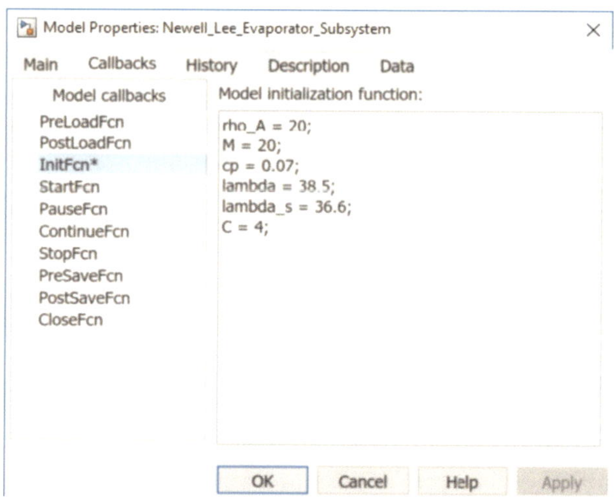

Bild 64.
Definition von Modellparametern unter "Callbacks/InitFcn".

Wie in Abschnitt 5.1 beschrieben, kann das Verdampfersystem durch zwei dezentrale PI-Regelungen stabilisiert werden. In **Bild 65** ist ein Simulink-Modell für diese Regelungen dargestellt. Für die PI-Regler werden die o. a. Reglerparameter verwendet.

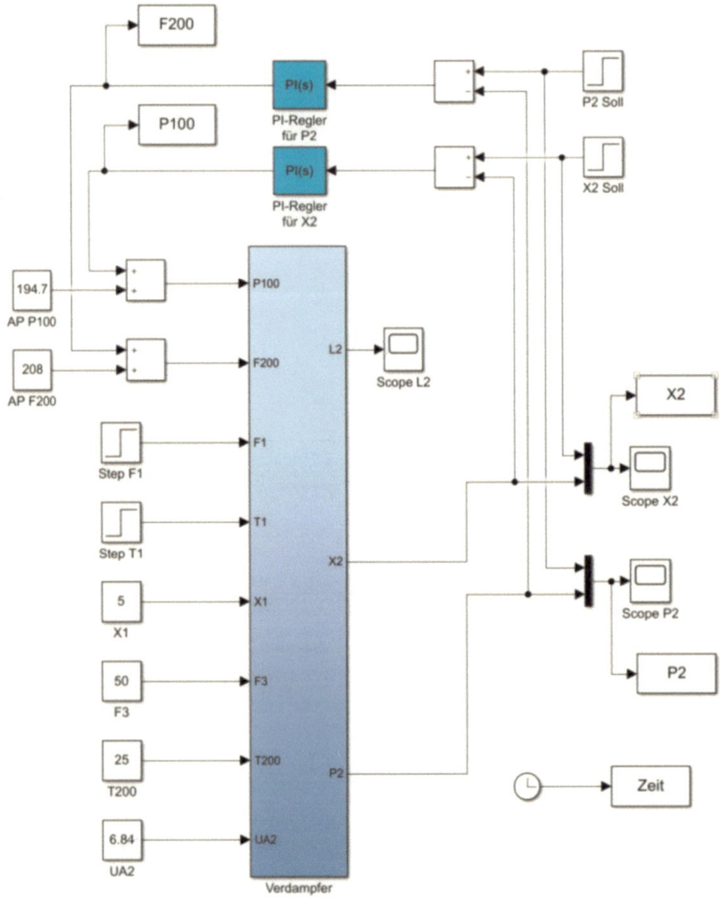

Bild 65.
Simulink-Modell für die dezentrale PI-Regelung des Verdampfersystems.

Zur Untersuchung des Führungsverhaltens wurden zum Zeitpunkt $t = 1$ der Sollwert für $X2$ um 1% und zum Zeitpunkt $t = 300$ der Sollwert für $P2$ um 0,1 kPa sprungförmig verstellt. **Bild 66** zeigt die Simulationsergebnisse. Im oberen Bildteil sind Soll- und Istwertverlauf, im unteren der Stellgrößenverlauf zu sehen. Die Ausregelzeiten sind ca. 200 min für die Produktkonzentration (kein Überschwingen) und ca. 100 min für den Druck (Überschwingweite ca. 10%).

Um das Störverhalten zu simulieren, wurden zum Zeitpunkt $t = 1$ der Durchfluss des Zulaufs $F1$ um 0,1 kg/min und zum Zeitpunkt $t = 300$ die Zulauftemperatur $T1$ um 5°C sprungförmig verstellt. Die Simulationsergebnisse sind in **Bild 67** dargestellt. Die Ausregelzeiten für Produktkonzentration und Systemdruck liegen bei 200 min.

5.3 Identifikation eines linearen Verdampfermodells aus virtuellen Messdaten

Ein lineares Prozessmodell für das dynamische Verhalten des Verdampfersystems, welches für den Entwurf eines MPC-Reglers benötigt wird, soll durch Systemidentifikation aus Messdaten gewonnen werden. **Bild 68** zeigt das Grundprinzip der Identifikation: Die Eingangsgrößen des Prozesses und eines linearen Prozessmodells werden entweder nacheinander (sequenziell) oder gleichzeitig (simultan) mit Testsignalen beaufschlagt. Die Reaktionen der Ausgangsgrößen des Prozesses und des Modells werden aufgezeichnet und

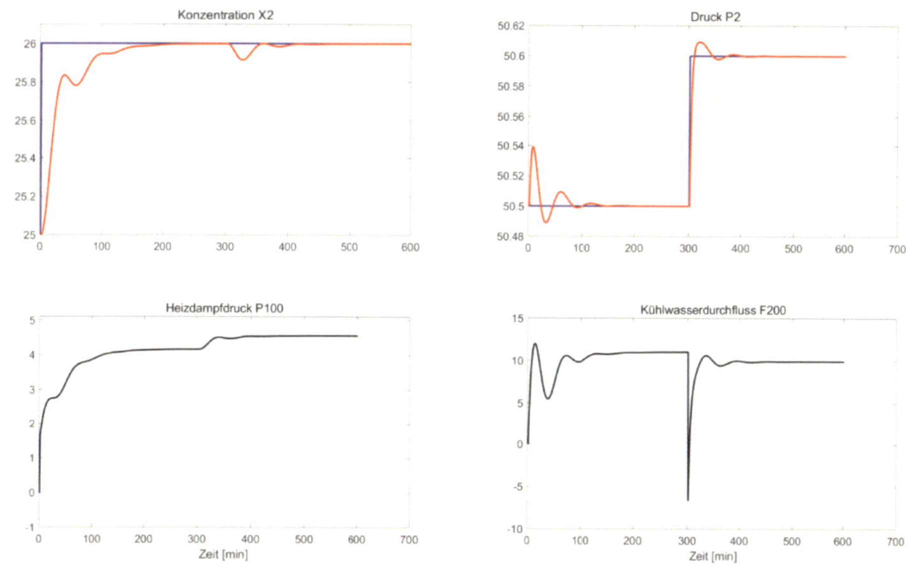

Bild 66.
Führungsverhalten bei dezentraler PI-Regelung des Verdampfers.

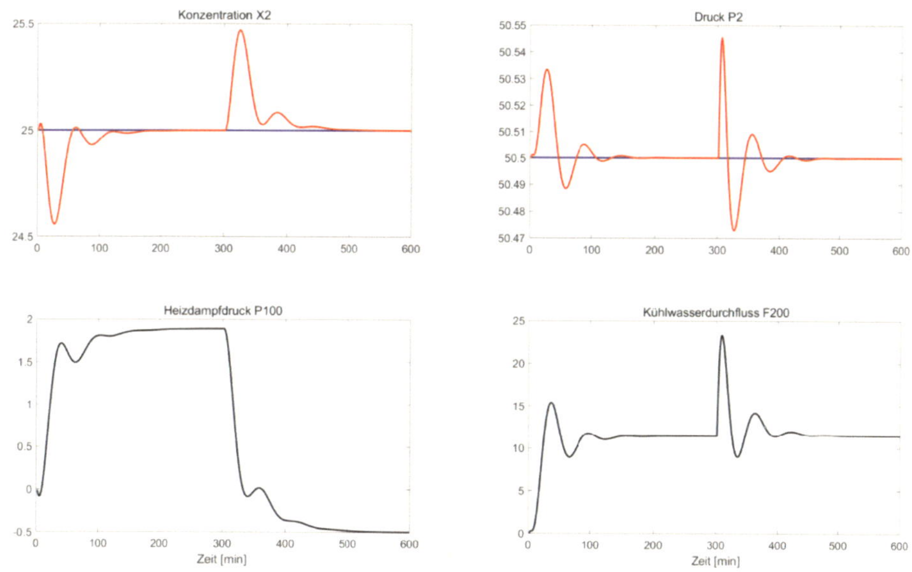

Bild 67.
Störverhalten bei dezentraler PI-Regelung des Verdampfers.

miteinander verglichen. Die Parameter des linearen Modells werden dann so bestimmt, dass die Abweichungen zwischen Prozess- und Modellverhalten möglichst gering sind. Ziel ist, dass das Modell mit dem Prozessverhalten "möglichst gut" übereinstimmt.

Teilaufgaben der Systemidentifikation sind:

- Testsignalplanung (Festlegung der Art und der Parameter des Testsignals),
- Durchführung der Experimente und Aufzeichnung der Messergebnisse,

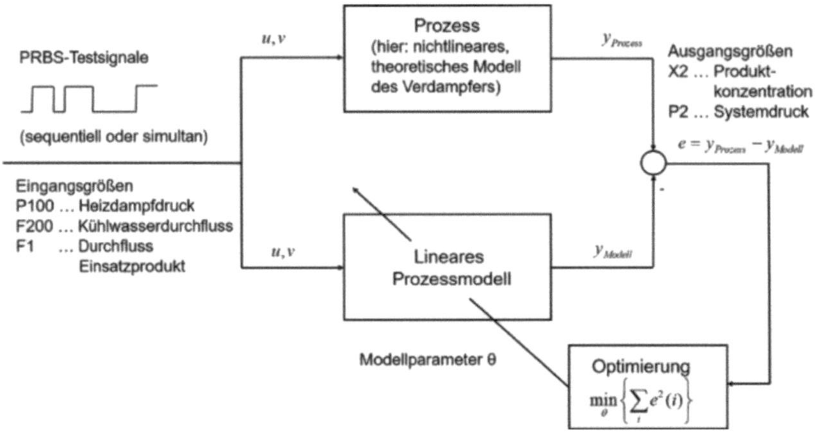

Bild 68.
Grundprinzip der Systemidentifikation.

- Datenvorverarbeitung,
- Auswahl eines Modelltyps und Festlegung der Modellstruktur,
- Schätzung der Modellparameter durch Anwendung eines numerischen Regressionsverfahrens,
- Modellvalidierung.

Im Unterschied zur Vorgehensweise in der Praxis, bei der die Experimente an einem realen Prozess durchgeführt werden, wird hier das in Abschnitt 5.1 vorgestellte, nichtlineare theoretische Prozessmodell als Ersatz für die reale Verdampferanlage verwendet. Es wird also ein lineares Modell gebildet, das das Verhalten des nichtlinearen Modells in der Umgebung des Arbeitspunktes approximiert ("Model-to-model fit").

5.3.1 Testsignalplanung und Generierung von virtuellen Messdaten

Der für das Verdampfersystem später zu entwerfende MPC-Regler soll zwei Stellgrößen (Heizdampfdruck *P*100 und Kühlwasserdurchfluss *F*200), zwei Regelgrößen (Produktkonzentration *X*2 und der Druck *P*2) und eine gemessene Störgröße (Durchfluss des Zulaufs *F*1) aufweisen. Für die drei Eingangsgrößen *P*100, *F*200 und *F*1 werden PRBS-Testsignale entworfen, mit denen das nichtlineare Prozessmodell des Verdampfers in Simulink® beaufschlagt werden. Die im Ergebnis der Simulation entstehenden Zeitverläufe der Ausgangsgrößen *X*2 und *P*2 werden aufgezeichnet. Die Zeitverläufe der Testsignale und der Ausgangssignale bilden die virtuellen (d. h. nicht am realen Prozess, sondern am nichtlinearen Prozessmodell generierten) Messdaten, auf deren Grundlage ein lineares Prozessmodell durch Systemidentifikation gewonnen wird. (Um die virtuellen Messdaten "realistischer" erscheinen zu lassen, werden die Ausgangsignale in Simulink® mit Zufallssignalen überlagert, die in der Praxis auftretendes Messrauschen nachbilden sollen.) PRBS (Pseudo-stochastic random binary signals) sind so konstruiert, dass sie zu quasi zufälligen Zeitpunkten zwischen zwei Amplitudenwerten schalten und damit eine Folge von Impulsen unterschiedlicher Länge generieren. Sie sind für die Identifikation linearer dynamischer Systeme besonders geeignet, da sie (anders als z. B. Sprungsignale) ein breites Frequenzspektrum anregen und in der Folge zu einer höheren Modellgenauigkeit führen.

Die PRBS-Signale wurden mit Hilfe des Befehls idinput der System Identification Toolbox™ generiert, für den Heizdampfdruck z. B. mit

```
P100_PRBS = idinput(10000, 'PRBS', [0.0 0.028], [184.7 204.7]);
```

In diesem Beispiel werden 10.000 Stützstellen eines PRBS für den Heizdampfdruck mit den Amplitudenwerten 184,7 kPa und 204,7 kPa generiert (der Arbeitspunktwert liegt bei 194,7 kPa). Die Impulslängenverteilung wird über den Vektor Band = [0.0 0.028] festgelegt. Je kleiner der zweite Wert in diesem Vektor, desto länger die Periodendauer des PRBS, und desto breiter der längste im PRBS enthaltene Impuls. Dieser Wert wurde hier so gewählt, dass die längste Impulsdauer im PRBS gleich oder größer ist als die größte Einschwingzeit aller Sprungantworten des Verdampfers. So wird gesichert, dass während der Tests auch stationäre Anlagenzustände auftreten und später die Identifikation der Streckenverstärkungen erleichtert wird. **Bild 69** zeigt die generierten PRBS für die Eingangssignale *P*100, *F*200 und *F*1. Sie haben einen ähnlichen, aber nicht identischen Verlauf.

Bild 70 zeigt das für die virtuellen Anlagentests angepasste Simulink-Modell des Verdampfersystems. Die PRBS-Testsignale *P*100*_PRBS*, *F*200*_PRBS* und *F*1*_PRBS* werden zunächst in MATLAB® erzeugt und über "From Workspace"-Blöcke importiert. Die Ausgangssignale *X*2*_PRBS* und *P*2*_PRBS* werden in Scopes angezeigt und über "To Workspace-Blöcke" in den MATLAB-Arbeitsspeicher exportiert. Das Messrauschen wird über Zufallssignale nachgebildet.

Die Reaktion der Ausgangsgrößen des Verdampfersystems auf diese (simultan aufgegebenen) Testsignale zeigt **Bild 71**.

5.3.2 Identifikation eines Verdampfermodells mit Hilfe der System Identification Toolbox™

Die System Identification Toolbox™ wird durch Eingabe des Befehls ident im Command-Window von MATLAB® gestartet. Es öffnet sich dann das Hauptfenster

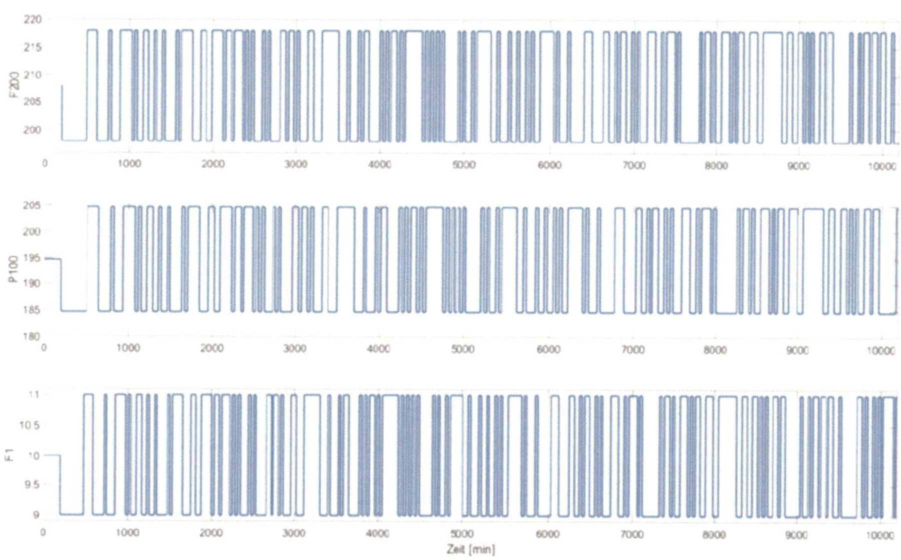

Bild 69.
PRBS-Testsignale für das Verdampfersystem.

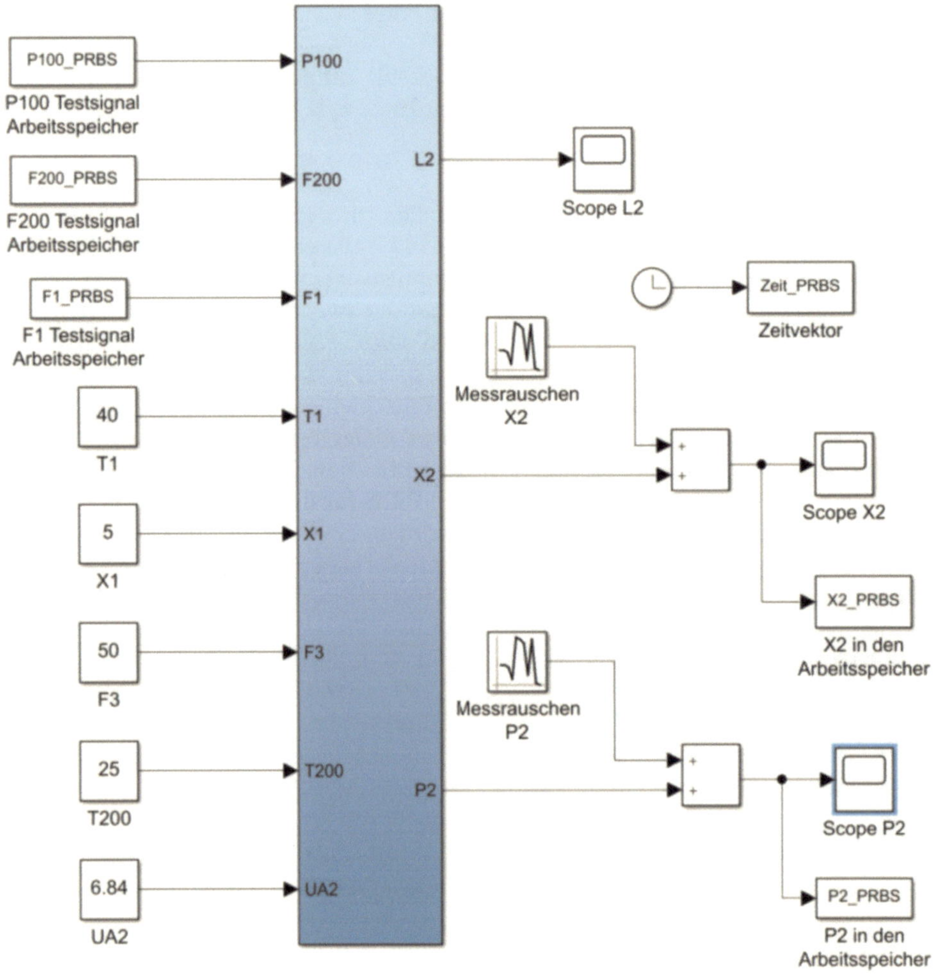

Bild 70.
Simulink-Modell des Verdampfersystems für virtuelle Anlagentests.

der Identifikations-App. Das Fenster ist in **Bild 72** mit bereits importierten Verdampfer-Messdatensätzen dargestellt.

Die grafische Benutzeroberfläche ist so organisiert, dass links die Messdatensätze importiert und angezeigt werden können (Data Views). Im mittleren Bereich "Operations" sind die Funktionen der Datenvorverarbeitung (Preprocessing) und der Parameterschätzung von Prozessmodellen (Estimation) über Auswahllisten zugänglich. Im rechten Bereich werden die identifizierten Prozessmodelle abgelegt, und sie können dort validiert werden. Die importierten Messdatensätze können in Arbeitsdaten (Working Data) und Validierungsdaten (Validation Data) geteilt werden. Alternativ ist es möglich, separate Datensätze als Arbeits- und Validierungsdaten zu importieren. Während die Arbeitsdaten für die Modell-Identifikation und Parameterschätzung verwendet werden, werden die Validierungsdaten nicht für die Identifikation herangezogen, sondern für die Validierung der identifizierten Modelle reserviert.

Die mit dem weiter oben beschriebenen Simulink-Modell erzeugten (virtuellen) Messdaten werden in die SIT geladen. Nach Aufklappen der Auswahlliste "Import data" und Anwahl von "Time domain data ..." öffnet sich hierfür ein "Import Data"-Fenster, in das die Namen der Variablen für die Ein- und Ausgangsgrößen-Datensätze eingetragen werden können. Der voreingestellte Name der Daten

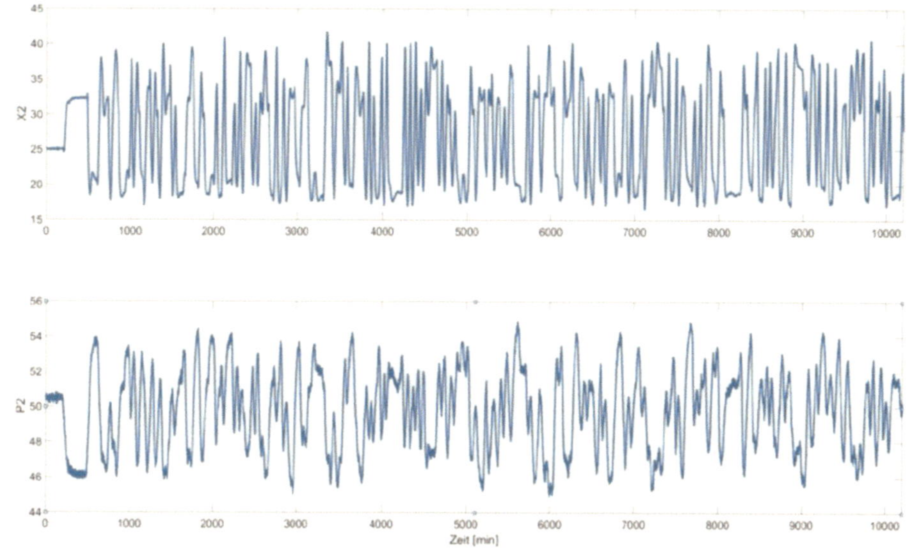

Bild 71.
Zeitverläufe der Ausgangssignale des Verdampfersystems nach Erregung mit PRBS-Testsignalen.

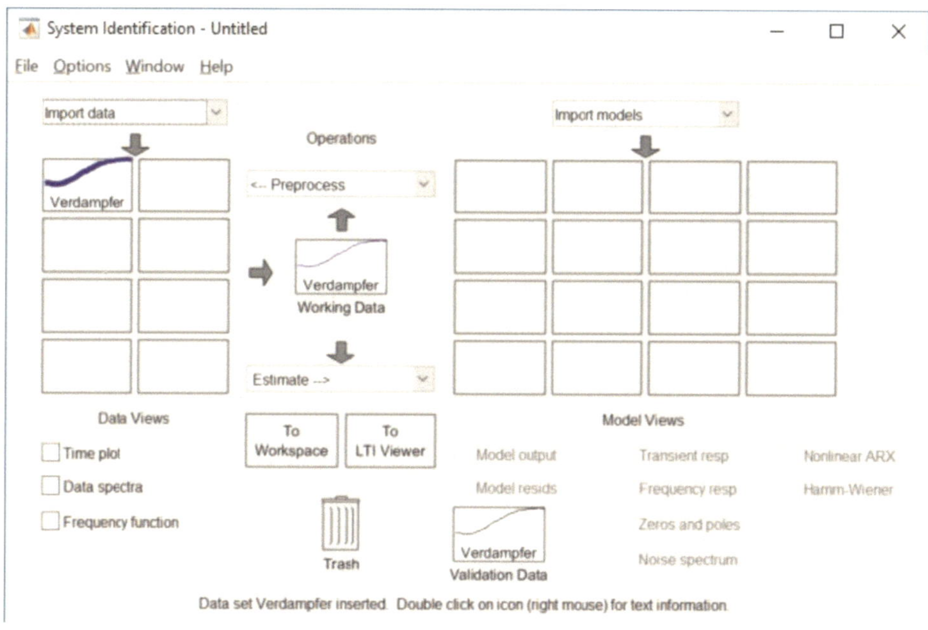

Bild 72.
Hauptfenster der grafischen Benutzeroberfläche der System Identification Toolbox™.

"mydata" kann durch den Anwender überschrieben werden (hier:"Verdampfer"). Wichtig ist die Definition der Abtastzeit, mit der die Messdaten aufgezeichnet wurden. **Bild 73** zeigt ein Beispiel. Nach Anwahl des Buttons "More" vergrößert sich das "Import Data"-Fenster und es können weitere Eingaben gemacht werden. Der Datenimport muss durch Anwahl des Buttons "Import" gestartet werden.

Nach dem Import können die Messreihen innerhalb der SIT angezeigt werden. Dazu muss ein Häkchen in der Checkbox "Time Plot" gesetzt werden. Es öffnet sich ein Fenster (**Bild 74**), in dem zunächst die Zeitverläufe der ersten Eingangsgröße

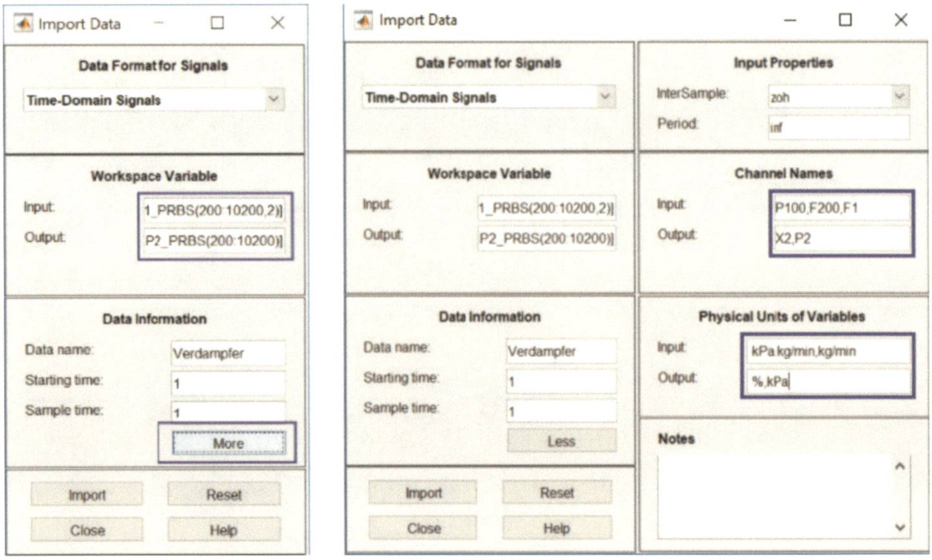

Bild 73.
"Import-Data"-Fenster vor und nach Anwahl des "More"-Buttons.

($P100$) und der ersten Ausgangsgröße ($X2$) angezeigt werden. Über den Menüpunkt "Channel" können andere Kombinationen von Ein- und Ausgangsgrößen zur Anzeige gebracht werden.

Dem Datenimport folgt die Datenvorverarbeitung. Von den in der Auswahlliste (vgl. **Bild 75**) angebotenen Möglichkeiten wird hier von "Quick Start" Gebrauch gemacht. "Quick Start" löst eine Folge von Aktionen aus: die Daten werden zentriert (also als Abweichungen von ihrem Arbeitspunktwert bzw. Mittelwert dargestellt) und im Verhältnis 50:50 in Arbeits- und Validierungsdaten geteilt. Der mittelwert-zentrierte Datensatz erhält die Bezeichnung "Verdampferd" (es wird ein "d" an den Namen des Datensatzes für die Rohdaten angehängt) und wird in den Bereich "Data Views" aufgenommen.

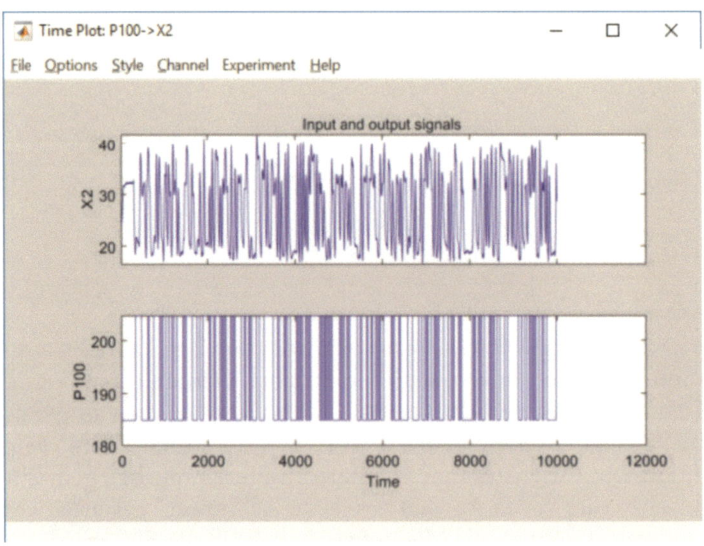

Bild 74.
Trends (Time Plot) der Eingangsgröße P100 *und der Ausgangsgröße* X2.

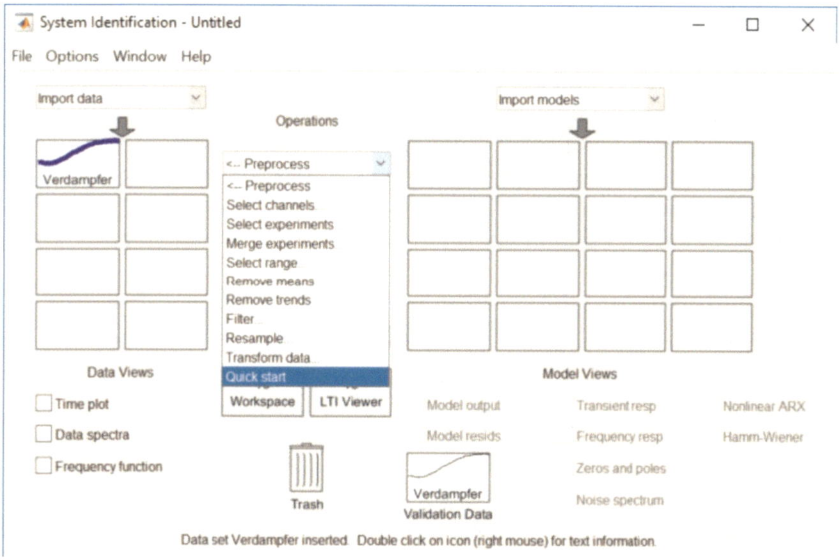

Bild 75.
Auswahlliste für Funktionen der Datenvorverarbeitung.

Bild 76 zeigt das Ergebnis für die Eingangsgröße $F1$ und die Ausgangsgröße $X2$. Die ursprünglichen Messdaten sind blau, die Arbeitsdaten rot und die Validierungsdaten cyan dargestellt. Während z. B. die originalen Messdaten für $X2$ um den Arbeitspunktwert ($X2_0 = 25\%$) der Produktkonzentration streuen, bewegen sich die vorverarbeiten Messdaten um den Mittelwert Null.

Andere Funktionen der Datenvorverarbeitung sind hier nicht notwendig, da es sich um "saubere" virtuelle Messdaten und nicht um industrielle Datensätze handelt, bei denen z. B. zunächst Ausreißer und Trends eliminiert oder Datensätze aus verschiedenen Experimenten zusammengeführt werden müssen. Der für die Identifikation bestimmte Datensatz erhält die Bezeichnung "Verdampferde" (zu lesen "Verdampfer_de", die Endung "de" steht für "*d*ata for *e*stimation"), der für die Validierung "Verdampferdv" (zu lesen "Verdampfer_dv", "dv" für "*d*ata for *v*alidation"). Beide Datensätze werden sowohl im Bereich "Data Views" angezeigt

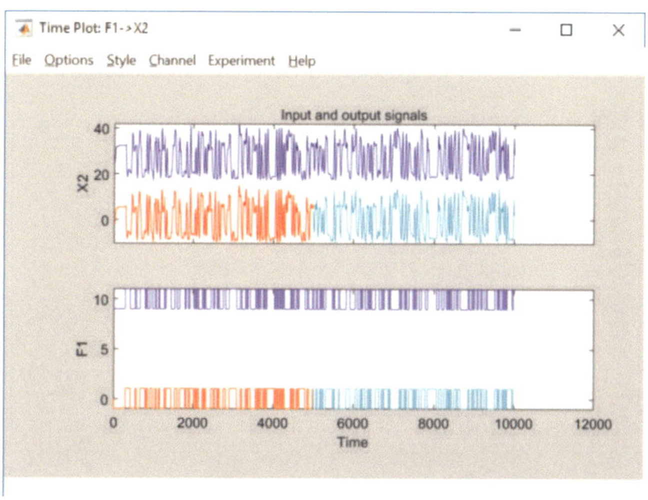

Bild 76.
Trend der Messdaten für F1 und X2 nach Vorverarbeitung mit "Quick Start".

als auch als "Working Data" bzw. "Validation Data" in die gleichnamigen Boxen der Bereiche "Operations" und "Model Views" aufgenommen.

Im nächsten Schritt erfolgt die eigentliche Identifikation eines Modells. Dazu muss zunächst eine Modellklasse ausgewählt und deren Struktur festgelegt werden, bevor die Modellparameter geschätzt werden können. Die Auswahl der Modellklasse erfolgt nach Aufklappen der Auswahlliste "Estimate" (**Bild 77**). Eine ausführliche Beschreibung der verfügbaren Modellklassen und die Möglichkeiten der Strukturierung findet sich in der Dokumentation der System Identification Toolbox™ [37].

Für das Verdampferbeispiel wird hier ein zeitkontinuierliches, lineares Zustandsmodell vierter Ordnung gewählt. Die Gleichungen des linearen Zustandsmodells lauten

$$\begin{aligned} \dot{\boldsymbol{x}}(t) &= \boldsymbol{A}\boldsymbol{x}(t) + \boldsymbol{B}\boldsymbol{u}(t) + \boldsymbol{K}\boldsymbol{e}(t) \\ \boldsymbol{y}(t) &= \boldsymbol{C}\boldsymbol{x}(t) + \boldsymbol{D}\boldsymbol{u}(t) + \boldsymbol{e}(t) \end{aligned}.$$

Darin bezeichnen $\boldsymbol{u}(t)$ den Vektor der Eingangsgrößen (hier $P100$, $F200$ und $F1$), $\boldsymbol{x}(t)$ den Vektor der Zustandsgrößen (hier ohne physikalische Entsprechung), $\boldsymbol{y}(t)$ den Vektor der Ausgangsgrößen (hier $X2$ und $P2$) und $\boldsymbol{e}(t)$ einen Störsignalvektor. Die Elemente der Matrizen $\boldsymbol{A}, \boldsymbol{B}, \boldsymbol{C}, \boldsymbol{D}$ und $\boldsymbol{K}$ werden mit Hilfe von Subspace-Identifikationsverfahren oder durch Minimierung des Vorhersagefehlers (Prediction Error Minimization oder PEM) aus den Messdaten geschätzt. **Bild 78** zeigt das Fenster "State Space Models", dass sich nach Anwahl der Option "State Space Models ..." in der Estimate-Auswahlliste öffnet. Die voreingestellten Optionen wurden nicht verändert.

Durch Anwahl des Buttons "Estimate" wird die Parameterschätzung für das Zustandsmodell gestartet. Nach Abschluss der Rechnungen wird das identifizierte Modell mit dem Namen "ss1" in die Modellübersicht auf der rechten Seite des SIT-Hauptfensters aufgenommen.

Zur Beurteilung der Modellgüte kann das Modell im Bereich der Validierungsdaten (hier zwischen Datensatz 5000 und Datensatz 10.000) mit denselben PRBS-

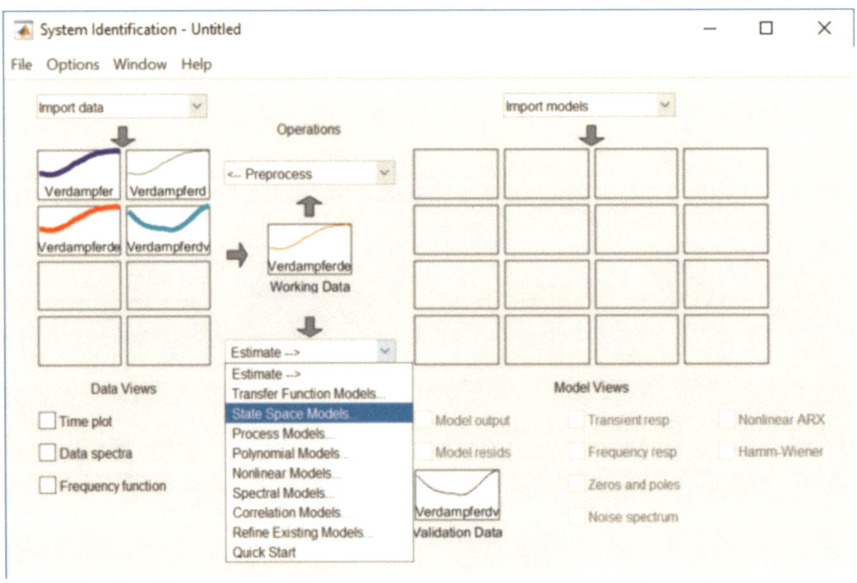

Bild 77.
Auswahlliste für Modellklassen in der System Identification Toolbox™.

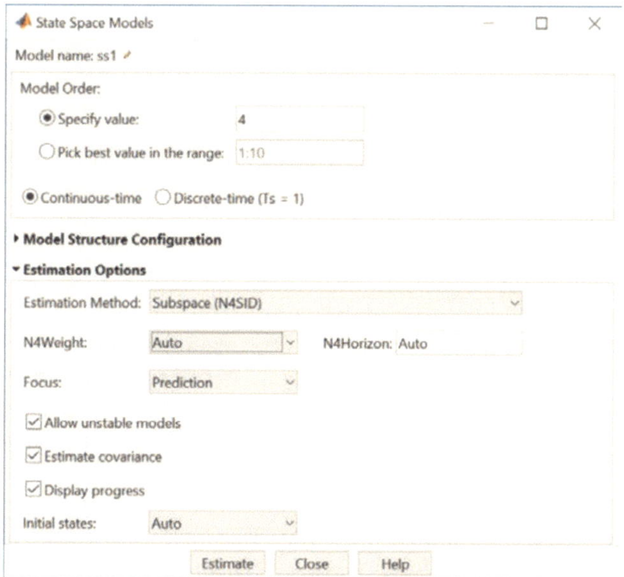

Bild 78.
Fenster zur Parametrierung von Zustandsmodellen.

Testsignalen beaufschlagt werden wie der Prozess (bzw. das nichtlineare Verdampfermodell als "Prozessersatz"). Anschließend kann die Reaktion der Ausgangsgrößen des linearen Zustandsmodells mit den Messdaten verglichen werden. Dazu muss rechts unter der Modelltabelle ein Häkchen in der Checkbox "Model Output" gesetzt werden. Es öffnet sich ein Fenster, in dem die Zeitverläufe der mit dem identifizierten linearen Zustandsmodell simulierten Ausgangsgrößen den ursprünglichen Messwerten gegenübergestellt werden. **Bild 79** zeigt das für die Ausgangsgröße "Systemdruck"$P2$. Es zeigt sich eine gute Übereinstimmung, was man auch an der rechts eingeblendeten Zahl für "Best fits" ablesen kann. Diese beschreibt, wieviel Prozent der Streuung der Ausgangsgröße durch das Modell reproduziert wird. Der Wert wird mit Hilfe der Formel

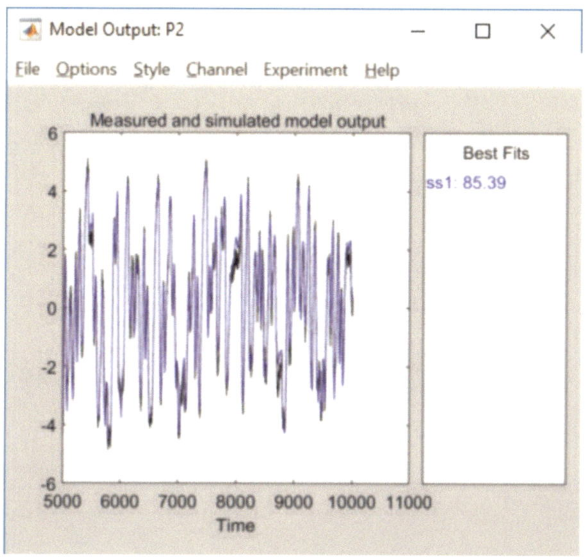

Bild 79.
Vergleich von Messdaten und simulierten Daten für den Systemdruck P2.

$$FIT = \left[1 - \frac{\sqrt{\sum_{k=1}^{N} \left(y_{Prozess}(k) - y_{Modell}(k)\right)^2}}{\sqrt{\sum_{k=1}^{N} \left(y_{Prozess}(k) - \bar{y}\right)^2}} \right] \cdot 100$$

berechnet. Je größer dieser Wert, desto besser die Modellgüte in dieser Hinsicht. Das theoretische Maximum beträgt $FIT = 100$, was einer exakten Übereinstimmung der Messdaten mit den simulerten Modellausgangsdaten entsprechen würde.

Unter dem Menüpunkt "Options" kann man auswählen, dass der Vergleich der Messdaten nicht mit den über das Modell simulierten, sondern mit über das Modell vorhergesagten Ausgangsgrößen erfolgt. Im vorliegenden Fall verbessert sich die Modellgüte: der "5 step ahead predicted output" für $P2$ liefert einen "Best Fit"-Wert von 93,33. **Bild 80** zeigt für diesen Fall den "Error plot", der sich ebenfalls unter "Options" anwählen lässt. Die Abweichung zwischen Messwerten und Vorhersagewerten liegt hier bei $\pm\ 0.4kPa$, was bei einem Arbeitspunktwert von $P2_0 = 50.5\ kPa$ ca. $\pm\ 0.8\%$ entspricht.

Durch Markieren der Checkbox "Transient response" unter der Modelltabelle im SIT-Hauptfenster können die Einheits-Sprungantworten des linearen Zustandsmodells berechnet und angezeigt werden. **Bild 81** zeigt das für den Zusammenhang zwischen $P100$ und $X2$. Über den Menüpunkt "Channel" können andere Ein-/Ausgangsgrößen-Kombinationen dargestellt werden. Die hier dargestellte Sprungantwort weist eine gute Übereinstimmung mit der Sprungantwort des nichtlinearen Verdampfermodells auf, vgl. **Bild 62**.

Über "Options/Show 95% confidence intervals" lässt sich der 95%-Vertrauensbereich anzeigen. Das bedeutet, dass mit 95%iger Wahrscheinlichkeit die "wahre" Sprungantwort in dem Bereich liegt, der durch die strichpunktiert dargestellten Grenzen markiert wird. Man erkennt hier, dass insbesondere das statische Verhalten mit einer größeren Unsicherheit geschätzt wurde. (Man könnte daher durch Wahl eines anderen Modelltyps oder besser durch Erzeugung und Verwendung zusätzlicher Messdaten und anschließende Re-Identifikation versuchen, eine Verbesserung der Genauigkeit zu erreichen. Dieser Weg wird jedoch aus Platzgründen hier nicht weiter verfolgt.)

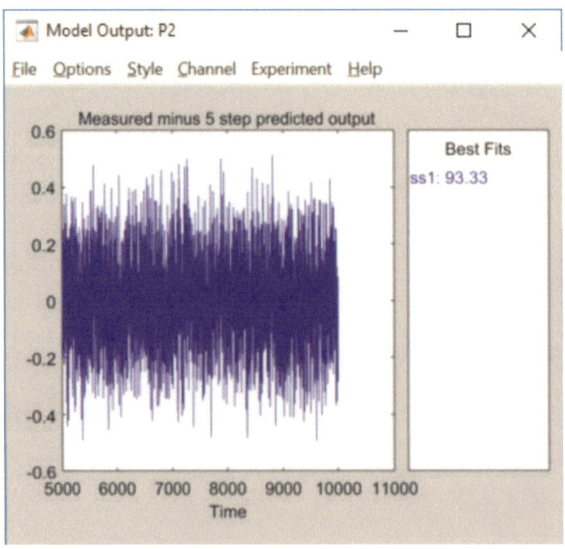

Bild 80.
Trend des Vorhersagefehlers für die Ausgangsgröße P2.

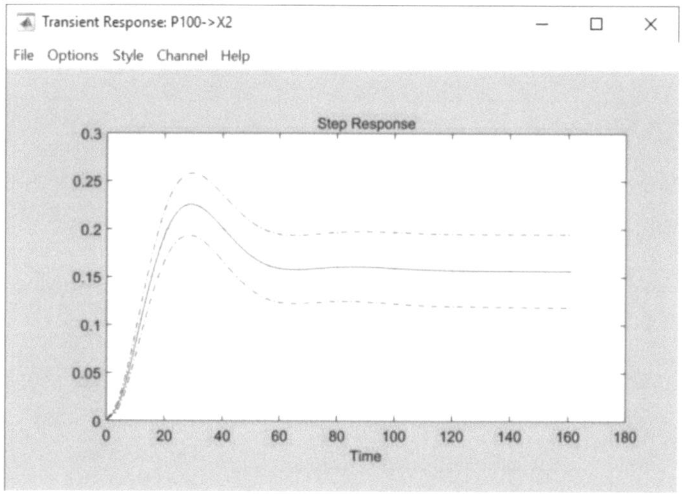

Bild 81.
Einheits-Sprungantwort des identifizierten linearen Zustandsmodells mit 95%-Vertrauensintervall.

Nach Abschluss der Identifikation des Prozessmodells kann es aus der Modelltabelle im SIT-Hauptfenster durch "Drag&Drop" in den MATLAB-Arbeitsspeicher verschoben werden. Es steht dann für den MPC-Reglerentwurf zur Verfügung.

5.4 MPC-Reglerentwurf für das Verdampfersystem mit Hilfe der MPC Designer App

Nach dem Start der MPC Designer App wird das Zustandsmodell des Verdampfersystems (Name "ss1") importiert. Die Struktur des MPC-Reglers wird so modifiziert, dass die dritte Eingangsgröße des Prozessmodells nicht als manipulierte Variable (MV), sondern als gemessene Störgröße (MD) erscheint. **Bild 82** zeigt das Fenster "Define MPC Structure by Importing" nach der Anpassung der MPC-Reglerstruktur. Als Abtastzeit werden vom MPC Designer 4 Zeiteinheiten (hier Minuten) vorgeschlagen. Dieser Wert kann übernommen werden, da die Einschwingzeiten der Streckenspungantworten im Bereich von 120 Minuten liegen. Mit "Define and Import" wird der erste Schritt abgeschlossen.

Es folgt (Schaltfläche "I/O Attributes") die Definition der Arbeitspunktwerte und der Skalierungsfaktoren, vgl. **Bild 83**. Begrenzungen der Stellgrößen werden zunächst nicht vorgegeben. Für die Reglereinstellung werden die voreingestellten Positionen der Slider für "Closed Loop Performance" und "State Estimation" verwendet. Auch für die Gewichtsfaktoren werden die voreingestellten Werte akzeptiert. Für die Horizontlängen wurden $p = 30$ (Prädiktionshorizont) und $m = 3$ (Steuerhorizont) gewählt.

Das MPC-Regelungssystem kann nun innerhalb des MPC Designers simuliert werden, zunächst ohne Plant-Model-Mismatch. **Bild 84** zeigt die Definition des Simulationsszenarios für das Führungsverhalten. Es wird eine Simulationsdauer von 200 Minuten gewählt, zum Zeitpunkt $t = 1$ wird der Sollwert für $X2$, zum Zeitpunkt $t = 100$ der Sollwert für $P2$ sprungförmig verstellt.

Bild 85 präsentiert die Simulationsergebnisse für das Führungsverhalten des MPC-Regelungssystems.

Man kann ablesen, dass die Ausregelzeiten zwischen 50 Minuten für die Produktkonzentration und 70 Minuten für den Druck liegen (zum Vergleich: mit

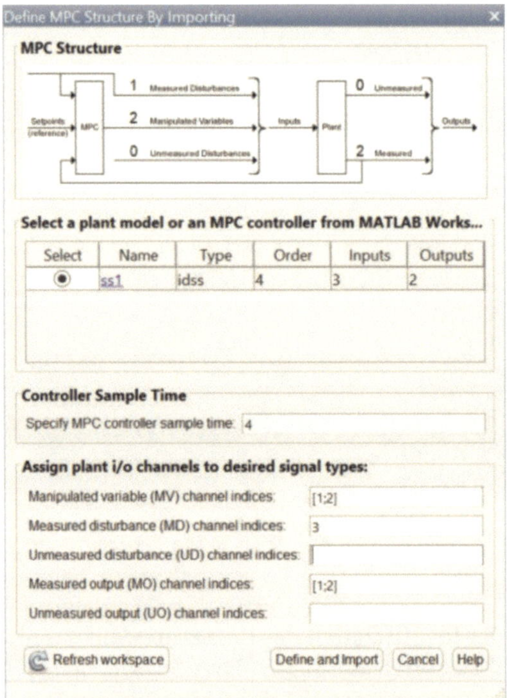

Bild 82.
Import des Verdampfer-Modells und Anpassung der MPC-Reglerstruktur.

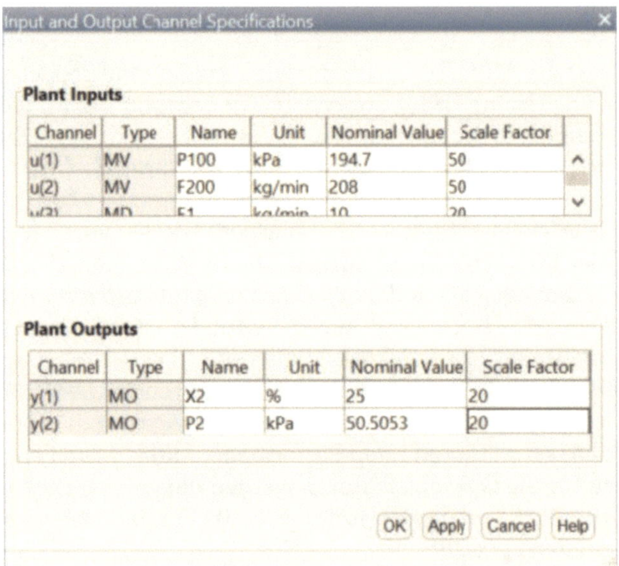

Bild 83.
Definition von Arbeitspunktwerten und Skalierungsfaktoren für den MPC-Regler des Verdampfersystems.

dezentraler PI-Regelung 200 Minuten für die Konzentration und 100 Minuten für den Druck bei ähnlichen Überschwingweiten! – siehe **Bild 66**).

Die Simulation des Störverhaltens (sprungförmige Störung des Einsatzprodukt-Durchflusses um 1 kg/min bei konstanten Sollwerten für Druck und Konzentration) liefert die in **Bild 86** dargestellten Ergebnisse.

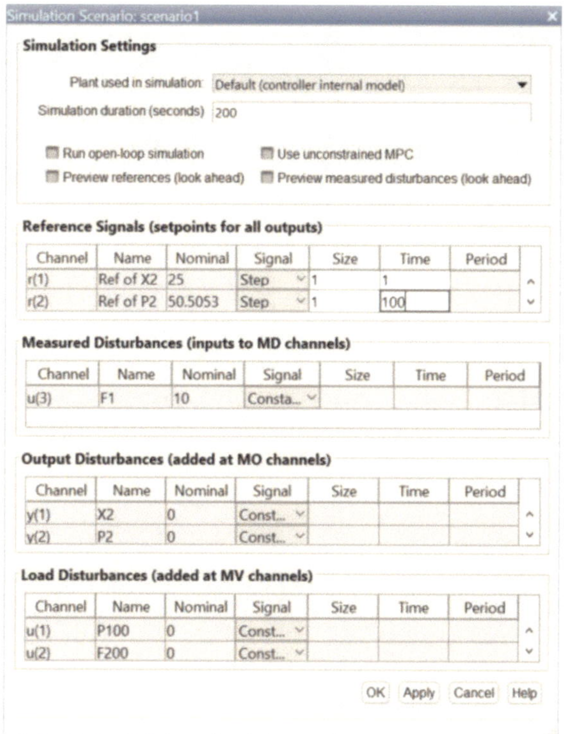

Bild 84.
Simulations-Szenario für Führungsverhalten bei der MPC-Regelung des Verdampfersystems.

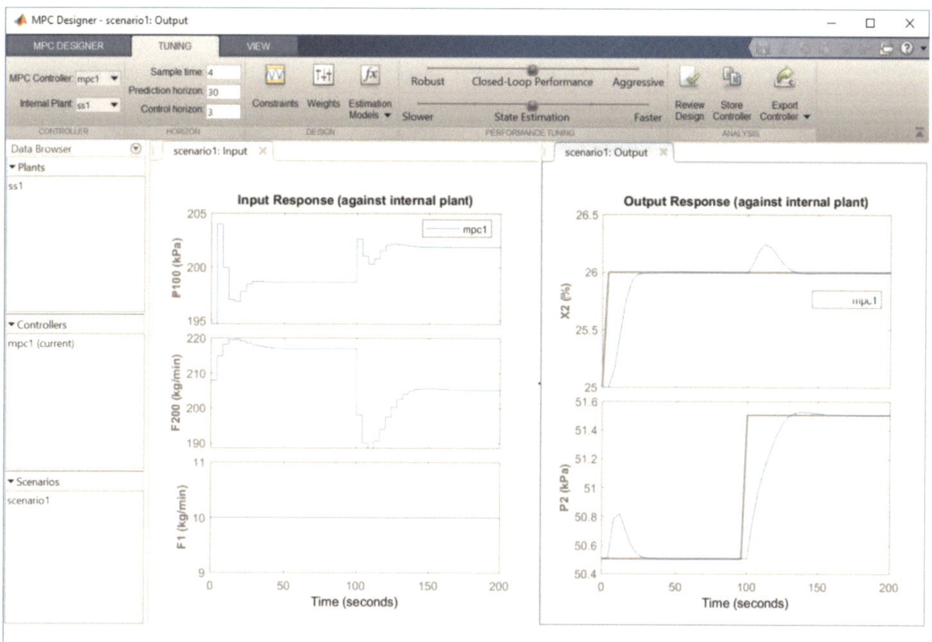

Bild 85.
Führungsverhalten des MPC-Regelungssystems (Simulation im MPC Designer).

Die Ausregelzeiten liegen hier bei 60 Minuten für die Produktkonzentration (maximale Sollwertabweichung 0,42%) und 80 Minuten für den Druck (maximale Sollwertabweichung 0,3 kPa). Zum Vergleich (siehe **Bild 67**): mit dezentraler

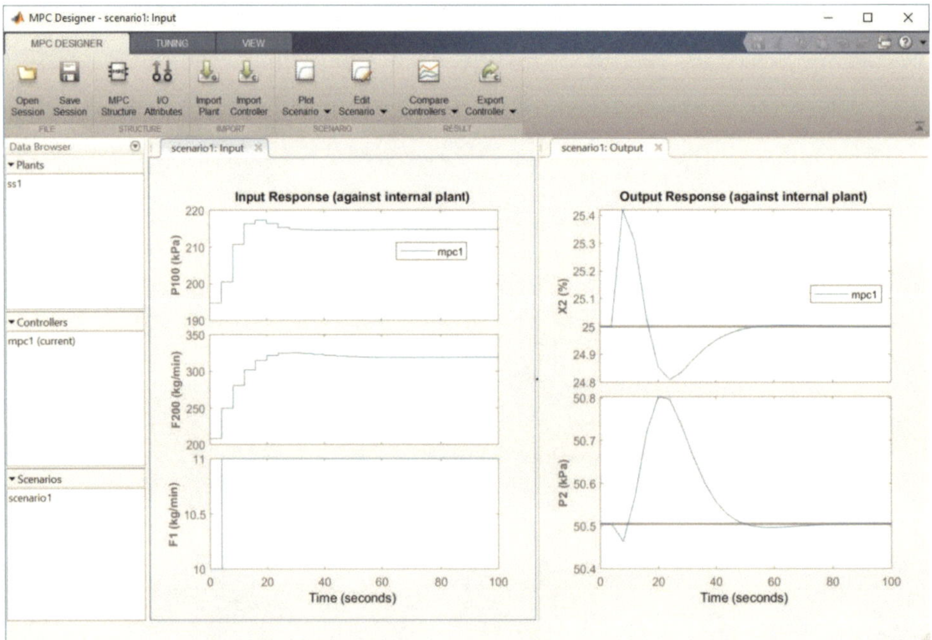

Bild 86.
Störverhalten des MPC-Regelungssystems (Simulation im MPC Designer).

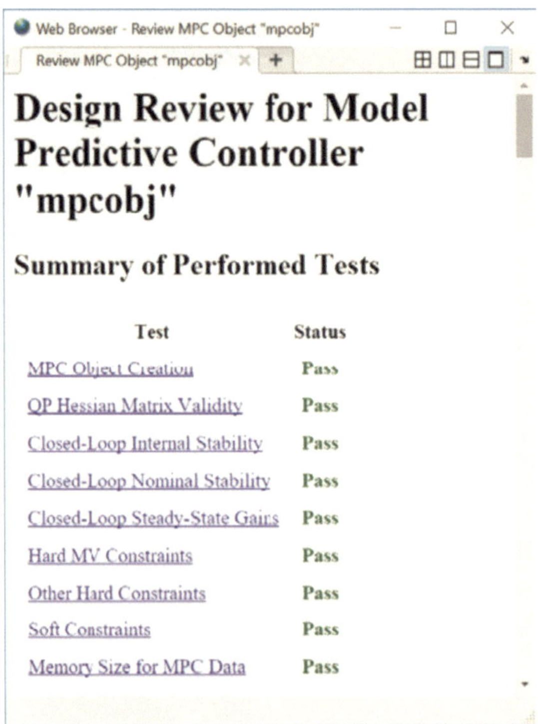

Bild 87.
"Review Design" für den MPC-Regler des Verdampfersystems.

PI-Regelung ergaben sich Ausregelzeiten von 200 Minuten sowohl für den Druck (maximale Sollwertabweichung 1 kPa) als auch für die Konzentration (maximale Sollwertabweichung 4%). Allerdings muss man berücksichtigen, dass bei der

MPC-Regelung der Durchfluss des Einsatzprodukts als gemessene Störgröße einbezogen wird. Fair wäre hier ein Vergleich mit einer Störgrößenaufschaltung auf die PI-Regler.

Trotzdem kann man sagen, dass die Regelgüte mit MPC-Regelung deutlich besser ist als die mit dezentraler PI-Regelung. Ursache dafür ist die Berücksichtigung der Wechselwirkungen zwischen den physikalischen Größen des Verdampfers über das Mehrgrößen-Modell im MPC-Regler.

Ein Aufruf der "Review Design"-Funktion unter dem TUNING-Tab der MPC Designer App liefert keine Beanstandungen oder Hinweise, siehe **Bild 87**.

Eine Robustheitsuntersuchung soll hier nicht innerhalb der MPC Designer App erfolgen, sondern durch Kombination von MPC-Regler (mit *linearem*, durch Systemidentifikation gewonnenen Prozessmodell) und *nichtlinearem* Verdampfermodell in Simulink®. Um eine Simulink-Modell mit dem entworfenen MPC-Regler zu erzeugen, wird das MPC-Regler-Objekt "mpc1" in den MATLAB-Arbeitsspeicher exportiert (TUNING-Tab, Schaltfläche "Export Controller") und dort in "MPC_Verdampfer" umbenannt.

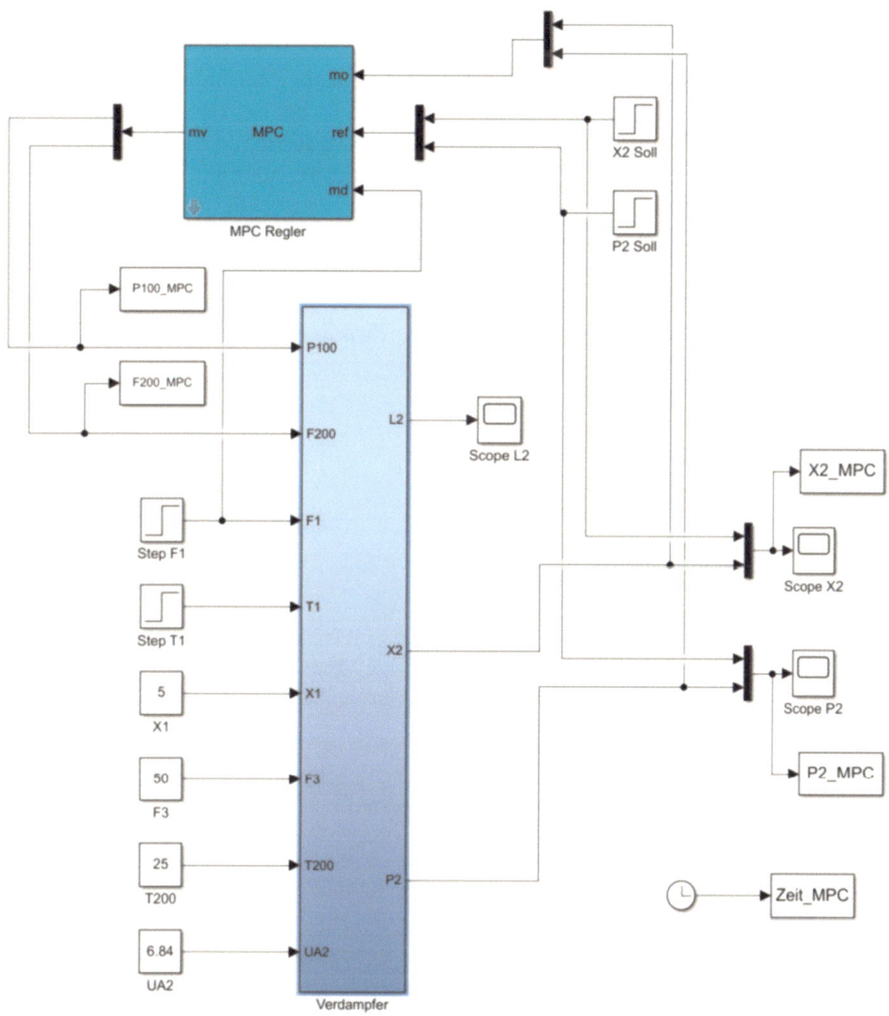

Bild 88.
Simulink-Modell der MPC-Regelung des Verdampfersystems.

5.5 Simulation des MPC-Regelungssystems mit Hilfe von Simulink®

Das Simulink-Modell des MPC-geregelten Verdampfersystems ist in **Bild 88** dargestellt. Der MPC-Regler ist durch einen "MPC Controller"-Block realisiert, die Regelstrecke mit dem oben beschriebenen Subsystem "Verdampfer". Die -mv-Ausgänge des MPC-Reglers werden über einen Demultiplexer geführt und mit den Eingängen P100 und F200 des Subsystems der Strecke verbunden. Am Subsystem können die beiden Störgrößeneingange F1 und T1 über "Step"-Bausteine mit Sprungsignalen angeregt werden. Die Ausgänge X2 und P2 stellen die Regelgrößen dar. Sie werden über einen Multiplexer zusammengefasst und dem mo-Eingang des MPC-Regler-bausteins zugeführt. Die Sollwerte für die Regelgrößen können in "Step"-Bausteinen verändert werden. Sie werden ebenfalls zusammengefasst und dem ref-Eingang des MPC Controllers zugeführt. Die Regelgrößen und ihre Sollwerte können in Scopes beobachtet werden. Ein- und Ausgangsgrößen und der Zeitvektor werden über "To Workspace"-Bausteine in den MATLAB-Arbeitsspeicher exportiert

Das Führungsverhalten wird mit dem gleichen Szenario wie oben untersucht: zum Zeitpunkt $t = 1$ wird der Sollwert für $X2$, zum Zeitpunkt $t = 100$ der Sollwert für $P2$ sprungförmig verstellt. **Bild 89** zeigt die Simulationsergebnisse.

Die Ausregelzeit liegt sowohl für die Kopfkonzentration als auch für den Druck zwischen 100 ... 150 Minuten. Sie sind damit größer als bei der Simulation mit linearem Streckenmodell, aber immer noch geringer als bei der dezentralen PI-Regelung (vgl. **Bild 66**). Führt man größere Sollwertänderungen durch (z. B. $\pm\ 10kPa$ für den Druck und $\pm$ 10% für die Produktkonzentration, ändern sich die Ergebnisse nicht wesentlich. Das zeigt, dass man mit dem LMPC-Regler das Verdampfersystem auch in einem größeren Arbeitsbereich zufriedenstellend stabilisieren kann.

Um das Störverhalten zu untersuchen, wurden wie in Abschnitt 5.1 zum Zeitpunkt $t = 1$ der Zulauf-Durchfluss $F1$ sprungförmig um 0,1 kg/min und Zeitpunkt $t = 100$ die Zulauf-Temperatur sprungförmig um 5K verändert. **Bild 90** zeigt die Simulationsergebnisse.

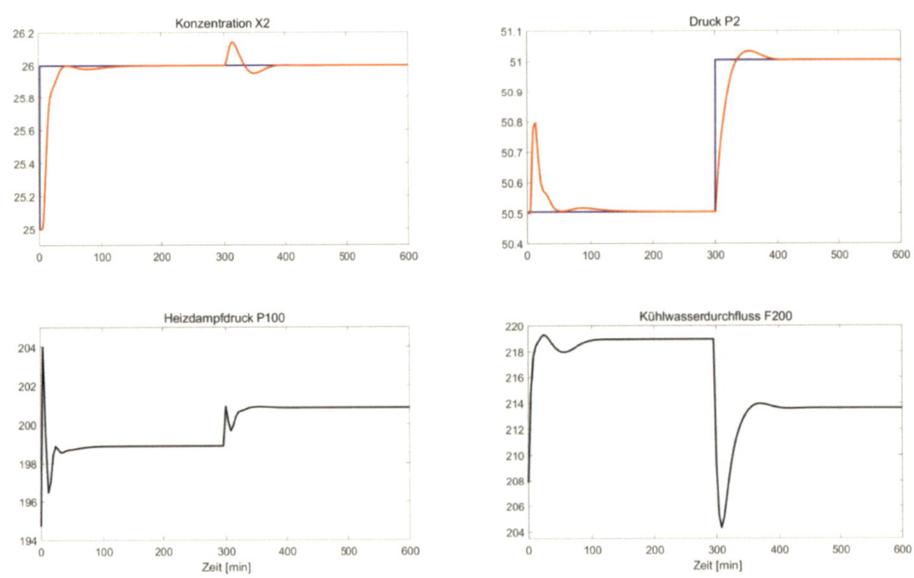

Bild 89.
Führungsverhalten des MPC-Regelungssystems mit nichtlinearem Verdampfermodell.

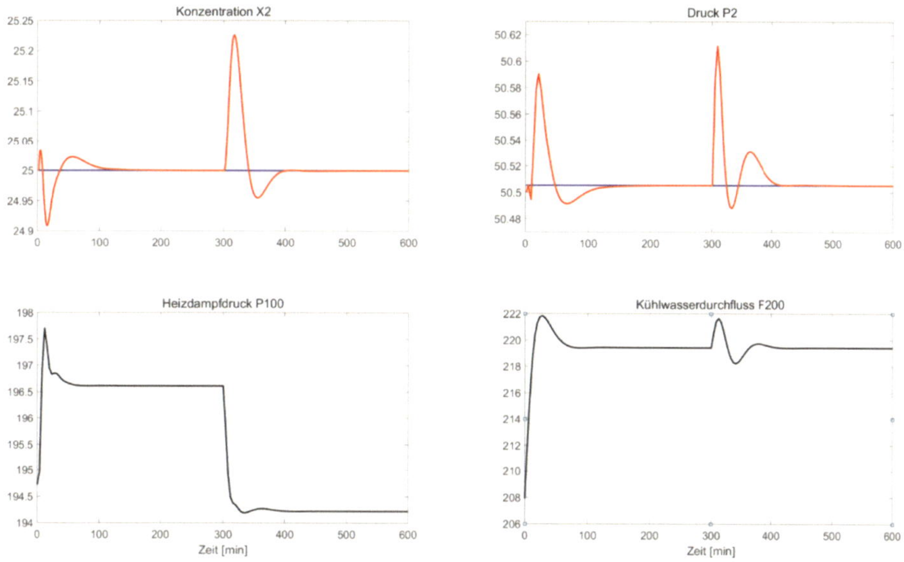

Bild 90.
Störverhalten des MPC-Regelungssystems mit nichtlinearem Verdampfermodell.

Die Ausregelzeiten betragen 100 ... 120 min für die Konzentration und 100 ... 150 min für den Druck. Auch beim Störverhalten ergeben sich also Ausregelzeiten, die größer sind als bei der Simulation mit linearem Prozessmodell, jedoch deutlich geringer als bei einer dezentralen PI-Regelung (vgl. **Bild 67**).

Vergrößert man die Amplitude der Störgrößenänderung bei $F1$, verschlechtert sich die Regelgüte, insbesondere ergibt sich eine größere Ausregelzeit für die Produktkonzentration. Die Robustheit der MPC-Regelung gegenüber Plant-Model-Mismatch ist für das Störverhalten also geringer als für das Führungsverhalten. Daher empfiehlt es sich, beim Reglerentwurf von vornherein eine robustere Einstellung zu verwenden. Das kann dadurch geschehen, dass man den Slider für “Closed-Loop Performance” unter dem TUNING-Tab des MPC Designers in Richtung “Robust” verschiebt, den entstehenden MPC-Regler wieder in den MATLAB-Arbeitsspeicher verschiebt und das Simulink-Modell für Führungs- und Störverhalten mit dem modifizierten Regler erneut simuliert.

6. MPC-Regelung eines Viertanksystems

Im vorliegenden Abschnitt wird eine LMPC-Regelung für ein Viertanksystem entworfen, bei dem das erforderliche lineare Prozessmodell durch Linearisierung eines vorhandenen theoretischen Modells gewonnen wird. Für die Linearisierung wird Simulink Control Design™ eingesetzt. Der Entwurf nicht-quadratischer Mehrgrößenregelungen mit einer ungleichen Zahl von Stell- und Regelgrößen und die Untersuchung der Auswirkung von Plant-Model-Mismatch bilden weitere Schwerpunkte dieses Kapitels.

6.1 Theoretisches Prozessmodell und rechnerische Linearisierung

In [99] wird eine Versuchsanlage beschrieben, die inzwischen weltweit in einer Reihe von Universitäten und Hochschulen für die regelungstechnische Ausbildung eingesetzt wird. **Bild 91** zeigt ein vereinfachtes Fließbild des Prozesses.

Das Viertanksystem besteht aus einer Vorlage, vier Tanks und zwei Pumpen. Mit zwei Dreiwegeventilen lässt sich einstellen, welcher Anteil der von den Pumpen geförderten Volumenströme in die oberen bzw. unteren Tanks fließt. Stellgrößen sind die Pumpleistungen, ausgedrückt durch die elektrischen Spannungen v_1 und v_2, mit denen sie angesteuert werden. Regelgrößen sind die Füllstände H_1 und H_2 der unteren Tanks, die mit Füllstandssensoren erfasst werden. Für diese Versuchsanlage wurde in [99] ein theoretisches Prozessmodell entwickelt. Stellt man die Massenbilanzen unter der Annahme konstanter Dichten der Flüssigkeit in allen Tanks auf, ergeben sich die folgenden Zustands-Differenzialgleichungen für die Füllstände:

$$
\begin{aligned}
\frac{dH_1}{dt} &= \frac{1}{A_1}\left(-a_1\sqrt{2gH_1} + a_3\sqrt{2gH_3} + \gamma_1 k_1 v_1\right) \\
\frac{dH_2}{dt} &= \frac{1}{A_2}\left(-a_2\sqrt{2gH_2} + a_4\sqrt{2gH_4} + \gamma_2 k_2 v_2\right) \\
\frac{dH_3}{dt} &= \frac{1}{A_3}\left(-a_3\sqrt{2gH_3} + (1-\gamma_2) k_2 v_2\right) \\
\frac{dH_4}{dt} &= \frac{1}{A_4}\left(-a_4\sqrt{2gH_4} + (1-\gamma_1) k_1 v_1\right)
\end{aligned}
\qquad (48)
$$

Darin bedeuten H_i die Füllstände in den Tanks, A_i die Querschnittsflächen der Tanks und a_i die Querschnittsflächen der Auslassöffnungen ($i = 1...4$). Die Pumpen werden mit v_i Volt angesteuert und liefert einen Durchfluss von $F_i = k_i v_i$ ($i = 1...2$). Die beiden sich hinter den Pumpen ergebenden Durchflüsse werden geteilt: zum Beispiel ist der Durchfluss zu Tank 1 $\gamma_1 k_1 v_1$, der zu Tank 4 $(1-\gamma_1)k_1 v_1$. Ähnliches gilt für die Tanks 2 und 3. Die Erdbeschleunigung wird mit g bezeichnet. Die Wurzelausdrücke in den Differenzialgleichungen resultieren aus der Anwendung des Gesetzes von Bernoulli. Die gemessenen Füllstandssignale $y_1 = k_c H_1$ und $y_2 = k_c H_2$ werden in Volt ausgedrückt.

Tabelle 19 listet die Modellparameter auf.

Es sollen zwei Arbeitspunkte AP1 und AP2 betrachtet werden, von denen AP1 Minimalphasen- und AP2 Nichtminimalphasen-Charakteristik aufweist. Die Arbeitspunktwerte der Variablen sind in **Tabelle 20** aufgelistet. Die stationären Werte für die Füllstände $\left(H_1^0, H_2^0, H_3^0, H_4^0\right)$ ergeben sich, wenn man das nichtlineare Gleichungssystem löst, welches sich durch Nullsetzen der Ableitungen dH_i/dt, $i = 1...4$ auf der linken Seite des Zustands-Differenzialgleichungssystems ergibt. Diese Aufgabe lässt sich als nichtlineares Optimierungsproblem formulieren.

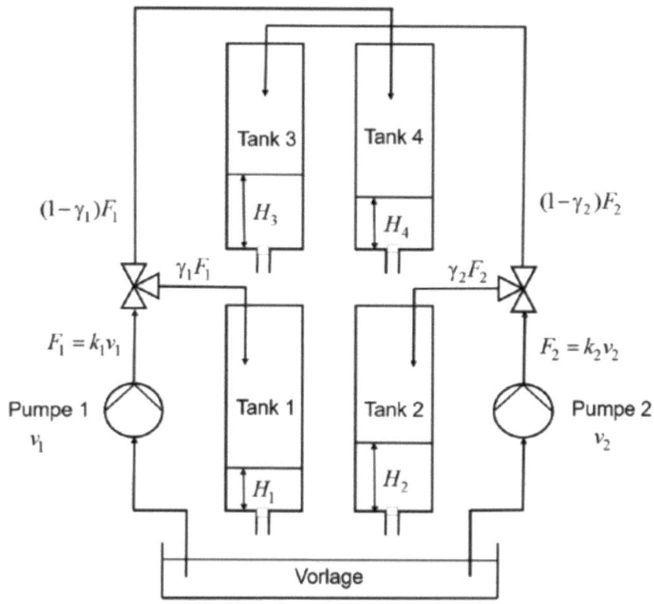

Bild 91.
Vereinfachtes Fließbild eines Viertanksystems.

Parameter	Wert	Maßeinheit
A_1, A_3	28	cm^2
A_2, A_4	32	cm^2
a_1, a_3	0,071	cm^2
a_2, a_4	0,057	cm^2
k_c	0,5	V/cm
(k_1, k_2)	(3,33;3,35)	(cm3/s)/V
g	981	cm/s^2

Tabelle 19.
Modellparameter des Viertanksystems.

Variablen	Maßeinheit	AP1	AP2
(H_1^0, H_2^0)	cm	(12.263;12.783)	(12.076;13.023)
(H_3^0, H_4^0)	cm	(1634;1409)	(4448;5087)
(v_1^0, v_2^0)	V	(3,0;3,0)	(3,0;3,0)
(γ_1, γ_2)	-	(0,7;0,6)	(0,43;0,34)

Tabelle 20.
Arbeitspunktwerte der Variablen des Viertanksystems.

Bezeichnet man die vier rechten Seiten des nichtlinearen Differenzialgleichungssystems mit $f(1)..f(4)$, dann ist die Zielfunktion der Optimierung $J = \sum_{i=1}^{4} f^2(i)$, deren kleinstmöglicher Wert Null ist. Wenn der Wert der Zielfunktion aber gleich

Null ist, müssen alle rechten Seiten gleich Null sein, und das nichtlineare Gleichungssystem für die Bestimmung des Arbeitspunkts ist gelöst. Die unabhängigen Variablen des Optimierungsproblems sind die Füllstände in den Tanks $H_1 \ldots H_4$. Die Optimierungsaufgabe lässt sich schreiben.

$$\min_{H_1 \ldots H_4} \left\{ J = \sum_{i=1}^{4} f^2(i) \right\} \tag{49}$$

In MATLAB® kann man das nichtlineare Optimierungsproblem ohne Nebenbedingungen mit Hilfe der Funktion *fminsearch* lösen. In den beiden Kästen sind das Hauptprogramm und das Unterprogramm zur Lösung dieser Optimierungsaufgabe angegeben. Im Hauptprogramm werden die Startwerte für die unabhängigen Variablen vorgegeben und die Optimierungsroutine aufgerufen. Die Definition globaler Variablen ermöglicht die einfache Umstellung auf die Berechnung anderer Arbeitspunktwerte. Im Unterprogramm "viertank_stat_AP" werden die rechten Seiten des Differenzialgleichungssystems $f(1) \ldots f(4)$ und der Wert der Zielfunktion J berechnet. Die Lösung der Optimierungsaufgabe sind die im Vektor $\boldsymbol{H}$ zusammengefassten Arbeitspunktwerte der Füllstände und der optimale Wert der Zielfunktion *fval*. In der Optimierungsroutine selbst ist ein gradientenfreies Suchverfahren (das Nelder-Mead-Verfahren) implementiert.

Eine andere Möglichkeit zur Bestimmung der Arbeitspunkwerte besteht darin, die Trim-Funktion des "Linear Analysis Tools" in Simulink® zu verwenden. Diese Variante wird in Abschnitt 6.2 näher erläutert.

```
%
% Berechnung des Arbeitspunkts des Viertanksystems
% Hauptprogramm: Festlegung von Startwerten
% und Aufruf des Optimierungsprogramms
%

global gamma1 gamma2 v1 v2

% Definition der Eingangsgrößen

v1 = 3;         % Pumpenansteuerung (~ Durchfluss nach Pumpen)
v2 = 3;
gamma1 = 0.7; % Aufteilung Volumenströme
gamma2 = 0.6;

% Vorgabe von Startwerten für die Füllstände

H1_0 = 10;
H2_0 = 10;
H3_0 = 1;
H4_0 = 1;

H_0 = [H1_0 H2_0 H3_0 H4_0];

% Aufruf des Optimierungsprogamms fminsearch
% @viertank_stat_AP1 verweist auf den namen des Unterprogramms
% zur Berechnung der Zielfunktion

[H, fval] = fminsearch(@viertank_stat_AP1,H_0)
```

```
function fqs = viertank_stat_AP1(x)

% Unterprogramm zur Berechnung der Zielfunktion

global gamma1 gamma2 v1 v2

% Definition der Modellparameter

A1 = 28;          % Querschnittsflächen Tanks
A3 = 28;
A2 = 32;
A4 = 32;
a1 = 0.071;      % Querschnittsflächen Auslässe
a3 = 0.071;
a2 = 0.057;
a4 = 0.057;
kc = 0.5;        % Umrechnung Füllstand -> Volt Füllstandssensor
g = 981;         % Erdbeschleunigung
k1 = 3.33;        % Umrechnung Volt Pumpe -> Durchfluss
k2 = 3.35;

% Auflösung des vektors der unabhängigen Variablen

H1 = x(1);
H2 = x(2);
H3 = x(3);
H4 = x(4);

% Berechnung der rechten Seiten des Zustands-Dgl.-Systems

f(1) = 1/A1*(-a1*sqrt(2*g*H1) + a3*sqrt(2*g*H3) + gamma1*k1*v1);
f(2) = 1/A2*(-a2*sqrt(2*g*H2) + a4*sqrt(2*g*H4) + gamma2*k2*v2);
f(3) = 1/A3*(-a3*sqrt(2*g*H3) + (1 - gamma2)*k2*v2);
f(4) = 1/A4*(-a4*sqrt(2*g*H4) + (1 - gamma1)*k1*v1);

% Berechnung der Zielfunktion

fqs = sum(f.^2);
```

Die in **Tabelle 20** aufgelisteten Ergebnisse weichen nur geringfügig von denen ab, die in [99] angegeben wurden.

Definiert man neue Variable als Abweichungen der physikalischen Größen von ihren Arbeitspunktwerten, ergeben sich als Zustandsgrößen $x_i = H_i - H_i^0, \ \ i = 1...4$ und als Eingangsgrößen (Stellgrößen) $u_i = v_i - v_i^0, \ \ i = 1...2$. Eine Linearisierung des nichtlinearen Zustands-Differenzialgleichungssystems führt auf das lineare Zustandsmodell

$$\frac{d\boldsymbol{x}}{dt} = \begin{bmatrix} -\frac{1}{T_1} & 0 & \frac{A_3}{A_1 T_3} & 0 \\ 0 & -\frac{1}{T_2} & 0 & \frac{A_4}{A_2 T_4} \\ 0 & 0 & -\frac{1}{T_3} & 0 \\ 0 & 0 & 0 & -\frac{1}{T_4} \end{bmatrix} \boldsymbol{x} + \begin{bmatrix} \frac{\gamma_1 k_1}{A_1} & 0 \\ 0 & \frac{\gamma_2 k_2}{A_2} \\ 0 & \frac{(1-\gamma_2)k_2}{A_3} \\ \frac{(1-\gamma_1)k_1}{A_4} & 0 \end{bmatrix} \boldsymbol{u} \tag{50}$$

$$\boldsymbol{y} = \begin{bmatrix} k_c & 0 & 0 & 0 \\ 0 & k_c & 0 & 0 \end{bmatrix} \boldsymbol{x} \tag{51}$$

mit dem Zustandsvektor $\boldsymbol{x} = [x_1 \quad x_2 \quad x_3 \quad x_4]^T$, dem Eingangsgrößen-(Stellgrößen)Vektor $\boldsymbol{u} = [u_1 \quad u_2]^T$ und dem Ausgangsgrößen-(Regelgrößen) Vektor $\boldsymbol{y} = [y_1 \quad y_2]^T$, in allgemeiner Form

$$\frac{d\boldsymbol{x}}{dt} = \boldsymbol{A}\boldsymbol{x} + \boldsymbol{B}\boldsymbol{u} \tag{52}$$

$$\boldsymbol{y} = \boldsymbol{C}\boldsymbol{x} \tag{53}$$

Die in der Zustandsmatrix $\boldsymbol{A}$ auftretenden Zeitkonstanten $T_i, i = 1...4$ ergeben sich aus

$$T_i = \frac{A_i}{a_i}\sqrt{\frac{2H_i^0}{g}} \tag{54}$$

Sie sind umso größer, je größer das Verhältnis der Querschnitte der Tanks und der Auslassöffnung ist. Aus dem linearen Zustandsmodell ergibt sich die Matrix der Übertragungsfunktionen zu

$$\boldsymbol{G}(s) = \frac{\boldsymbol{Y}(s)}{\boldsymbol{U}(s)} = \begin{bmatrix} \dfrac{\gamma_1 c_1}{T_1 s + 1} & \dfrac{(1-\gamma_2)c_1}{(T_1 s + 1)(T_3 s + 1)} \\ \dfrac{(1-\gamma_1)c_2}{(T_2 s + 1)(T_4 s + 1)} & \dfrac{\gamma_2 c_2}{T_2 s + 1} \end{bmatrix} \tag{55}$$

mit den Konstanten $c_1 = T_1 k_1 k_c / A_1$ und $c_2 = T_2 k_2 k_c / A_2$. Wie zu erwarten ist der Zusammenhang zwischen der Stellgröße “Leistung Pumpe 1” und dem Füllstand im Tank 1 erster Ordnung, dem Füllstand im Tank 2 zweiter Ordnung (zusätzliche Verzögerung im Tank 4). Ähnliches gilt für den Zusammenhang zwischen der Leistung von Pumpe 2 und den Füllstanden im Tank 1 und 2 (also den Regelgrößen). Für die beiden Arbeitspunkte ergeben sich nach Einsetzen der Zahlenwerte der Parameter und der Arbeitspunktwerte der Variablen die Übertragungsfunktionen

$$\boldsymbol{G}_{AP1}(s) = \begin{bmatrix} G_{11}(s) & G_{12}(s) \\ G_{21}(s) & G_{22}(s) \end{bmatrix} = \begin{bmatrix} \dfrac{2.6}{62.4s + 1} & \dfrac{1.49}{(62.4s + 1)(22.8s + 1)} \\ \dfrac{1.42}{(90.6s + 1)(30.1s + 1)} & \dfrac{2.85}{90.6s + 1} \end{bmatrix} \tag{56}$$

und

$$\boldsymbol{G}_{AP2}(s) = \begin{bmatrix} \dfrac{1.58}{61.9s + 1} & \dfrac{2.43}{(61.9s + 1)(37.6s + 1)} \\ \dfrac{2.73}{(91.5s + 1)(57.2s + 1)} & \dfrac{1.63}{91.5s + 1} \end{bmatrix} \tag{57}$$

Die Teil-Übertragungsfunktionen $G_{ij}(s) = Y_i(s)/U_j(s)$ des Viertanksystems enthalten keine Zähler-Nullstellen (und keine Totzeiten), weisen also minimalphasiges Verhalten auf. Daraus kann man aber nicht schließen, dass auch das Mehrgrößensystem keine Zähler-Nullstellen hat und daher immer minimalphasig sein muss. Für quadratische Mehrgrößensysteme (gleiche Zahl von Stell- und Regelgrößen) ergeben sich die Zählernullstellen der Übertragungsfunktionsmatrix $\boldsymbol{G}(s)$ aus den Nullstellen des Polynoms ihrer Determinante [94], hier

$$\det\boldsymbol{G}(s) = |\boldsymbol{G}(s)| = \frac{c_1 c_2}{\gamma_1\gamma_2 \prod_{i=1}^{i=4}(T_i s + 1)} \times \left[(T_3 s + 1)(T_4 s + 1) - \frac{(1-\gamma_1)(1-\gamma_2)}{\gamma_1\gamma_2}\right] \tag{58}$$

Die Übertragungsfunktionsmatrix $\boldsymbol{G}(s)$ hat daher zwei endliche Nullstellen für $\gamma_1, \gamma_2 \in (0, 1)$, eine davon liegt immer in der linken s-Halbebene, die andere kann aber in der rechten s-Halbebene liegen. Im ersten Fall ist das System minimalphasig, im zweiten Fall nicht-minimalphasig. Die Eigenschaft der Minimalphasigkeit ist bei dem Viertanksystem also von der Stellung der Dreiwegeventile bzw. der Aufteilung der Förderströme auf Tank 1 und 4 bzw. Tank 2 und 3 abhängig. Man kann zeigen [99], dass Minimalphasigkeit vorhanden ist, wenn

$$1 < \gamma_1 + \gamma_2 < 2 \tag{59}$$

gilt. Nicht-Minimalphasigkeit liegt hingegen vor, wenn

$$0 < \gamma_1 + \gamma_2 < 1 \tag{60}$$

ist. Für Arbeitspunkt AP1 ergibt sich $\gamma_1 + \gamma_2 = 1.3 > 1$, daher Minimalphasigkeit, für Arbeitspunkt AP2 $\gamma_1 + \gamma_2 = 0.7 < 1$, daher nicht-minimales Phasenverhalten. Neben der Lage der Nullstellen in der komplexen s-Ebene ist bei Mehrgrößensystemen auch die “Richtung” der Nullstellen von Bedeutung [94]. Bei Eingrößensystemen bewirkt das Vorhandensein einer Nullstelle in der rechten Halbebene sogenanntes Inverse-Response-Verhalten: die Einheits-Sprungantwort der Regelstrecke bewegt sich anfangs in die eine Richtung, schneidet dann die Zeitachse und bewegt sich danach in die andere Richtung. Dadurch wird die erreichbare Regelgüte begrenzt. Bei Mehrgrößensystemen bewirkt das Vorhandensein von “Mehrgrößen-Nullstellen” ebenfalls eine Begrenzung für die erreichbare Regelgüte, zumindest für bestimmte Richtungen der Verstellung der Eingangsgrößen. In jedem Fall kann erwartet werden, dass sich die Regelung der Füllstände für den Arbeitspunkt 2 als schwieriger als für den Arbeitspunkt 1 erweist.

Die RGA-Matrix(Relative Gain Array) des Viertanksystems ergibt sich zu

$$\boldsymbol{RGA} = \begin{bmatrix} \lambda & 1-\lambda \\ 1-\lambda & \lambda \end{bmatrix} \tag{61}$$

mit $\lambda = \frac{\gamma_1\gamma_2}{\gamma_1+\gamma_2-1}$, ist also nur von den Ventilstellungen abhängig. Es gibt kein Paar $\gamma_1, \gamma_2 \in (0, 1)$, das zu $\lambda \in (0, 1)$ führt. Das RGA-Element ist $\lambda < 0$, wenn $\gamma_1 + \gamma_2 < 1$ gilt, d. h. für den nicht-minimalphasigen Arbeitspunkt. Die RGA-Analyse liefert auch Hinweise für eine sinnvolle Stellgrößen-Regelgrößen-Zuordnung beim Einsatz dezentraler PI(D)-Eingrößenregelungen für ein Mehrgrößensystem. Eine Stellgrößen-Regelgrößen-Zuordnung, die auf $\lambda < 0$ führt, sollte vermieden werden. Für den Arbeitspunkt AP2 ist es daher sinnvoll, den Füllstandsregler für Tank 2 auf Pumpe 1 wirken zu lassen und den Füllstandsregler für Tank 1 mit Pumpe 2 zu kombinieren. Für den (minimalphasigen) Arbeitspunkt AP1 ist hingegen die (meist intuitiv gewählte) Zuordnung Pumpe 1 ➔ Füllstand Tank 1 und Pumpe 2 ➔ Füllstand Tank 2 sinnvoll.

Die Einheits-Sprungantworten der Übertragungsfunktionsmatrix des Viertanksystems sind für beide Arbeitspunkte in **Bild 92** dargestellt (oberen Zeile: Füllstand im Tank 1, untere Zeile: Füllstand im Tank 2; blau: Arbeitspunkt 1, rot: Arbeitspunkt 2; linke Spalte: sprungförmige Erhöhung der Leistung Pumpe 1, rechte Spalte: sprungförmige Erhöhung der Leistung Pumpe 2).

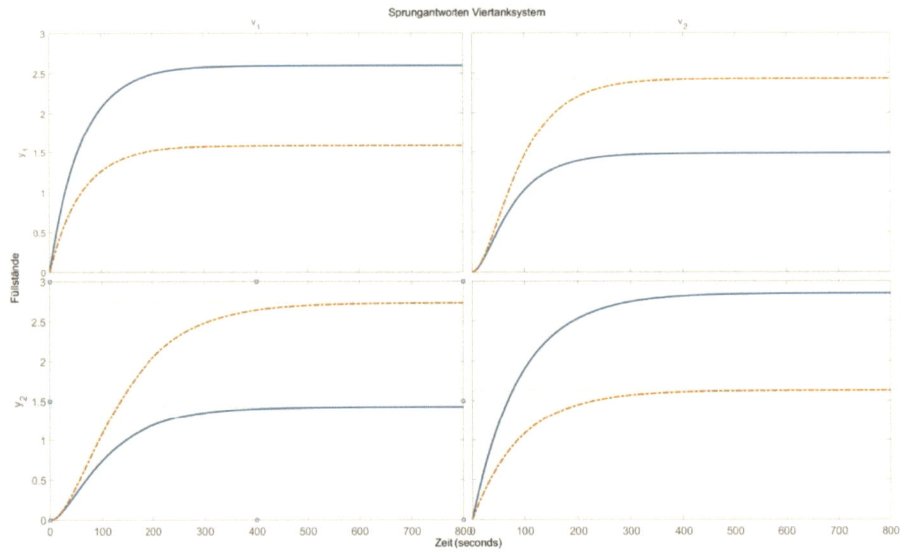

Bild 92.
Einheits-Sprungantworten des linearisierten Modells des Viertanksystems.

6.2 Simulink-Modell und Arbeitspunktbestimmung durch Trimming

Ein Simulink-Modell des Viertanksystems zeigt **Bild 93**. In den Function-Blöcken sind die rechten Seiten des nichtlinearen Zustands-Differenzialgleichungssystems hinterlegt. Deren Ausgänge werden integriert und liefern die Füllstände (H_1... H_4). Die Arbeitspunktwerte $\left(H_1^0, H_2^0, H_3^0, H_4^0\right)$ sind als Anfangswerte in den Integrations-Bausteinen angegeben. Die Step-Bausteine ermöglichen die Vorgabe sprungförmiger Veränderungen der Pumpleistungen v_1 und v_2 bzw. der Volumenströme F_1 und F_2. Für die Definition der Modellparameter, die auf den rechten Seiten des Zustands-Differenzialgleichungssystems auftreten, gibt es verschiedene Möglichkeiten:

- die Zahlenwerte der Modellparameter können explizit in den Function-Bausteinen f(u) angegeben werden,
- die Zahlenwerte können im MATLAB-Arbeitsspeicher hinterlegt werden (Definition im Command-Window oder in einem separaten Script-File),
- die Zahlenwerte können im Simulink-Modell unter "Model Properties/ Callbacks/InitFcn" definiert werden (ein Beispiel dafür findet sich in Abschnitt 5.1).

Bild 94 zeigt die Unterschiede zwischen den Sprungantworten des linearisierten Systems $\boldsymbol{G}_{AP1}(s)$ und des nichtlinearen Differenzialgleichungssystems.

Es sind die Zeitverläufe der gemessenen Füllstände y_1 und y_2 nach einer sprungförmigen Änderung der Pumpenspannung um $\Delta v_1 = 1\,V$ für den Arbeitspunkt AP1 dargestellt. Die Abweichungen sind gering, was auf eine nur schwach ausgeprägte statische Nichtlinearität des Systems schließen lässt.

Um die Übersichtlichkeit zu erhöhen, kann das Simulink-Modell zu einem Subsystem mit den Eingangsgrößen v_1 und v_2 und den Ausgangsgrößen $y_1 = k_c H_1$ und $y_2 = k_c H_2$ zusammengefasst werden. Dazu werden Inport- und Outport-

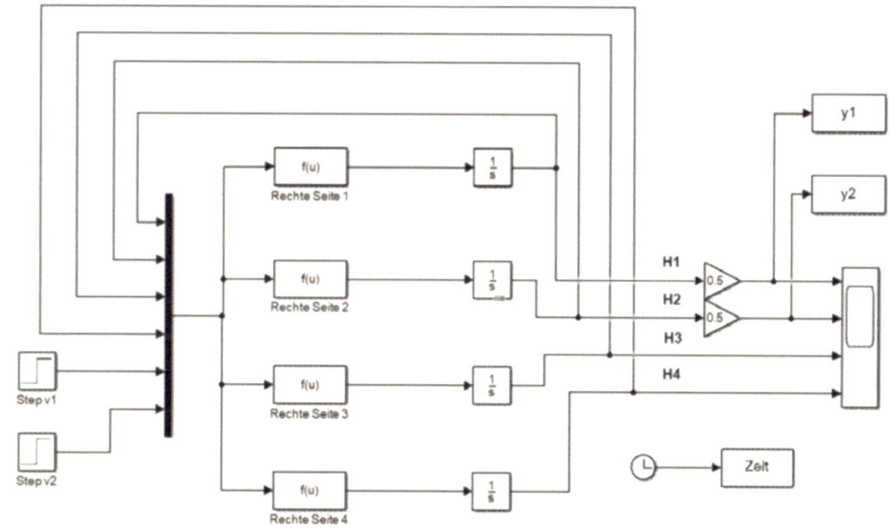

Bild 93.
Simulink-Modell des Viertanksystems.

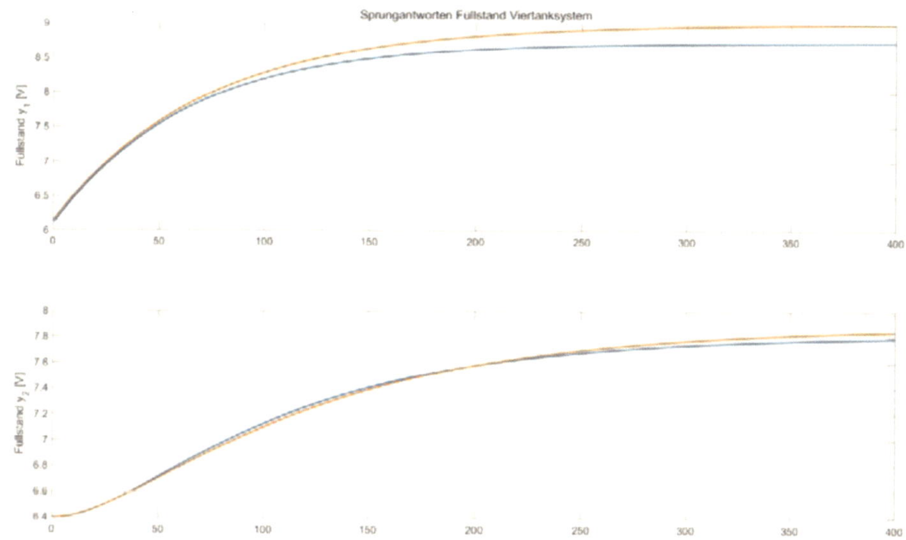

Bild 94.
Sprungantworten des nichtlinearen und des linearisierten Modells des Viertanksystems.

Bausteine mit den Ein- und Ausgangsgrößen verknüpft und ein Lasso um alle Bausteine geworfen, die Bestandteile des Subsystems werden sollen (**Bild 95**). Unter dem Menüpunkt Diagram/Subsystem & Model Reference kann durch Anwahl von "Create Subsystem from Selection" die Bildung des Subsystems gestartet werden.

Das Subsystem hat danach das in **Bild 96** dargestellte Aussehen.

Wie bereits in Abschnitt 6.1 erwähnt, kann die Bestimmung eines Arbeitspunkts für das Viertanksystem auch unter Simulink® erfolgen. Dazu wählt man unter dem Menüpunkt "Analysis" die Option "Control Design/Linear Analysis" und startet so das "Linear Analysis Tool" in Simulink Control Design™ (**Bild 97**).

Unter dem Reiter "LINEAR ANALYSIS" findet man in der Mitte den "Operating Point" (Arbeitspunkt). Angezeigt wird zunächst "Model Initial Condition". Um

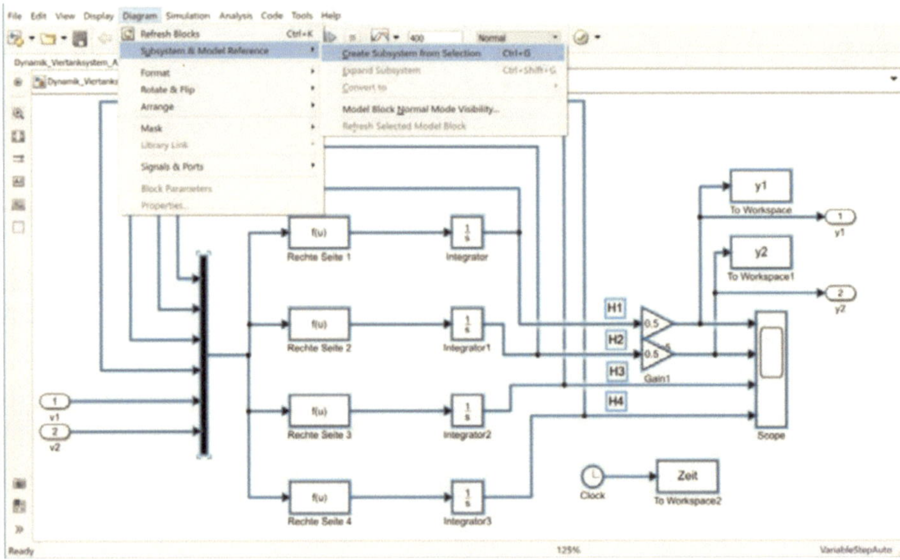

Bild 95.
Zusammenfassung des Simulink-Modells des Viertanksystems zu einem Subsystem.

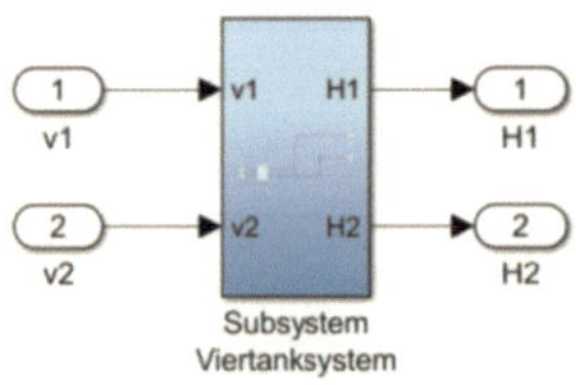

Bild 96.
Subsystem Viertanksystem.

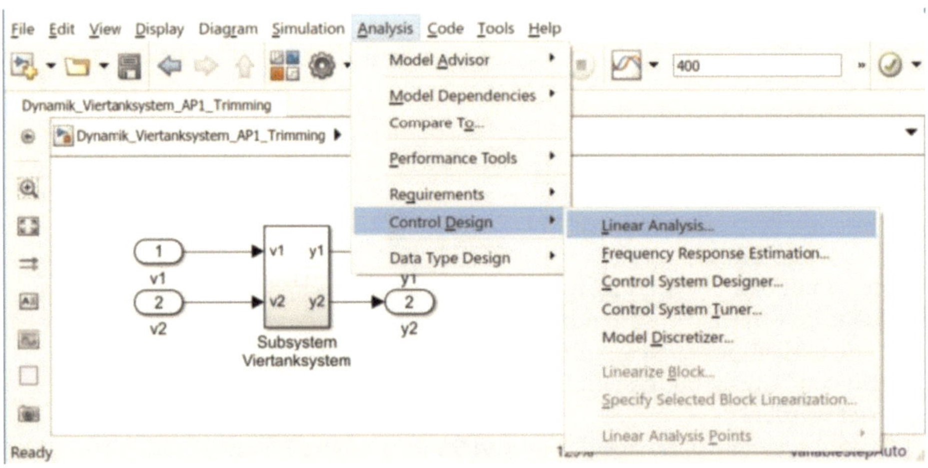

Bild 97.
Aufruf des Linear Analysis Tools aus dem Simulink-Modell des Viertanksystems.

einen neuen Arbeitspunkt zu bestimmen, klappt man die “Operating Point”-Auswahlliste auf und wählt die Option “Trim Model ...” (**Bild 98**). Es öffnet sich dann ein Fenster, in dem Spezifikationen für die Bestimmung des Arbeitspunkts

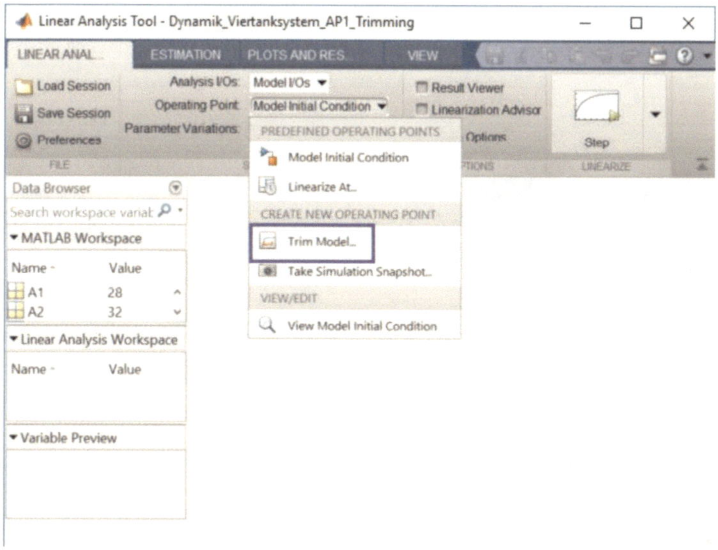

Bild 98.
Anwahl von "Trim Model" zur Bestimmung eines Arbeitspunkts für das Viertanksystem.

vorgegeben werden können (**Bild 99**). Das Fenster ist in drei Reiter gegliedert, unter denen Vorgaben für Zustandsgrößen (States), Eingangsgrößen (Inputs) und Ausgangsgrößen (Outputs) des Simulink-Modells gemacht werden können.

Hier soll angenommen werden, dass der Arbeitspunkt für vorgegebene Werte der Eingangsgrößen v_1 und v_2, also für vorgegebene Pumpenleistungen, bestimmt werden soll. Für die Zustandsgrößen (hier: die Füllstande in den Tanks) kann man dann Schätzwerte für die zu erwartenden stationären Werte eintragen, im **Bild 99** zum Beispiel $H_1 = H_2 = 10$ und $H_3 = H_4 = 1$. Bei "Steady State" muss ein Häkchen gesetzt werden, weil die Füllstande bestimmt werden sollen, die sich im stationären Zustand ergeben. Weil diese noch nicht bekannt sind, wird kein Häkchen bei "Known" gesetzt. Wechselt man zum Reiter "Inputs", kann man die Werte der Eingangsgrößen (hier $v_1 = v_2 = 3$) vorgeben (**Bild 100**). Das Häkchen bei "Known" muss hier gesetzt werden. Mit "Start trimming" kann nun die Arbeitspunktbestimmung gestartet werden. Dabei läuft im Hintergrund eine Optimierungsrechnung ab.

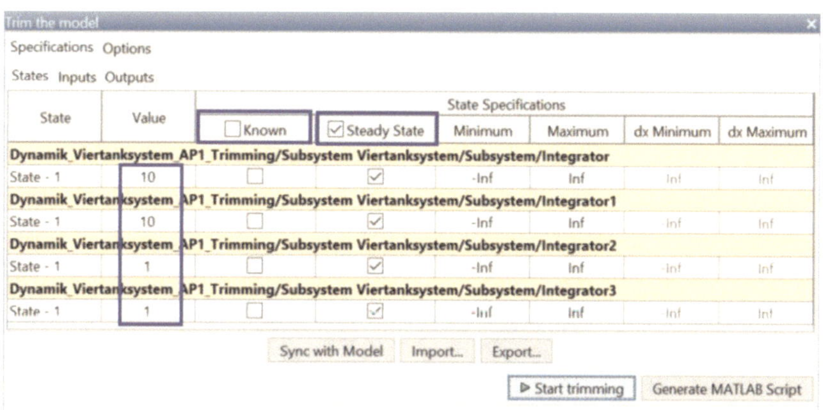

Bild 99.
Vorgabe von Spezifikationen für die Zustandsgrößen bei der Bestimmung des Arbeitspunktes.

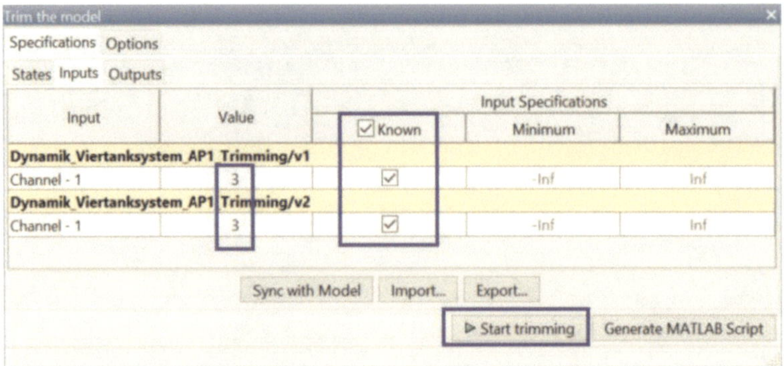

Bild 100.
Vorgabe von Spezifikationen für die Eingangsgrößen.

Der neue Arbeitspunkt wird im "Linear Analysis Workspace" des Linear Analysis Tools unter dem Namen "op_trim1" eingereiht (**Bild 101**).

Durch Doppelklick auf den Arbeitspunkt "op_trim1" kann man das Trim-Fenster wieder öffnen und die Zustands- und Ausgangsgrößen ablesen, die sich im stationären Zustand für die gewählten Werte der Eingangsgrößen einstellen (**Bild 102** und **Bild 103**).

In **Bild 102** werden nicht nur die Arbeitspunktwerte für die Füllstände angezeigt (die im Übrigen mit denen identisch sind, die in Abschnitt 6.1 bestimmt wurden), sondern auch die Werte der rechten Seiten des Zustands-Differenzialgleichungssystems. Die hier angezeigten Werte bewegen sich in der Größenordnung von 10^{-12} bis 10^{-11}. Das ist ein Indiz dafür, dass der Arbeitspunkt mit großer Genauigkeit auf numerischem Weg ermittelt wurde. In **Bild 103** sind die Arbeitspunktwerte der Ausgangsgrößen dargestellt, die man ablesen kann, wenn man zum Reiter "Outputs" wechselt.

6.3 Linearisierung mit Hilfe des Linear Analysis Tools

In [99] wurde die Linearisierung des Systems der nichtlinearen Zustands-Differenzialgleichungen durch rechnerische Bildung der partiellen Ableitungen der rechten Seiten nach den Füllständen (Zustandsgrößen) und Pumpenspannungen

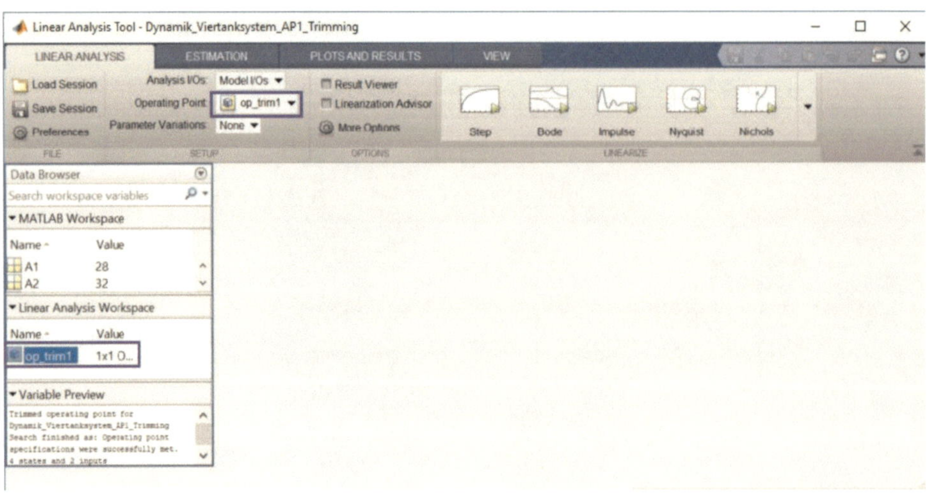

Bild 101.
Anzeige des neu bestimmten Arbeitspunkts.

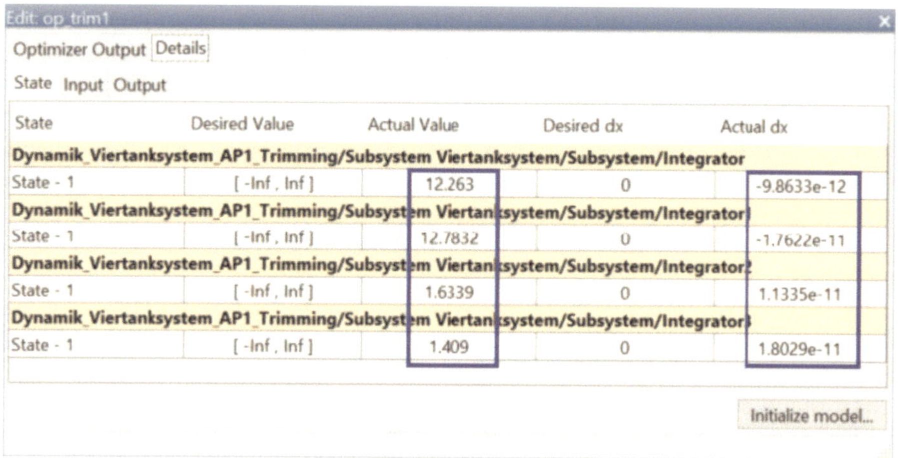

Bild 102.
Zustandsgrößen im Arbeitspunkt 1 des Viertanksystems.

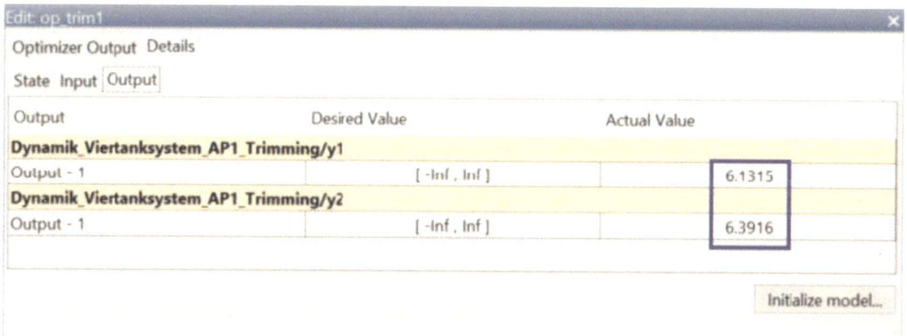

Bild 103.
Ausgangsgrößen im Arbeitspunkt 1 des Viertanksystems.

(Eingangsgrößen) durchgeführt. Das Werkzeug Simulink Control Design™ ermöglicht alternativ eine Linearisierung, wenn ein Simulink-Modell des Systems, wie in **Bild 93** dargestellt, vorliegt. **Bild 104** zeigt das Simulink-Modell des Viertanksystems als Subsystem mit den Pumpenleistungen als Eingangs, und den Füllständen der Tanks als Ausgangsgrößen. Hier sind die beiden Eingangsgrößen v_1 und v_2 mit Sprungfunktionsgebern verknüpft. Als Ausgangsgrößen wurden die an den Tanks 1 und 2 gemessenen Füllstände $y_1 = k_c H_1$ und $y_2 = k_c H_2$ sowie zusätzlich die Füllstände der Tanks 3 und 4 (H_3 und H_4) definiert.

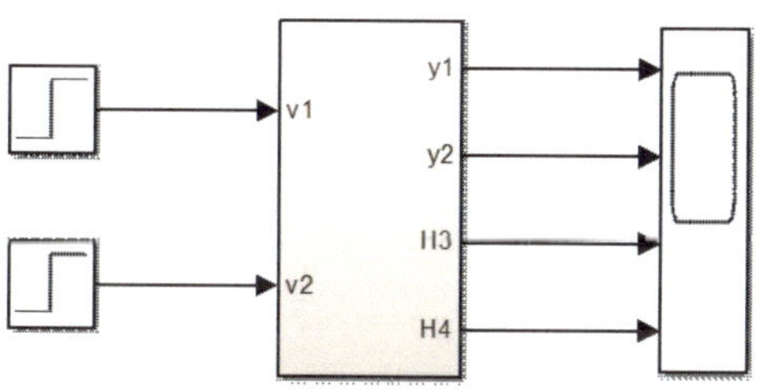

Bild 104.
Simulink-Subsystem des nichtlinearen Modells des Viertanksystems.

Das linearisierte dynamische Modell soll ebenfalls die Eingangsgrößen v_1 und v_2, aber nur die Ausgangsgrößen y_1 und y_2 aufweisen. Für eine Linearisierung setzt man zunächst sogenannte "Linear Analysis Points". Dazu führt man einen Rechtsklick auf die Ein- und Ausgangssignale aus und wählt unter "Linear Analysis Points" die Option "Input Perturbation" (Eingangssignale) bzw. "Open-Loop Output" (Ausgangssignale). **Bild 105** verdeutlicht die Vorgehensweise am Beispiel des ersten Eingangssignals.

Wie in Bild **Bild 106** gezeigt, werden die "Linear Analysis Points" durch Symbole an den Signallinien gekennzeichnet.

Anschließend muss das "Linear Analysis Tool" geöffnet werden. Dazu muss man in der Menüzeile des Simulink-Modells unter "Analysis" die Option "Control Design/Linear Analysis ..." anwählen (**Bild 107**).

Es öffnet sich dann ein neues Fenster "Linear Analysis Tool" mit dem Namen des Simulink-Modells (hier "Dynamik_Viertanksystem_AP1_Subsystem", **Bild 108**)

Die Voreinstellungen für die Linearisierung sind in der zweiten Spalte "SETUP" im oberen Teil des Fensters zu erkennen: Für die Ein- und Ausgangsgrößen (Analysis I/Os) sind "Model I/Os" angegeben, das bedeutet, dass die im Simulink-Modell gewählten "Linear Analysis Points" verwendet werden. Als Arbeitspunkt (Operating Point) ist "Model Initial Condition" angegeben: es werden die in den Integratoren angegebenen Anfangsbedingungen als Arbeitspunktwerte aufgefasst. Schließlich sind keine Parameteränderungen ("Parameter variations") vorgesehen.

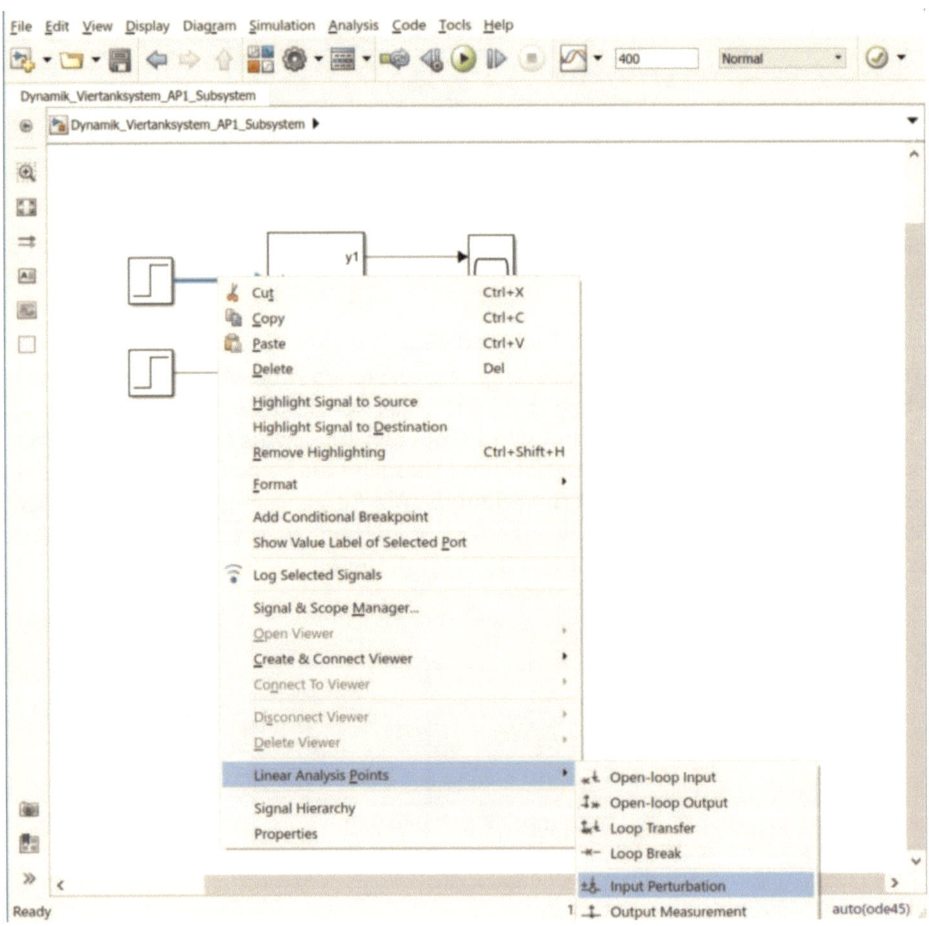

Bild 105.
Setzen von "Linear Analysis Points".

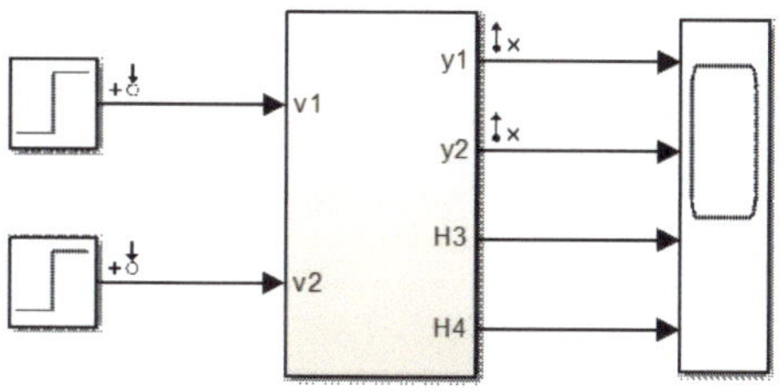

Bild 106.
Subsystem mit "Linear Analysis Points".

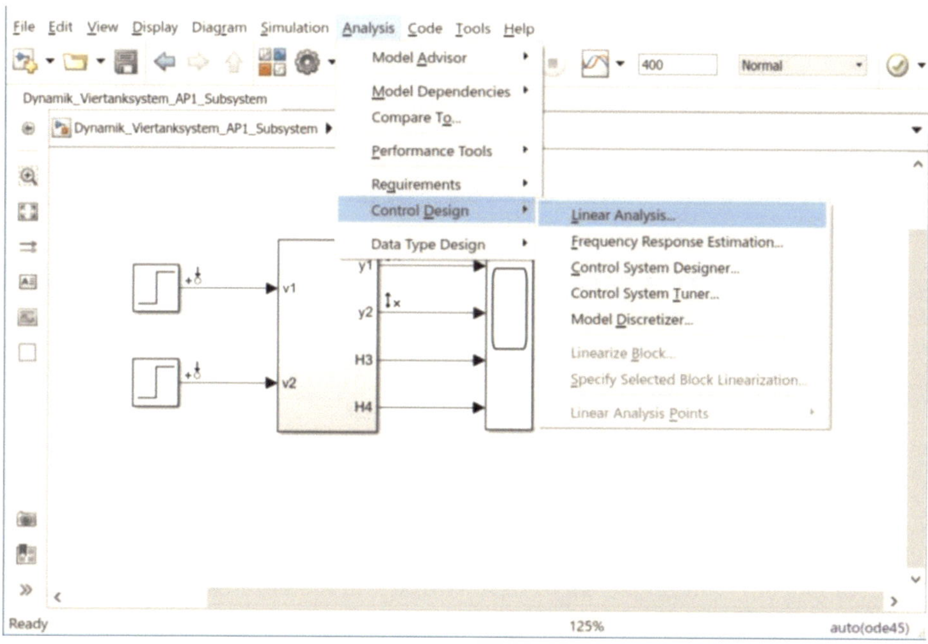

Bild 107.
Zugriff auf das "Linear Analysis Tool".

Der Anwender kann hier nach Bedarf Anpassungen vornehmen, z. B. einen anderen Arbeitspunkt bestimmen und verwenden. Die Linearisierung wird gestartet, indem man in der Sektion "LINEARIZE" eine der aufgelisteten Darstellungen anwählt, zum Beispiel "Step". Nach der Linearisierung werden dann die Einheitssprungantworten des linearisierten Systems angezeigt. Das linearisierte System selbst wird unter "Linear Analysis Workspace" auf der linken Seite des Fensters eingereiht. **Bild 109** zeigt das Ergebnis für das Simulink-Modell des Viertanksystems. Der Name des linearisierten Systems "linsys1" wird durch das Tool vergeben und kann durch den Anwender verändert werden. Es wird zunächst in der Form eines linearen Zustandsmodells mit 2 Ein- und 2 Ausgangsgrößen (2x2 ss) angegeben.

Man kann das linearisierte Zustandsmodell "linsys1" in den MATLAB-Arbeitsspeicher kopieren und dort weiter bearbeiten. Dazu muss die Variable linsys1 im "Linear Analysis Workspace" markiert werden, nach Rechtsklick "Copy" gewählt und im Bereich "MATLAB Workspace" mit "Paste" eingefügt werden. Das System "linsys1" ist tatsächlich identisch mit der Übertragungsfunktionsmatrix $\boldsymbol{G}_{AP1}(s)$.

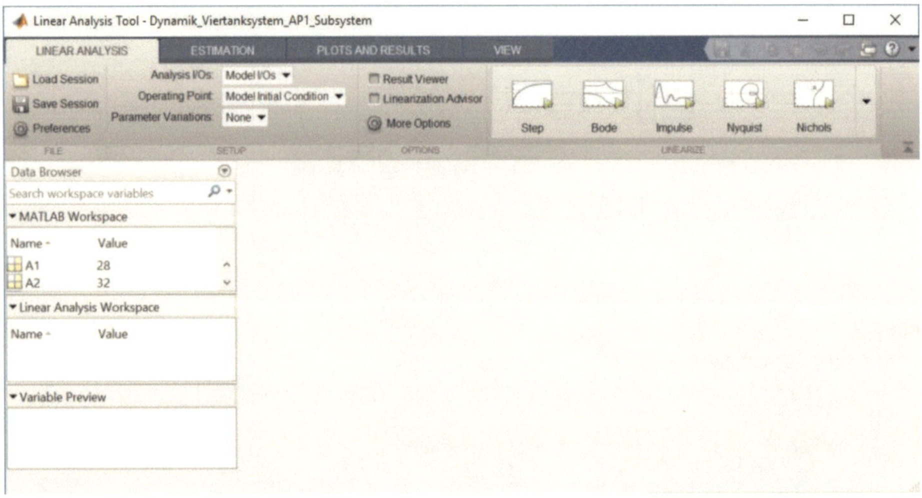

Bild 108.
Fenster "Linear Analysis Tool".

Durch den Befehl dcgain(linsys1) lassen sich z. B. die Streckenverstärkungen berechnen:

```
>> dcgain(linsys1)
ans =
2.5956 1.4921
1.4147 2.8464
```

Sie stimmen mit denen der Übertragungsfunktionsmatrix $\boldsymbol{G}_{AP1}(s)$ überein.

6.4 Dezentrale PI-Regelung des Viertanksystems

Bevor eine MPC-Regelung entworfen wird, soll in diesem Abschnitt zunächst eine dezentrale PI-Regelung untersucht werden. Dabei werden die Füllstände in den Tanks 1 und 2 durch zwei PI-Eingrößenregelungen stabilisiert, die sich

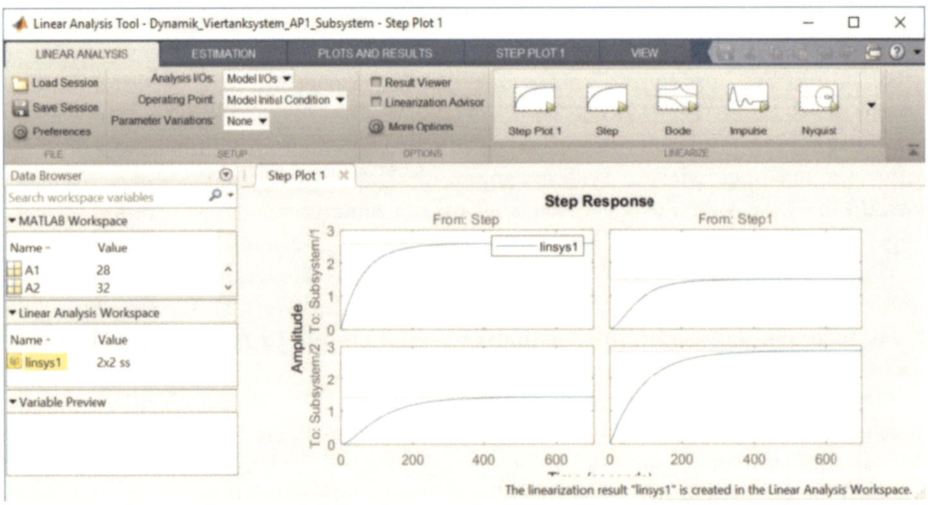

Bild 109.
Linearisierung des Viertanksystems.

allerdings über die in der Mehrgrößen-Regelstrecke vorhandenen Kopplungen zwischen den Stell- und Regelgrößen gegenseitig beeinflussen. **Bild 110** zeigt das Prinzip.

Für den Arbeitspunkt 1 wurden in [99] günstige Reglerparameter für die beiden Füllstandsregler angegeben:

PI-Regler für Füllstand H_1 bzw. y_1: $K_{P,1} = 3$; $T_{i,1} = 30$
PI-Regler für Füllstand H_2 bzw. y_2: $K_{P,2} = 2.7$; $T_{i,2} = 40$

Mit diesen Reglerparametern wurde das Führungsverhalten der Füllstandsregelungen simuliert. **Bild 111** zeigt das zugehörige Simulink-Modell, hier mit dem linearisierten Streckenmodell $\boldsymbol{G}_{AP1}(s)$.

Zum Zeitpunkt $t = 1$ wurde der Sollwert des Füllstands im Tank 1 vom Arbeitspunktwert $r_1 = 12.2626/2 = 6.1315$ (das entspricht $H_1^0 = 12.2629$) auf $r_1 = 10$ erhöht; zum Zeitpunkt $t = 200$ der Sollwert des Füllstands im Tank 2 vom Arbeitspunktwert $r_2 = 12.7832/2 = 6.3916$ (bzw. $H_2^0 = 12.7832$) auf $r_2 = 10$. Die Stellgrößen bzw. deren Änderungen waren dabei nicht beschränkt. **Bild 112** zeigt die Simulationsergebnisse. Zum Vergleich sind auch die Zeitverläufe dargestellt, die sich mit dem nichtlinearen Streckenmodell bei gleichem Simulations-Szenario ergeben.

Wie man sieht, sind die Unterschiede zwischen der Simulation mit dem linearisierten und dem nichtlinearen Streckenmodell sehr gering. Die Ausregelzeiten liegen zwischen 100 und 150 Sekunden, die Überschwingweiten bei ca. 10%.

Für den Arbeitspunkt 2 wurden in [99] folgende, durch manuelles Tuning gefundenen Reglerparameter angegeben:

PI-Regler für Füllstand H_1 bzw. y_1: $K_{P,1} = 1.5$; $T_{i,1} = 110$
PI-Regler für Füllstand H_2 bzw. y_2: $K_{P,2} = -0.12$; $T_{i,2} = 220$

Man beachte die negative Reglerverstärkung beim PI-Regler für Füllstand 2, d. h. eine Änderung des Wirkungssinns von "invertierend" auf "direkt". Diese für den unerfahrenen Anwender nicht offensichtliche, aber notwendige Änderung hängt mit dem nichtminimalen Phasenverhalten des Mehrgrößensystems im Arbeitspunkt 2 zusammen. **Bild 113** zeigt die Ergebnisse der Simulation des Führungsverhaltens für diesen Fall. Auch hier sind die Unterschiede zwischen der Simulation mit dem linearisierten und dem nichtlinearen Streckenmodell gering. Auffällig ist aber die deutlich langsamere Regelkreisdynamik (man beachte die Skalierung der Zeitachse!), die sich in Ausregelzeiten von 2000 bis 3000 (!) Sekunden äußert. Das ist zehnmal langsamer als im Arbeitspunkt 1. Erkennbar ist auch eine viel stärkere Abweichung des Füllstands im Tank 2 von seinem Sollwert, wenn der Sollwert für den Füllstand im Tank 1 verändert wird. Schließlich zeigt sich auch ein "Inverse-Response"-Verhalten bei Regelgröße y_2, das durch die Nullstelle in der rechten Halbebene bedingt ist, die bei diesem Prozess im Arbeitspunkt 2 auftritt.

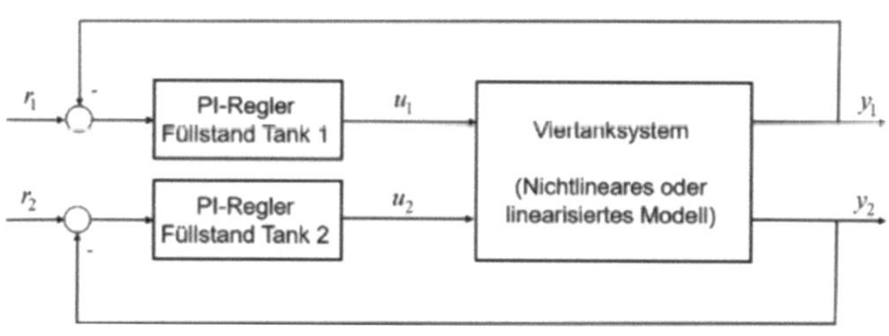

Bild 110.
Dezentrale PI-Regelung des Viertanksystems.

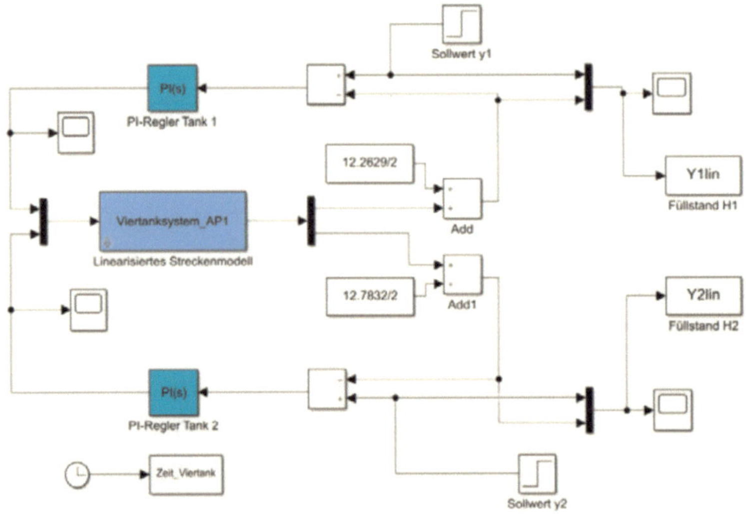

Bild 111.
Simulink-Modell für die PI-Füllstandsregelungen am Viertanksystem.

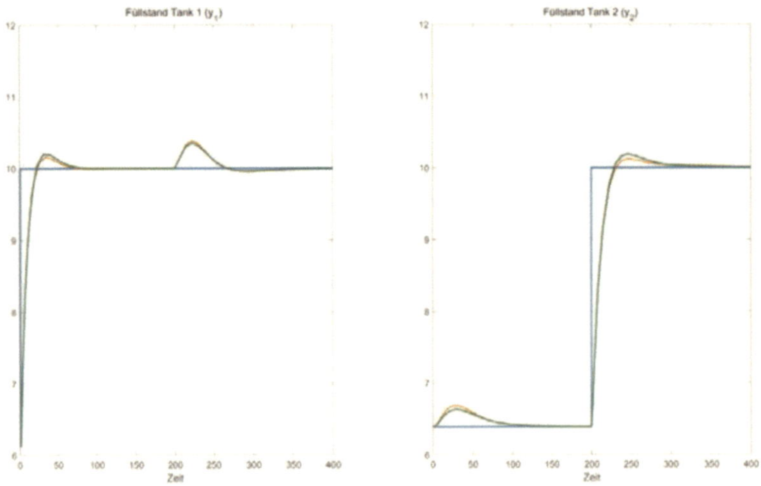

Bild 112.
Führungsverhalten der PI-Regelung des Viertanksystems, Arbeitspunkt 1 (orange: nichtlineares System, grün: lineares System).

6.5 Entwurf einer MPC-Regelung des Viertanksystems mit Hilfe der MPC Designer App

6.5.1 MPC-Regelung des quadratischen Mehrgrößensystems

Zunächst soll eine MPC-Regelung für den Arbeitspunkt 1 des Viertanksystems entworfen werden. Dazu wird die MPC Designer App gestartet und das linearisierte Modell des Viertanksystems importiert (LTI-Objekt "Viertanksystem_AP1"). Die Struktur der MPC-Regelung ist durch zwei manipulierte Variable (MV) und zwei Regelgrößen (gemessene Ausgangsgrößen, MO) gekennzeichnet, gemessene und nicht gemessene Störgrößen sind nicht vorhanden. Als Abtastzeit werden 10 Sekunden gewählt. Das ergibt sich aus der größten Einschwingzeit der Teil-Regelstrecken, die bei 400 ... 500 s liegt (vgl. **Bild 92**). **Bild 114** zeigt das Fenster

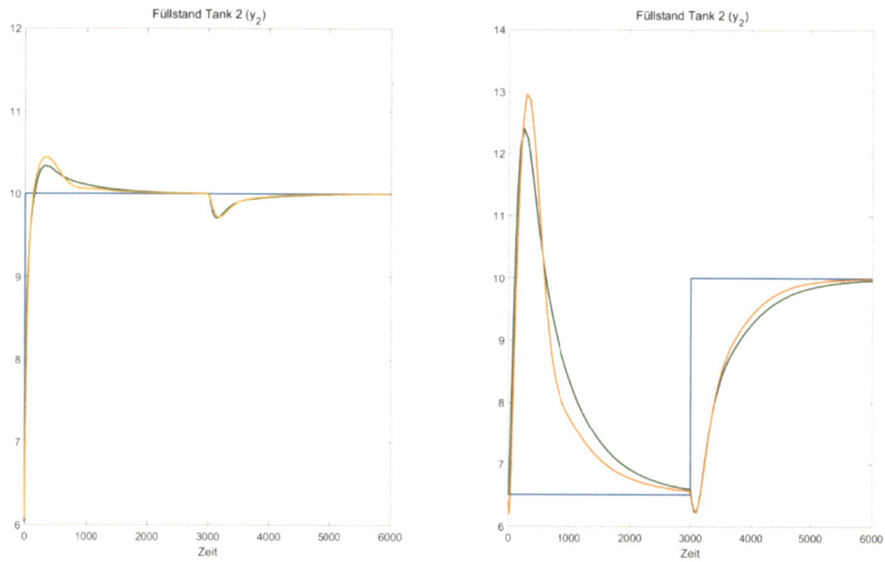

Bild 113.
Führungsverhalten der PI-Regelung des Viertanksystems, Arbeitspunkt 2 (orange: nichtlineares System, grün: lineares System).

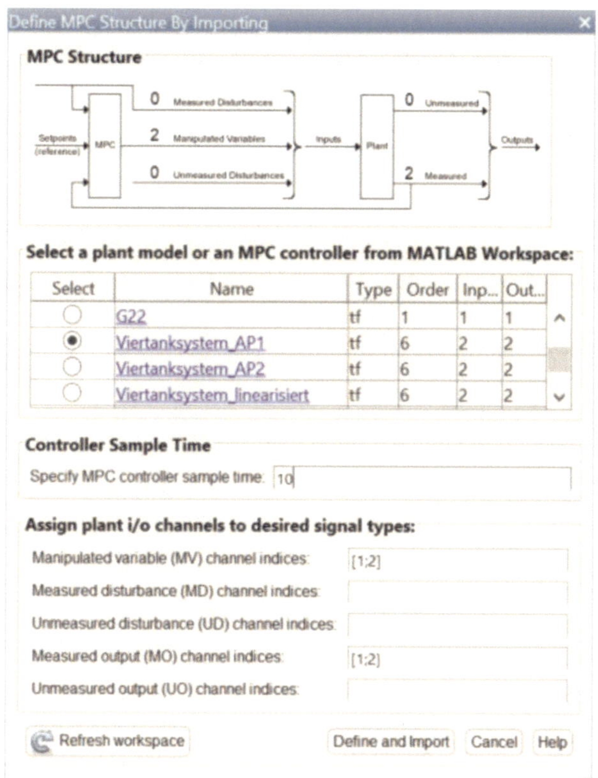

Bild 114.
MPC-Struktur für die Regelung des Viertanksystems (Arbeitspunkt 1).

"Define MPC Structure by Importing". Danach werden Maßeinheiten, Arbeitspunktwerte und Skalierungsfaktoren für die Ein- und Ausgangsgrößen vorgegeben (I/O Attributes im MPC Designer Hauptfenster, Fenster "Input and

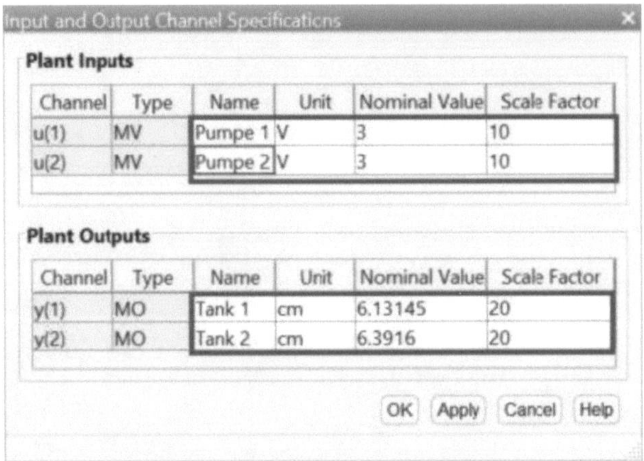

Bild 115.
Spezifikationen für die Ein- und Ausgangsgrößen des Viertanksystems.

Output Channel Specifications"). **Bild 115** zeigt die für das Viertanksystem gewählten Werte.

Um das Führungsverhalten mit MPC-Regler zu simulieren, wird ein Simulations-Szenario vorgegeben, das dem im Abschnitt 6.4 ähnelt: der Sollwert für den Füllstand im Tank 1 wird zum Zeitpunkt $t = 1$ sprungförmig um den Betrag $\Delta r_1 = 5$, der Sollwert für den Füllstand im Tank 2 wird zum Zeitpunkt $t = 100$ sprungförmig ebenfalls um den Betrag $\Delta r_2 = 5$ verstellt. Es werden keine Nebenbedingungen für die Stellgrößen vorgegeben. Die Eintragungen für das Simulations-Szenario zeigt **Bild 116**. Die Simulationsdauer wurde auf 200 Sekunden gesetzt.

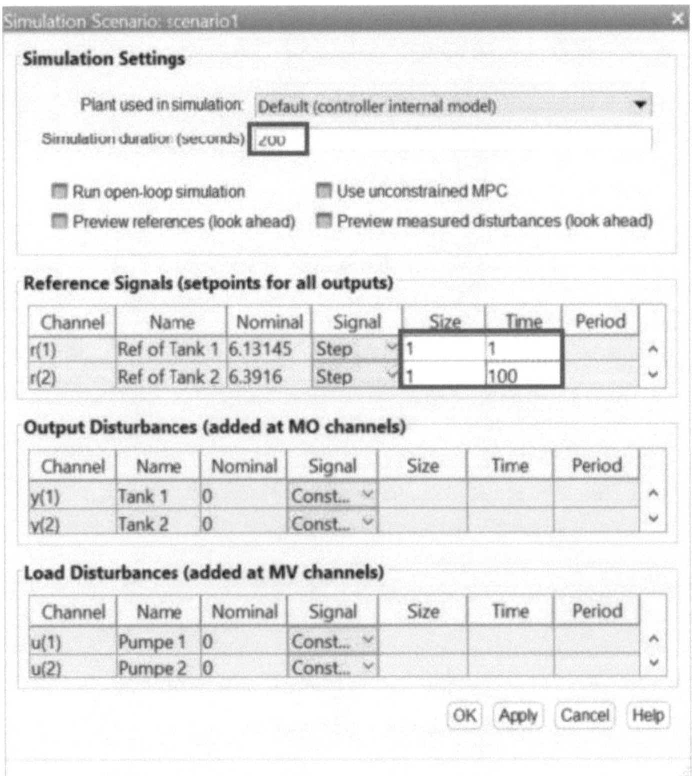

Bild 116.
Simulations-Szenario für das Führungsverhalten bei der MPC-Regelung des Viertanksystems (Arbeitspunkt 1).

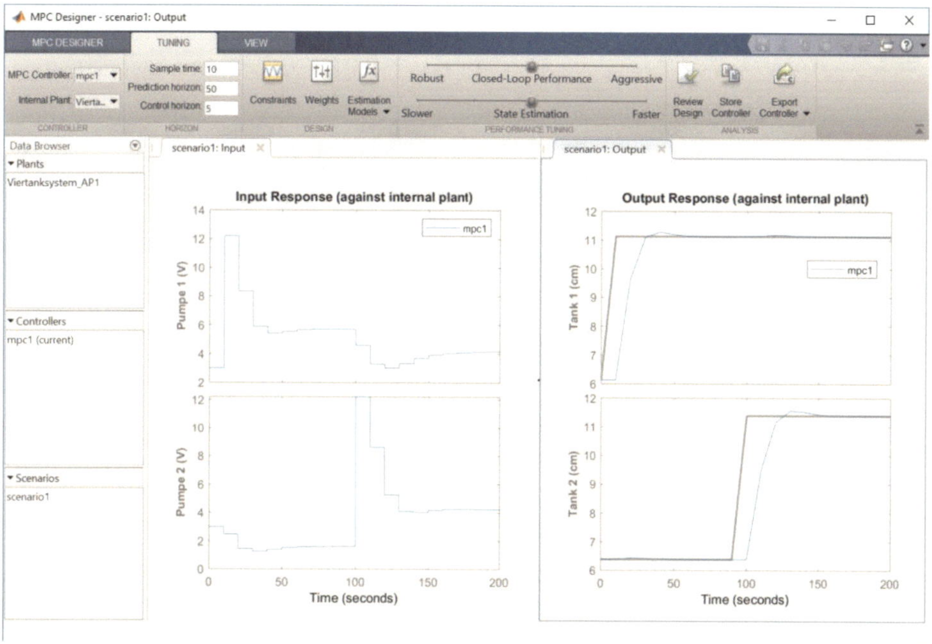

Bild 117.
Führungsverhalten der MPC-Regelung des Viertanksystems im Arbeitspunkt 1.

Bild 117 zeigt die Simulationsergebnisse für die voreingestellte "Closed-Loop Performance" (mittlere Stellung des Sliders unter dem TUNING-Tab der MPC Designer App). Für die Horizontlängen wurden $p = 50$ (Prädiktionshorizont) und $m = 5$ (Steuerhorizont) gewählt.

Gegenüber der dezentralen PI-Regelung (vgl. **Bild 112**) ist eine deutliche Verbesserung der Regelgüte zu erkennen: die Ausregelzeiten liegen bei 70 Sekunden (PI-Regelung 100 bis 150 Sekunden); gleichzeitig haben sich die Überschwingweiten verringert. Die Wechselwirkungen zwischen den Größen sind deutlich kleiner: ändert man zum Beispiel den Sollwert bei Regelgröße 1, hat das eine nur geringe Abweichung der Regelgröße 2 von ihrem (konstanten) Sollwert zur Folge.

Noch wesentlich deutlicher sind die Verbesserungen der Regelgüte mit MPC-Regler im Arbeitspunkt 2. **Bild 118** zeigt die Simulationsergebnisse für das Führungsverhalten für ein ähnliches Szenario: im Unterschied zu vorher wurde hier der Sollwert für den Füllstand im Tank 2 erst zum Zeitpunkt $t = 500$ verstellt. Die Simulationsdauer betrug 1000 Sekunden. Wie man ablesen kann, betragen die Ausregelzeiten 300 bis 350 Sekunden (PI-Regelung 2000 bis 3000 Sekunden!), und die Wechselwirkungen zwischen den Regelgrößen haben sich ebenfalls verringert.

6.5.2 MPC-Regelung nicht-quadratischer Mehrgrößensysteme: mehr Stell- als Regelgrößen

Am Beispiel des Viertanksystems (Arbeitspunkt 1) soll nun untersucht werden, wie MPC-Regelungssysteme arbeiten und parametriert werden können, wenn die Zahl der Stell- und Regelgrößen nicht gleich groß ist, also ein nicht-quadratisches Mehrgrößensystem vorliegt. Zunächst soll der Fall betrachtet werden, bei dem mehr Stellgrößen als Regelgrößen vorhanden sind ($n_u > n_y$). Dieser Fall kann simuliert werden, wenn der Gewichtsfaktor für eine der beiden Regelgrößen auf Null gesetzt wird, in **Bild 119** ist das für den Füllstand im Tank 1 gezeigt. Dieser

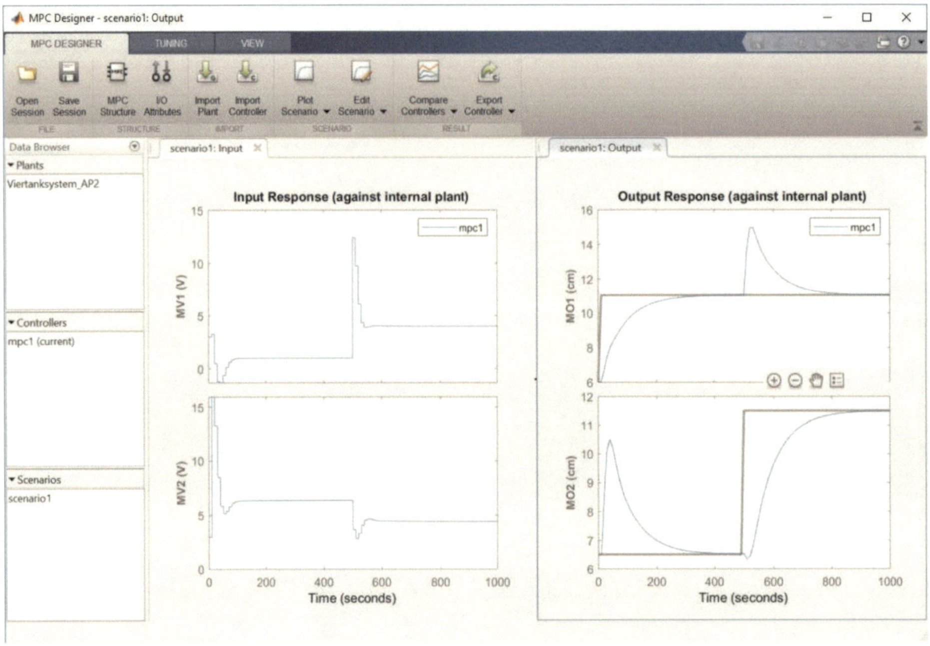

Bild 118.
Führungsverhalten der MPC-Regelung des Viertanksystems im Arbeitspunkt 2.

Füllstand kann sich jetzt frei bewegen. Der für ihn vorgegebene Sollwert spielt keine Rolle mehr, da der zugehörige Term in der Zielfunktion der quadratischen Optimierung wegen $w_{i,1}^{y} = 0$ verschwindet. Wenn man wie in **Bild 119** auch keine Targets für Stellgrößen vorgibt und die Stellgrößengewichte auf $w_{i,j}^{u} = 0$ belässt, können die Stellgrößen "beliebige" stationäre Endwerte annehmen, solange gewährleistet ist, dass Regelgröße 2 (Füllstand im Tank 2) auf Sollwert gehalten wird.

In **Bild 120** sind die Simulationsergebnisse dargestellt.

Die Sollwertänderung für den Füllstand im Tank 1 zum Zeitpunkt $t = 1$ wird ignoriert, die Stellgrößen verharren zunächst auf ihren Arbeitspunktwerten. Die

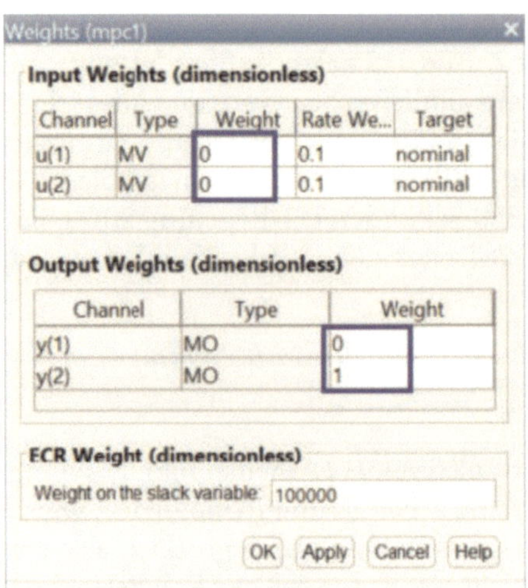

Bild 119.
Gewichtsfaktoren für den Fall $n_u > n_y$ ohne Targets für Stellgrößen.

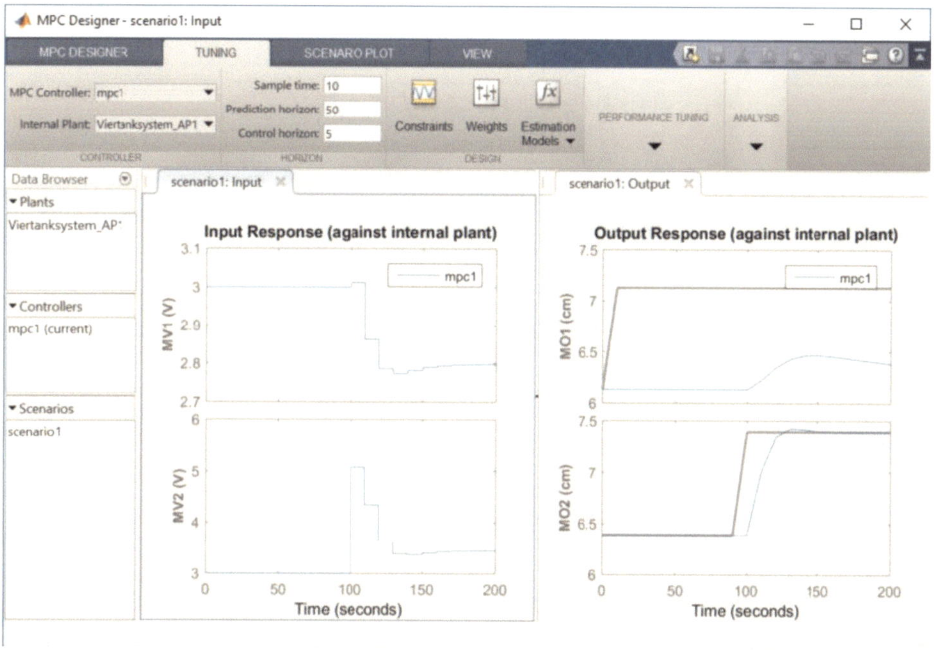

Bild 120.
Führungsverhalten im Fall $n_u > n_y$, keine Stellgrößen-Targets.

Sollwertänderung für den Füllstand im Tank 2 zum Zeitpunkt $t = 100$ wird hingegen ausgeregelt. Die Stellgrößen "driften" auf stationäre Endwerte von $u_1 \approx 2.8$ und $u_1 \approx 3.4$. Der Füllstand im Tank 1 entfernt sich von seinem Arbeitspunktwert, erreicht aber nicht den neuen Sollwert.

Da eine "überschüssige Stellgröße" vorhanden ist, kann man entweder für u_1 oder für u_2 einen Zielwert (Target) vorgeben. In der Praxis wären konkrete technologische oder wirtschaftliche Gesichtspunkte für die Wahl der Targets maßgebend. Zur Demonstration wird hier für die Stellgröße u_1 ein Target von $u_{1,target} = 2$, die Leistung der Pumpe 1 im stationären Zustand soll dadurch verringert werden. Um die Vorgabe des Targets wirksam zu machen, muss auch ein Gewicht für die Stellgröße 1 vorgegeben werden. **Bild 121** zeigt die Einstellung der Gewichtsfaktoren für diesen Fall.

In **Bild 122** sind die zugehörigen Simulationsergebnisse dargestellt.

Es ist zu erkennen, dass MV1 auf sein Target $u_{1,target} = 2$ gebracht und dort gehalten wird, während nur noch MV2 für die Regelung des Füllstands im Tank 2 verwendet wird. Der Füllstand im Tank 1 wird nicht geregelt.

6.5.3 MPC-Regelung nicht-quadratischer Mehrgrößensysteme: mehr Regel- als Stellgrößen

Um die Regelung des Viertanksystems für den Fall $n_u < n_y$, also weniger Stell- als Regelgrößen, zu untersuchen, kann man das linearisierte Modell des Systems reduzieren:

$$G_{AP1,red}(s) = \begin{bmatrix} G_{11}(s) \\ G_{21}(s) \end{bmatrix} \tag{62}$$

Es sollen dann die Füllstande in den Tanks 1 und 2 mit nur einer Stellgröße (Pumpe 1) geregelt werden. **Bild 123** zeigt wiederum die Simulationsergebnisse für

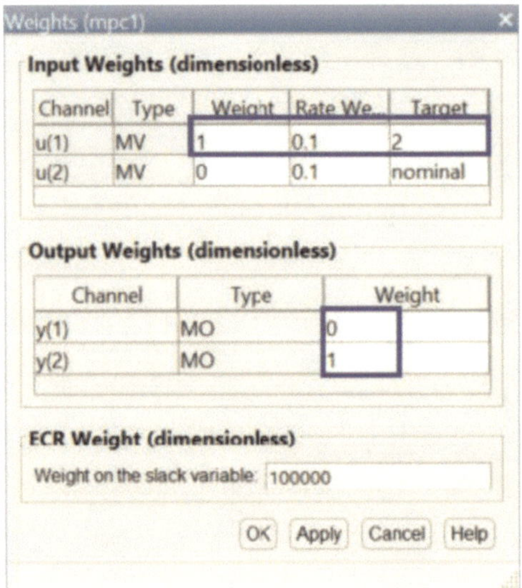

Bild 121.
Gewichtsfaktoren für den Fall $n_u > n_y$ mit Target für Stellgröße 1.

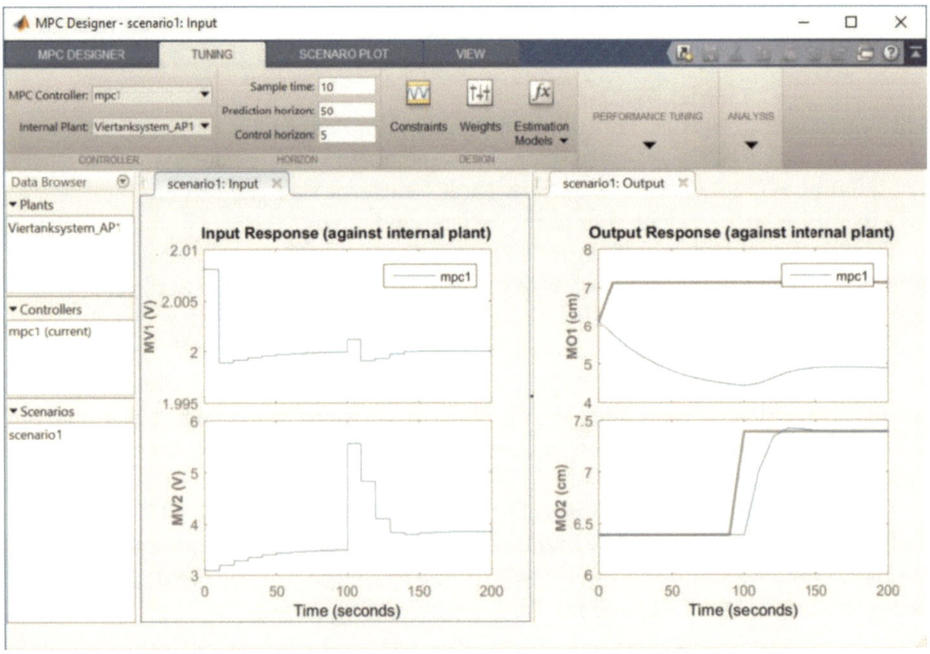

Bild 122.
Führungsverhalten im Fall $n_u > n_y$, $u_{1,target} = 2$.

das Führungsverhalten. Es wurden dieselben Einstellungen (Skalierungsfaktoren, Gewichte, Simulations-Szenario) wie vorher gewählt.

Man sieht, dass es unmöglich ist, mit nur einer Stellgröße beide Füllstände auf ihren Sollwerten zu halten. Es treten bleibende Regeldifferenzen bei *beiden* Regelgrößen auf. Allerdings kann man den Betrag der Regeldifferenzen durch Wahl anderer Gewichte für die Regelgrößen beeinflussen. **Bild 124** zeigt die Ergebnisse für den Fall, dass für Regelgröße y_1 ein doppelt so großes Gewicht als für Regelgröße y_2 verwendet wird ($w^y_{i,1} = 2,\ \ w^y_{i,2} = 1$).

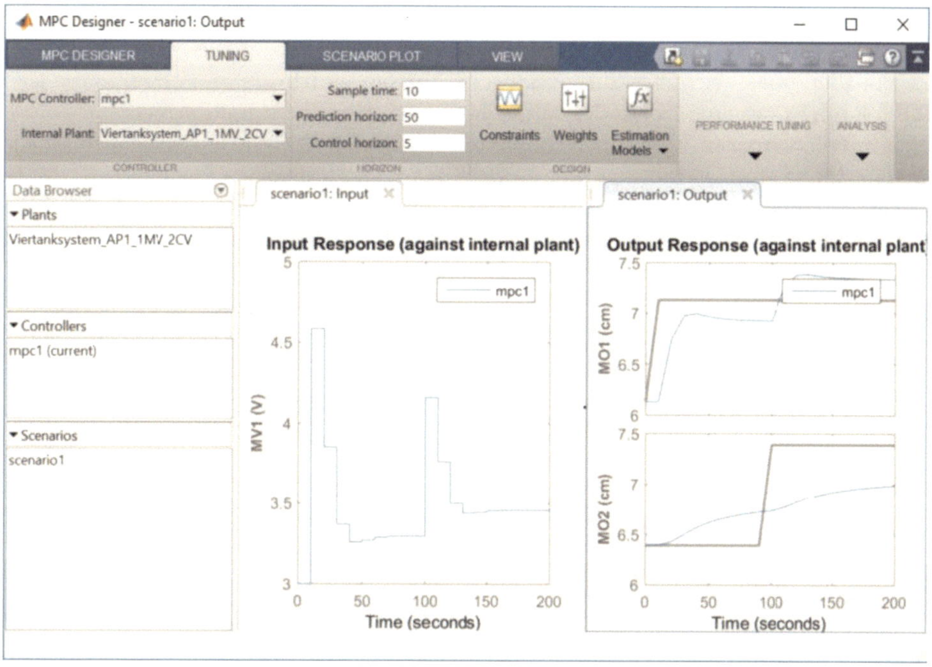

Bild 123.
Führungsverhalten im Fall $n_u < n_y$.

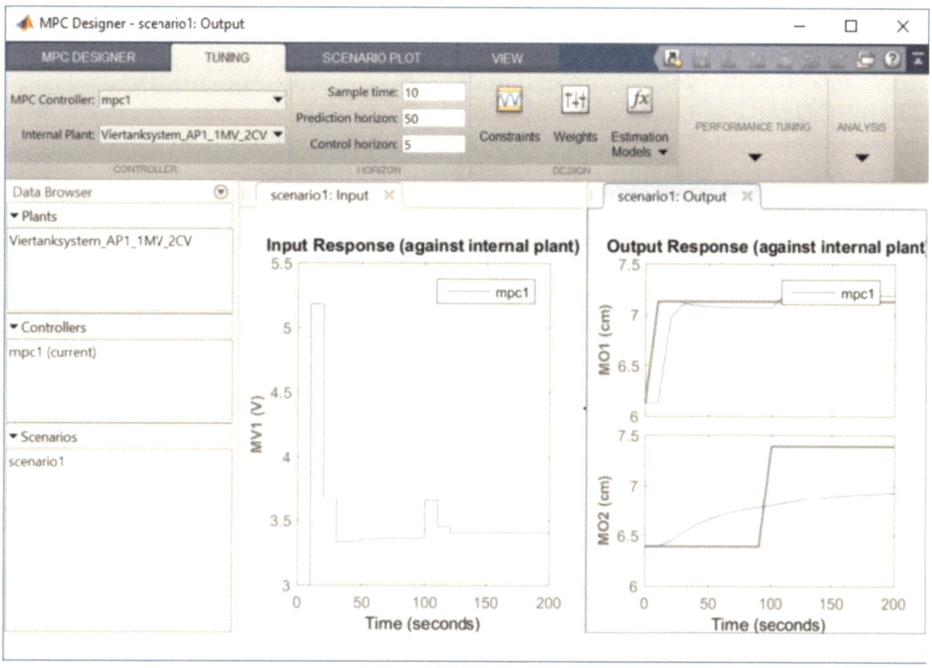

Bild 124.
Führungsverhalten im Fall $n_u < n_y$, stärkere Gewichtung der Regelgröße y_1.

Die Folge davon ist, dass sich die bleibende Regeldifferenz bei Regelgröße y_1 verringert, während sie sich bei Regelgröße y_2 erhöht. Im vorliegenden Fall verschwindet die bleibende Regeldifferenz für y_1 bei einer Verfünffachung des Gewichts nahezu vollständig. Mit der Wahl der Gewichtsfaktoren lässt sich also eine Priorisierung der Regelungsziele erreichen.

6.5.4 Untersuchung der Robustheit gegenüber Plant-Model-Mismatch

Bei allen oben gezeigten Simulationsergebnissen wurde angenommen, dass der MPC-Regler über eine exakte Kenntnis des realen Prozessverhaltens verfügt. Das reglerintern verwendete Prozessmodell war in jedem Fall identisch mit dem Modell, das für die Simulation des Streckenverhaltens im geschlossenen Regelkreis verwendet wurde. Um in der Praxis immer auftretende Unterschiede zwischen Modell und realem Prozessverhalten zu untersuchen, kann man innerhalb der MPC Designer App Unterschiede zwischen diesen beiden (linearen!) Modellen generieren und das Verhalten bei Plant-Model-Mismatch simulieren. Dazu muss zunächst ein vom Nominalmodell abweichendes Prozessmodell generiert werden. Im Folgenden werden die Streckenverstärkungen des Nominalmodells verändert. Wenn das Nominalmodell des Viertanksystems (Arbeitspunkt 1) mit

```
s = tf('s')
G11 = 2.6/(62.4*s+1);
G12 = ...
...
Viertanksystem_AP1_exakt = [G11 G12; G21 G22];
```

generiert wurde, kann man ein abweichendes Modell z. B. durch

```
Viertanksystem_AP1_modif = [G11*1.3 G12*0.7; G21*0.8 G22*1.2];
```

definieren, wenn man nur die Streckenverstärkungen modifizieren möchte (z. B. bei $G_{11}(s)$ eine Erhöhung um 30%). **Bild 125** zeigt die Einheitssprungantworten des exakten und des modifizierten Prozessmodells.

Das modifizierte Modell kann nun in der MPC Designer App importiert werden (Tab MPC DESIGNER/Import Plant). Das modifizierte Modell muss aus der Liste der angezeigten LTI-Objekte ausgewählt und durch Klicken auf den "Import"-Button geladen werden (**Bild 126**).

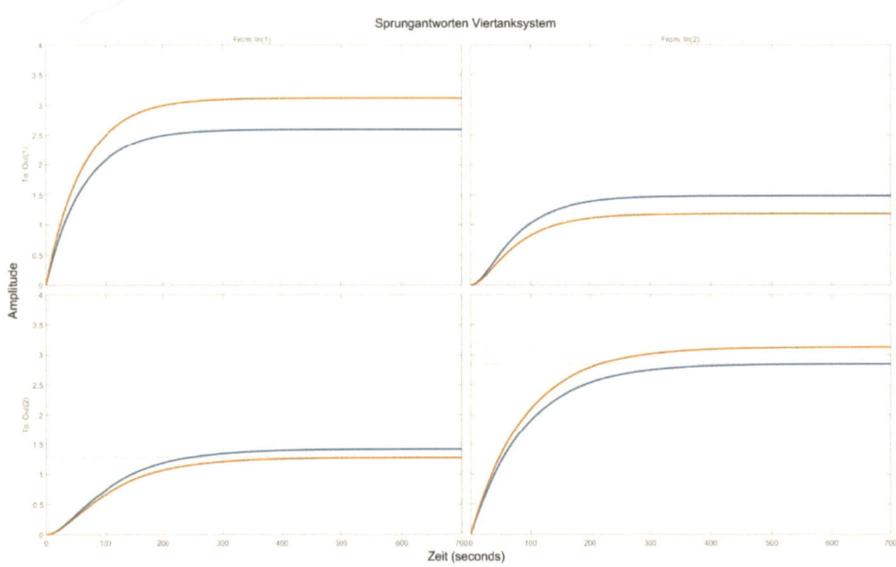

Bild 125.
Vergleich der Sprungantworten des exakten (blau) und des modifizierten (rot) Prozessmodells.

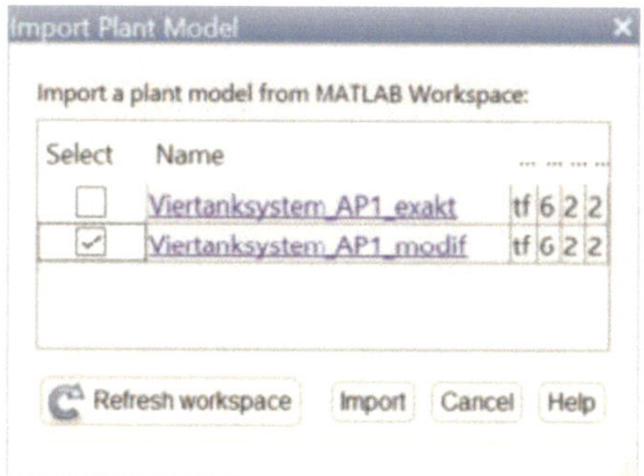

Bild 126.
Importieren des modifizierten Prozessmodells.

Es wird danach im Data Browser der MPC Designer App aufgelistet. Nun kann ein zweites Simulations-Szenario definiert werden, das sich vom ersten durch die Verwendung des modifizierten Prozessmodells unterscheidet. Dazu doppelklickt man im Data Browser unter "Scenarios" auf "scenario1" und ändert den Namen des Szenarios z. B. auf "exakt". Anschließend erzeugt man nach Klicken der rechten Maustaste eine Kopie dieses Szenarios und ändert dessen Namen z. B. auf "modifiziert". Das Szenario mit dem Namen "modifiziert" muss nun editiert werden (Anwählen/Rechte Maustaste/Edit). In dem sich öffnenden Fenster wird in der ersten Zeile "Plant used in simulation" das Modell "Viertanksystem_AP1_modif" ausgewählt (**Bild 127**) und die Auswahl mit "OK" bestätigt.

Die Simulationsergebnisse für das erste Szenario "exakt" werden bereits angezeigt. Um die Ergebnisse für das zweite Szenario zu sehen, muss man unter dem Tab MPC DESIGNER auf die Schaltfläche "Plot Scenario" klicken und das

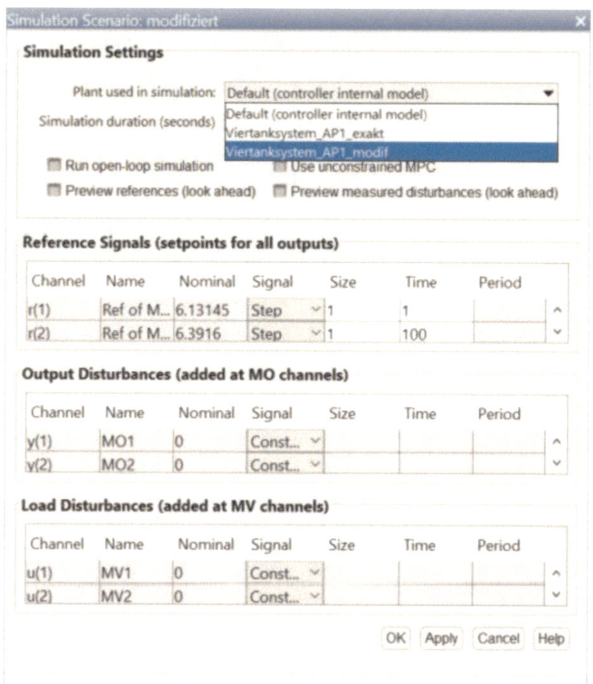

Bild 127.
Auswahl des modifizierten Prozessmodells für das neue Simulations-Szenario.

Szenario “modifiziert” auswählen. Es werden im Bereich der Simulationsgrafiken zwei neue Tabs erzeugt, die die Ergebnisse der Simulation für das zweite Szenario präsentieren (**Bild 128**). Durch Umschaltung der Szenarien lassen sich die Ergebnisse miteinander vergleichen. Im vorliegenden Fall ergibt sich, dass sich Überschwingweiten und Ausregelzeiten bei Plant-Model-Mismatch erhöhen. Trotzdem ist das MPC-Regelungssystem vergleichsweise robust gegenüber Änderungen der Streckenverstärkungen.

Wenn der Entwurf des MPC-Reglers abgeschlossen ist, kann man ihn nach Anwahl der Schaltfläche “Export Controller” unter dem Tab MPC DESIGNER in den MATLAB-Arbeitsspeicher exportieren. Dabei ist es möglich, den voreingestellten Namen des MPC-Reglers zu überschreiben (hier mit “ViertankMPC”, siehe **Bild 129**).

Der MPC-Regler kann nun zum Beispiel in einem Simulink-Modell weiterverwendet werden.

6.6 MPC-Regelung des Viertanksystems in Simulink®

Im vorhergehenden Abschnitt wurde gezeigt, wie das MPC-Regelungssystem innerhalb der MPC Designer App simuliert werden kann. Das Regelstrecken-Modell war bei dieser Simulation zunächst identisch mit dem Modell, das im MPC-Regler selbst Verwendung findet. Plant-Model-Mismatch kann man im MPC Designer untersuchen, wenn man gezielt ein vom Nominalmodell abweichendes, lineares Streckenmodell für die Prozesssimulation verwendet. Reglerinternes Prozessmodell und Strecken-Simulationsmodell sind dann verschieden voneinander, aber beides sind lineare Modelle. In Simulink® kann man einen Schritt weiter gehen und den MPC-Regler (mit reglerinternem linearem Prozessmodell) mit einem nichtlinearen

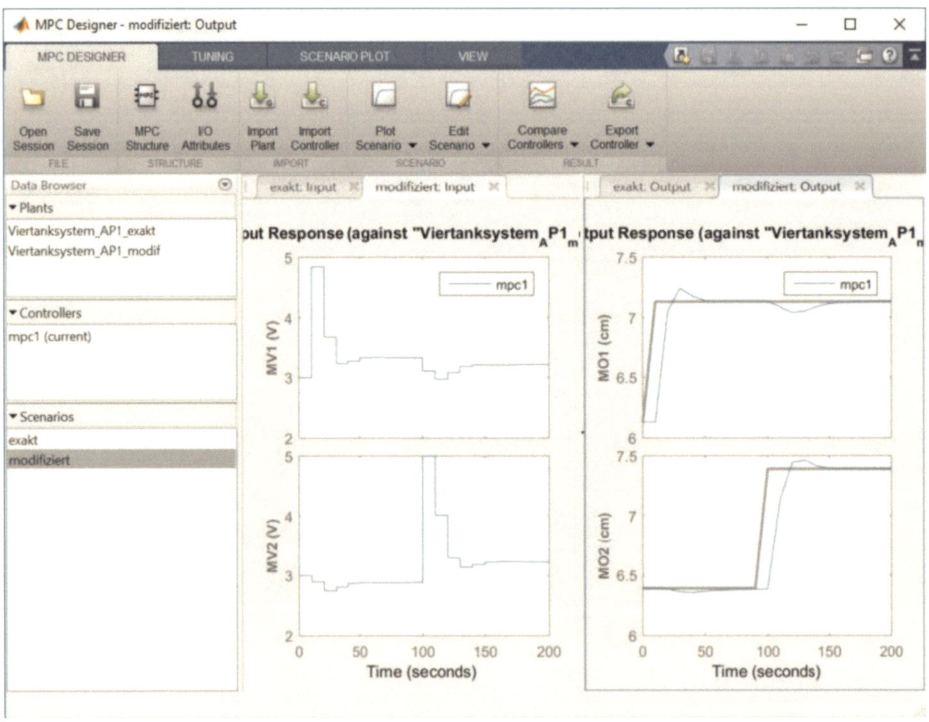

Bild 128.
Vergleich von zwei Simulationsszenarien (links “exakt”, rechts “modifiziert”).

Streckenmodell kombinieren. Damit verwirklicht man ein realistischeres Szenario für die Untersuchung der Robustheit der LMPC-Regelung. **Bild 130** veranschaulicht die Alternativen.

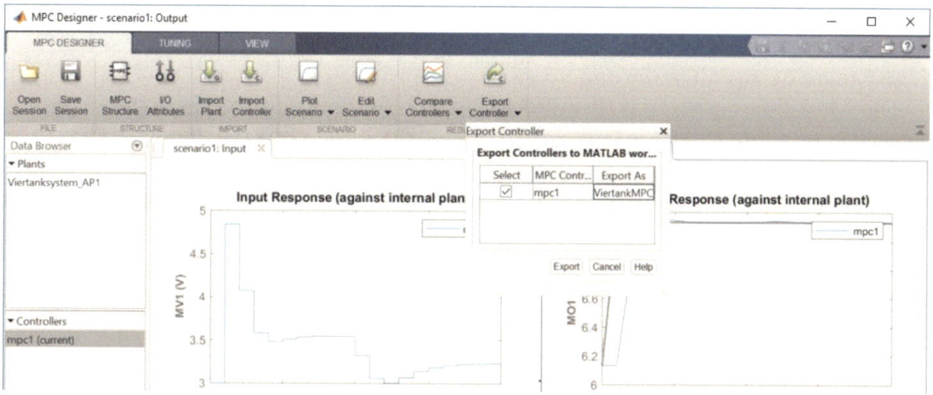

Bild 129.
Export des MPC-Reglers in den MATLAB-Arbeitsspeicher.

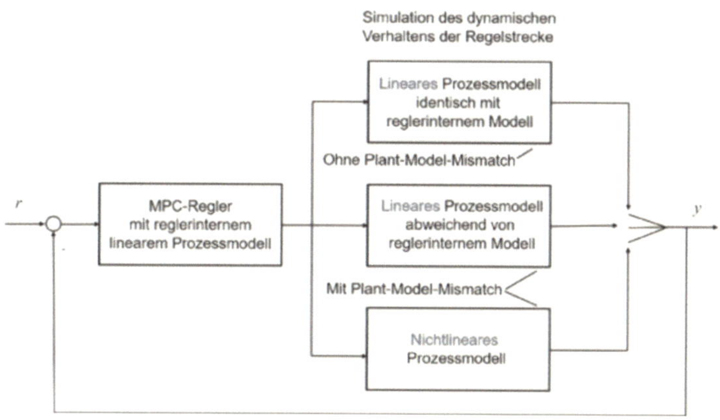

Bild 130.
Verschiedene Varianten der Simulation des MPC-Regelungssystems.

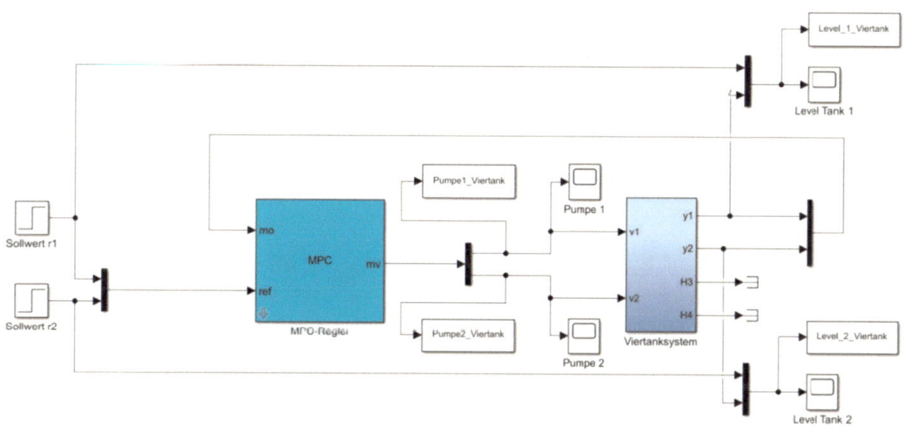

Bild 131.
Simulink-Modell des MPC-Regelungssystems für das Viertanksystem.

In **Bild 131** ist ein Simulink-Modell für die zuletzt angegebene Version dargestellt. Kern des Modells sind ein Block "MPC Controller" aus dem Bereich "Model Predictive Control Toolbox" der Simulink Library Browsers und das in Abschnitt 6.3 beschriebene Subsystem, das das nichtlineare Prozessmodell des Viertanksystems enthält (vgl. **Bild 106**). Hinzu kommen Scope-Bausteine für die Beobachtung der simulierten Zeitverläufe für die Stell- und Regelgrößen sowie Step-Bausteine zur Generierung von Sollwertsprüngen.

Die Modellparameter aus **Tabelle 19** können im Simulink-Modell selbst hinterlegt werden. Dazu klickt man mit der rechten Maustaste in den Simulink-Plan und wählt unten die Option "Model Properties" (**Bild 132**)

Im sich öffnenden Fenster "Model Properties" wählt man unter dem Reiter "Callbacks" die Option "InitFcn" und gibt auf der rechten Seite MATLAB-Befehle ein, die die Werte der Modellparameter definieren (**Bild 133**). Die Eingabe muss mit "Apply/OK" bestätigt werden.

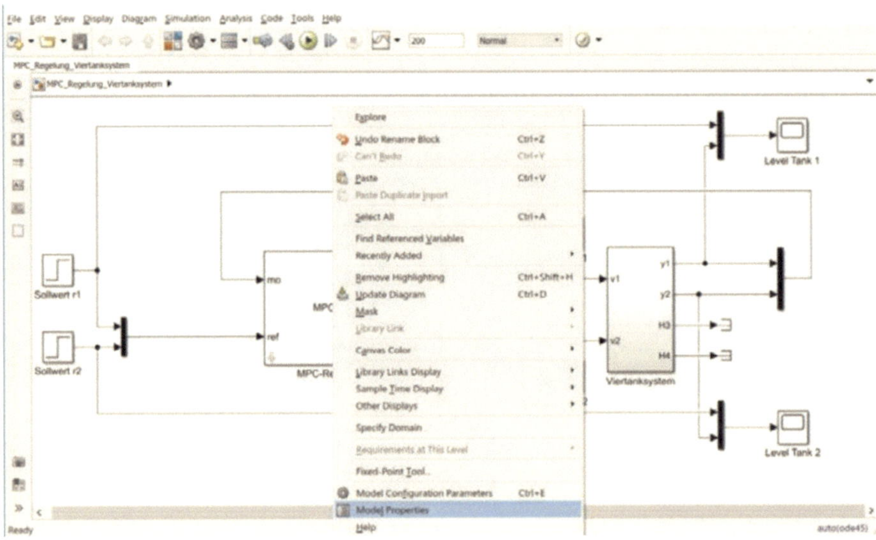

Bild 132.
Anwahl der Option "Model Properties" im Simulink-Modell.

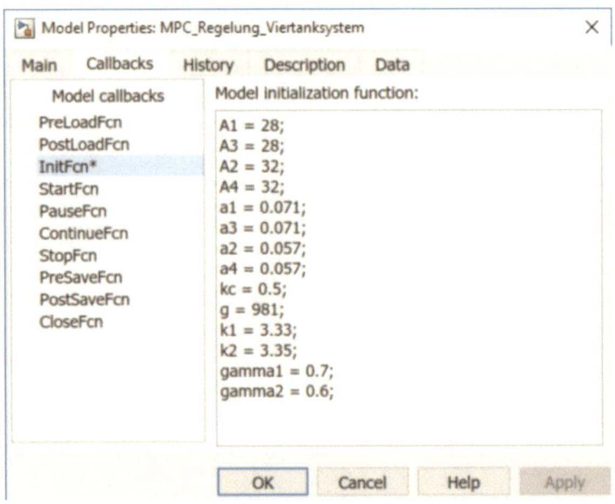

Bild 133.
Definition der Modellparameter unter "Model Properties".

Ein Doppelklick auf den Baustein “MPC Controller” öffnet die Eingabemaske für die Parametrierung des MPC-Reglers (**Bild 134**). Hier muss der Name des MPC-Bausteins (hier “ViertankMPC”) eingeben werden, mit dem die Simulation erfolgen soll. Das entsprechende Objekt muss natürlich im MATLAB-Arbeitsspeicher vorhanden sein.

Alle anderen Eingaben sind optional. Hier wurde der an sich beim MPC-Baustein vorgesehene Eingangsport für die messbaren Störgrößen (MD) abgewählt (d. h. das Häkchen bei “Measured disturbance (md)” entfernt, weil solche Größen beim Viertanksystem nicht vorhanden sind. Die Bedeutung anderer Blockoptionen ist im

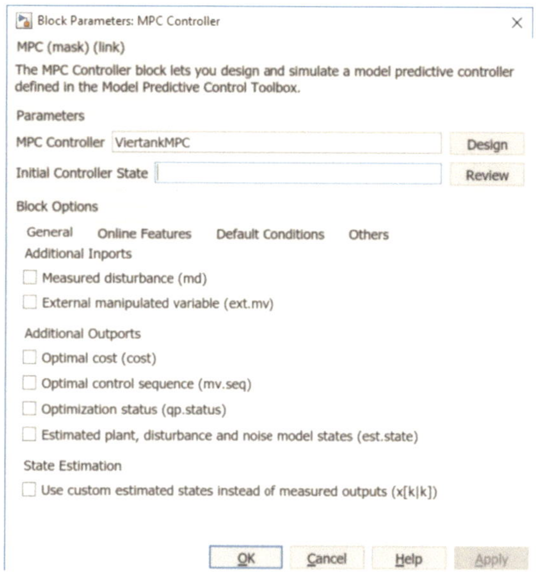

Bild 134.
Eingabemaske für den Baustein “MPC Controller”.

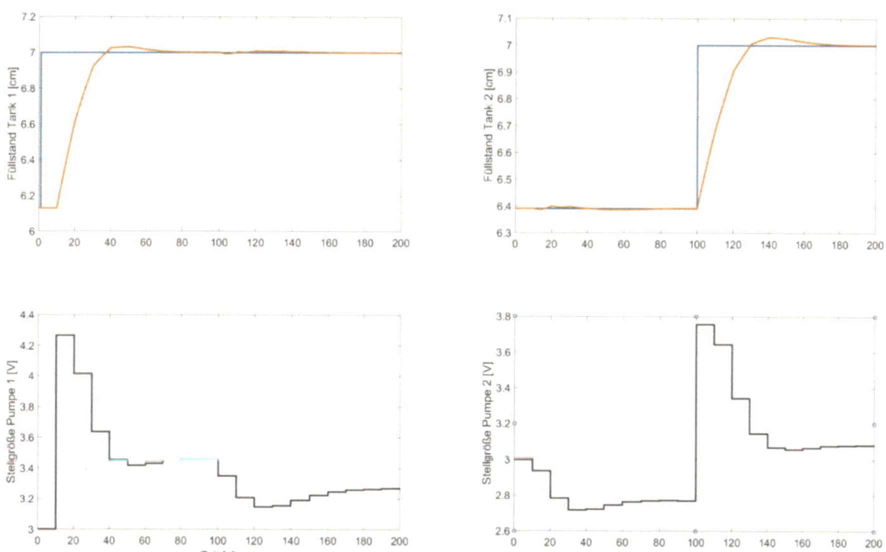

Bild 135.
Führungsverhalten der MPC-Regelung des Viertanksystems (Arbeitspunkt 1).

Referenz-Handbuch [36] unter "Block References" erläutert. Sie werden im vorliegenden Beispiel nicht benötigt.

Es wurde ein Simulations-Szenario ähnlich dem in Abschnitt 6.5 gewählt: Zum Zeitpunkt $t = 1$ wird der Sollwert für den Füllstand im Tank 1, zum Zeitpunkt $t = 100$ der Sollwert für den Füllstand im Tank 2 vom Anfangswert (Arbeitspunktwert) auf $r_1 = 7$ bzw. $r_2 = 7$ erhöht. **Bild 135** zeigt die Simulationsergebnisse.

Ein Vergleich mit den Simulationsergebnissen, die mit dem linearen Streckenmodell erzielt wurden (vgl. **Bild 117**), zeigt nur geringe Abweichungen. Das bestätigt noch einmal, dass das nichtlineare Modell des Viertanksystems durch das linearisierte Modell zumindest für diesen Arbeitsbereich sehr gut approximiert wird.

7. Adaptive MPC-Regelung eines chemischen Reaktors

Gegenstand dieses Kapitels sind der Entwurf und die Simulation einer adaptiven MPC-Regelung für einen kontinuierlichen Rührkesselreaktor mit stark nichtlinearem Verhalten. Das Prozessmodell wird unter Nutzung gemessener Prozessgrößen fortlaufend an das sich ändernde statische und dynamische Verhalten des Reaktors angepasst. Hierfür werden Verfahren der rekursiven Regression aus der System Identification Toolbox™ angewendet. Für die Simulation des Regelungssystems werden spezielle Simulink-Funktionsbausteine aus der MPC Toolbox und der System Identification Toolbox verwendet.

7.1 Mathematisches Modell und Regelungsaufgabe

Kontinuierliche Rührkesselreaktoren (Continuous Stirred-Tank Reactors, CSTR) haben in der chemischen Industrie eine große Verbreitung. Ein einfaches Modell für das dynamische Verhalten eines nicht-isothermen CSTR findet sich in [21, 100]. Es wird in modifizierter Form auch als Simulink-Modell in der Model Predictive Control Toolbox™ angeboten [34].

Ein vereinfachtes technologisches Schema eines solchen Reaktors ist in **Bild 136** dargestellt.

Der zulaufende Volumenstrom $\dot{V}$ mit der Zulauftemperatur T_{zu} enthält nur die Komponente A mit der molaren Konzentration $c_{A,zu}$. Über eine Kühlschlange wird das Reaktionsgemisch auf der vorgesehen Betriebstemperatur des Reaktors gehalten und die Reaktionswärme abgezogen. Das Kühlmittel hat die Temperatur T_K.
Das Reaktorvolumen V wird als konstant angenommen. Daher ist der Produktvolumenstrom gleich dem Zulauf-Volumenstrom Der Reaktor wird als ideal durchmischt angesehen, d. h. Temperatur und Konzentration sind an allen Orten gleich groß. Sie entsprechen auch der Produkttemperatur und der Produktkonzentration.

Es wird angenommen, das eine einfache exotherme Reaktion $A \rightarrow B$ in flüssiger Phase stattfindet. Die Reaktionsgeschwindigkeit r ist erster Ordnung, d. h. sie ist linear von der Konzentration c_A abhängig:

$$r = k c_A \tag{63}$$

mit k als Reaktionsgeschwindigkeitskonstante und c_A als molarer Konzentration der Komponente A im Reaktor. Die Temperaturabhängigkeit der Reaktionsgeschwindigkeitskonstante wird durch die Arrhenius-Gleichung beschrieben.

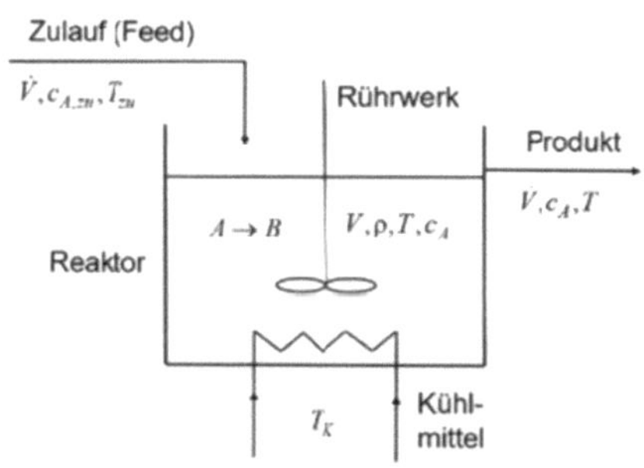

Bild 136.
Technologisches Schema eines kontinuierlichen Rührkesselreaktors.

$$k = k_0 \exp\left(-\frac{E}{RT}\right) \tag{64}$$

Darin bezeichnen k_0 den Stoßfaktor, E die Aktivierungsenergie, R die allgemeine Gaskonstante und T die Reaktortemperatur.

Um die Modellbildung zu erleichtern, werden weitere vereinfachende Annahmen getroffen:

- Die Dichten ρ von Zulauf, Reaktionsgemisch und Produkt sind gleich groß und konstant.
- Die Wärmekapazität des Kühlmittels und der Kühlschlangen sind gegenüber der Wärmekapazität des Reaktors vernachlässigbar.
- Die Kühlmitteltemperatur wird in der gesamten Kühlschlange als konstant betrachtet.
- Wärmeverluste an die Umgebung werden ebenso vernachlässigt wie Enthalpieänderungen durch den Mischprozess.

Das theoretische Modell des CSTR wird durch Aufstellung der Massen- bzw. Volumenbilanz für die Komponente A und der Energiebilanz gewonnen. Die Molbilanz für A ergibt sich zu

$$V\frac{dc_A}{dt} = \dot{V}(c_{A,zu} - c_A) - Vk_0 \exp\left(-\frac{E}{RT}\right)c_A \tag{65}$$

Dabei beschreibt der erste Term auf der rechten Seite die Differenz zwischen dem zufließenden und abfließenden Strom der Komponente A, der zweite Term den Verbrauch an Komponente A durch die chemische Reaktion.

Die Energiebilanz lautet

$$V\rho c_P\frac{dT}{dt} = \dot{V}\rho c_P(T_{zu} - T) + UA(T_K - T) + (-\Delta H_R)Vk_0 \exp\left(-\frac{E}{RT}\right)c_A \tag{66}$$

Hier beschreiben die ersten beiden Terme auf der rechten Seite den Wärmetransport über die Zulauf- und Produktströme sowie die Wärmeübertragung zwischen Reaktor und Kühlschlange. Der dritte Term widerspiegelt die Wärmeproduktion durch die exotherme Reaktion. In dieser Gleichung bezeichnen U den Wärmeübertragungskoeffizienten, A die Fläche der Wärmeübertragung, c_P die spezifische Wärmekapazität und ΔH_R die Reaktionswärme pro Mol A.

Das Modell lässt sich auch als nichtlineares Differenzialgleichungssystem für die Konzentration A und die Temperatur schreiben:

$$\begin{aligned}\frac{dc_A}{dt} &= \frac{\dot{V}}{V}(c_{A,zu} - c_A) - k_0 \exp\left(-\frac{E}{RT}\right)c_A \\ \frac{dT}{dt} &= \frac{\dot{V}}{V}(T_{zu} - T) + \frac{UA}{V\rho c_P}(T_K - T) + \frac{(-\Delta H_R)}{\rho c_P}k_0 \exp\left(-\frac{E}{RT}\right)c_A\end{aligned} \tag{67}$$

In **Tabelle 21** sind die Werte der Modellparameter und der Eingangsgrößen des CSTR aufgelistet. Sie wurden dem Simulink-Modell “mpc_cstr_plant.slx”

Parameter	Wert	Variable	Wert
V	1 m³	$c_{A,zu}$	10 kgmol/m³
$UA/(V\rho c_P)$	0,3 h⁻¹	T_{zu}	298,15 K
$(-\Delta H_R)/(\rho c_P)$	11,92 m³K/kgmol	T_K	298,15 K
E/R	5963,6 K		
k_0	3,49308×10⁷ h⁻¹		
$\dot{V}$	1 m³/h		

Tabelle 21.
Modellparameter und Eingangsgrößenwerte für den Rührkesselreaktor.

entnommen, dass Bestandteil der MPC Toolbox ist und auf das in [34] Bezug genommen wird. (Es sei angemerkt, dass man in der Fachliteratur, im Internet und auch auf den MathWorks-Webseiten dasselbe CSTR-Grundmodell mit verschiedenen Werten der Modellparameter findet, aus denen sich dann auch verschiedene Arbeitspunktwerte und unterschiedliche Streckendynamiken ergeben.)

Die Arbeitspunktwerte für die Produktkonzentration und die Reaktortemperatur können durch Nullsetzen der Ableitungen auf der linken Seite des Differenzialgleichungssystems und Lösung des entstehenden nichtlinearen (algebraischen) Gleichungsystems bestimmt werden. Man kann zeigen, dass dieses Gleichungssystem für drei physikalisch sinnvolle Kombinationen von Produktkonzentration und die Reaktortemperatur erfüllt ist. Am besten lässt sich das erklären, wenn man in einem Diagramm die Wärmeverlustgerade und die Wärmeerzeugungskurve der Energiebilanz einzeichnet. Dazu wird zunächst die Molbilanz im stationären Zustand

$$\frac{dc_A}{dt} = 0 \to 0 = \frac{\dot{V}}{V}(c_{A,zu} - c_A) - k_0 \exp\left(-\frac{E}{RT}\right)c_A \tag{68}$$

betrachtet. Durch Auflösung nach c_A lässt sich die Temperaturabhängigkeit der Konzentration c_A im stationären Zustand angeben:

$$c_A(T) = \frac{\frac{\dot{V}}{V}c_{A,zu}}{k_0 \exp\left(-\frac{E}{RT}\right) + \frac{\dot{V}}{V}} \tag{69}$$

Die stationäre Wärmebilanz ergibt sich dann zu

$$0 = \underbrace{\dot{V}\rho c_P(T_{zu} - T) + UA(T_K - T)}_{Wärmeabfuhr} + \underbrace{(-\Delta H_R)k_0 \exp\left(-\frac{E}{RT}\right)c_A(T)\,V}_{Wärmeerzeugung} \tag{70}$$

Die ersten beiden Terme beschreiben die Wärmeabfuhr, der dritte die Wärmeerzeugung. Stellt man Wärmeabfuhr und -erzeugung in einem Wärme-Temperatur-Diagramm dar, ergibt sich das in **Bild 137** gezeigte Verhalten.

Die Wärmeabfuhrgerade und die Wärmerzeugungskurve schneiden sich in drei Punkten, in denen die stationäre Wärmebilanz zu Null erfüllt ist. Die Arbeitspunktwerte sind im Bild durch schwarze Kreise gekennzeichnet. Durch numerische Lösung des nichtlinearen Gleichungssystems mit verschiedenen Startwerten lassen sie sich zahlenmäßig bestimmen, siehe **Tabelle 22**.

Der mittlere Arbeitspunkt ist instabil: steigt die Temperatur über 66,37°C, ist die Wärmeerzeugung größer als die Wärmeabfuhr, die Temperatur steigt also weiter an. Ist hingegen die Temperatur geringer als 66,37°C, ist die Wärmeerzeugung

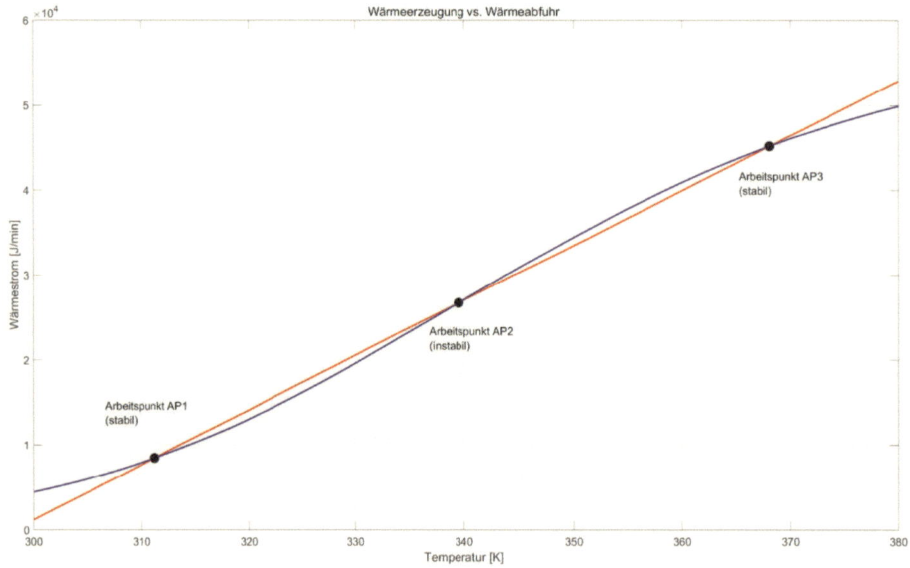

Bild 137.
Arbeitspunkte des kontinuierlichen Rührkesselreaktors (rot: Wärmeabfuhr, blau: Wärmeerzeugung).

	Temperatur T	**Konzentration c_A**
Arbeitspunkt 1 (stabil)	311,2638 K (38,1138°C)	8,5698 kgmol/m^3
Arbeitspunkt 2 (instabil)	339,5233 K (66,3733°C)	5,4878 kgmol/m^3
Arbeitspunkt 3 (stabil)	368,0585 K (94.9085°C)	2,3758 kgmol/m^3

Tabelle 22.
Arbeitspunktwerte des kontinuierlichen Rührkesselreaktors.

kleiner als die Wärmeabfuhr, die Reaktortempertur fällt weiter ab. Mit einer ähnlichen Argumentation lässt sich zeigen, dass die beiden anderen Arbeitspunkte stabil sind.

Um das dynamische Verhalten des CSTR untersuchen zu können und die Streckendynamik zu simulieren, wurde das Simulink-Modell "mpc_cstr_plant.slx" in die MPC Toolbox aufgenommen. Das CSTR-Subsystem ist in **Bild 138** dargestellt.

Ein Doppelklick auf das Subsystem öffnet das Simulink-Modell, dessen Schaltung die nichtlinearen Zustandsdifferenzialgleichungen für Temperatur und Konzentration mit Simulink-Blöcken nachbildet (**Bild 139**).

Die Werte der Modellparameter bzw. der aus diesen Parametern gebildete Ausdrücke (wie z. B. $UA/(V\rho c_p)$) sind direkt in die Bausteine eingetragen. Anfangswerte der Integratoren sind die Arbeitspunktwerte $T = 311.2638$ und $c_A = 8.5698$ für den Arbeitspunkt 1.

In **Bild 140** sind die Sprungantworten der Reaktortemperatur und der Konzentration dargestellt, die sich für sprungförmige Veränderungen der Kühlmitteltemperatur um $\Delta T_K = \pm 5K$ ergeben. Ausgangspunkt ist der Betrieb des Reaktors im Arbeitspunkt 1.

Im oberen Teil des Bildes sind die Zeitverläufe der Konzentration, im unteren Teil die der Temperatur gezeigt. In Abhängigkeit von der Richtung der Verstellung der Kühlmitteltemperatur ergeben sich unterschiedliche Abweichungen der stationären Endwerte vom Arbeitspunktwert – ein Hinweis auf eine nicht konstante Streckenverstärkung bzw. das nichtlineare Verhalten des Reaktors. (Insbesondere

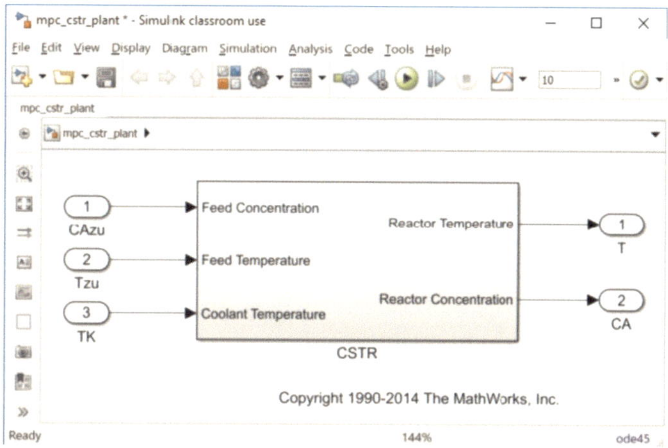

Bild 138.
Simulink-Subsystem "mpc_cstr_plant.slx" aus der MPC Toolbox.

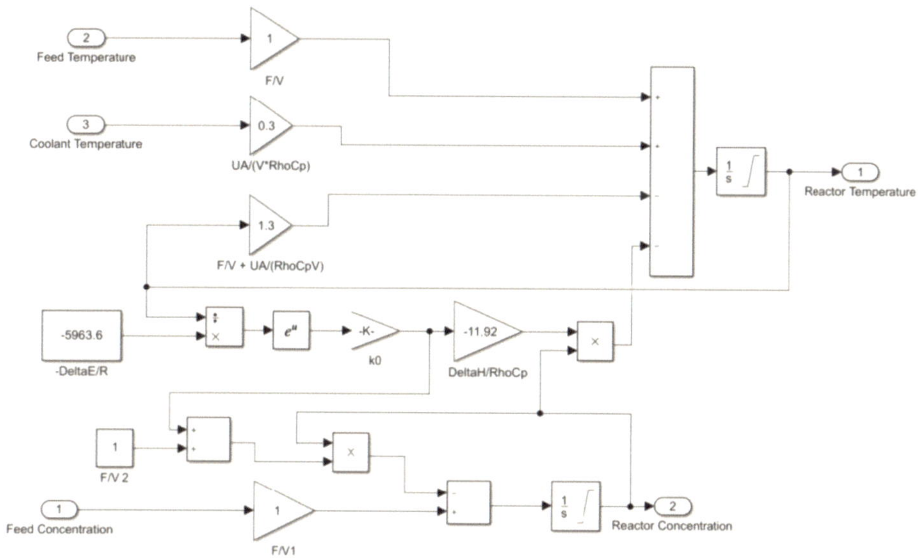

Bild 139.
Simulink-Modell des CSTR.

das dynamische Verhalten ist mit den hier gewählten Modellparametern allerdings deutlich "gutartiger" als bei dem in [21] beschriebenen Originalmodell des CSTR.) Die Nichtlinearität des Reaktorverhaltens wird noch deutlicher, wenn man die Reaktionen auf eine sprungförmige Verstellung der Zulauftemperatur betrachtet, wie in **Bild 141** dargestellt. Hier ist sowohl das statische als auch das dynamische Verhalten des Reaktors stark richtungsabhängig.

Aufgabe der Prozessführung an diesem Reaktor soll es sein, die Reaktortemperatur einer Sollwertrampe nachzuführen, die im Arbeitspunkt 1 bei 311,26 K beginnt und im Arbeitspunkt 3 bei 368,06 K endet. Der Reaktor soll also aus dem Bereich einer niedrigen Umsatzrate der Komponente A (von $c_{A,zu} = 10\,kgmol/m^3$ auf $c_A = 8,5698\,kgmol/m^3$) in einen Bereich hoher Umsatzrate (von $c_{A,zu} = 10\,kgmol/m^3$ auf $c_A = 2.3758\,kgmol/m^3$) überführt werden. Das schließt ein, dass der CSTR aus einem stabilen über einen instabilen wieder in einen stabilen

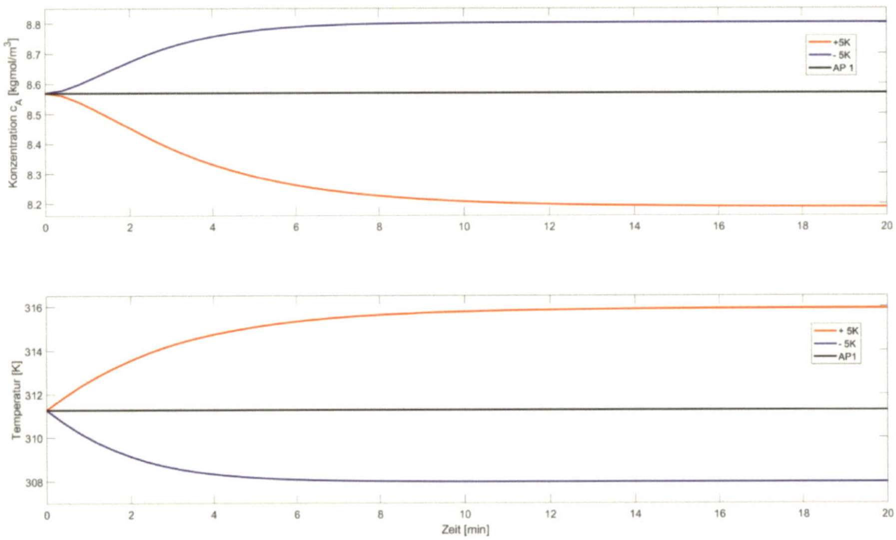

Bild 140.
Sprungantworten des CSTR gegenüber Verstellungen der Kühlmitteltemperatur.

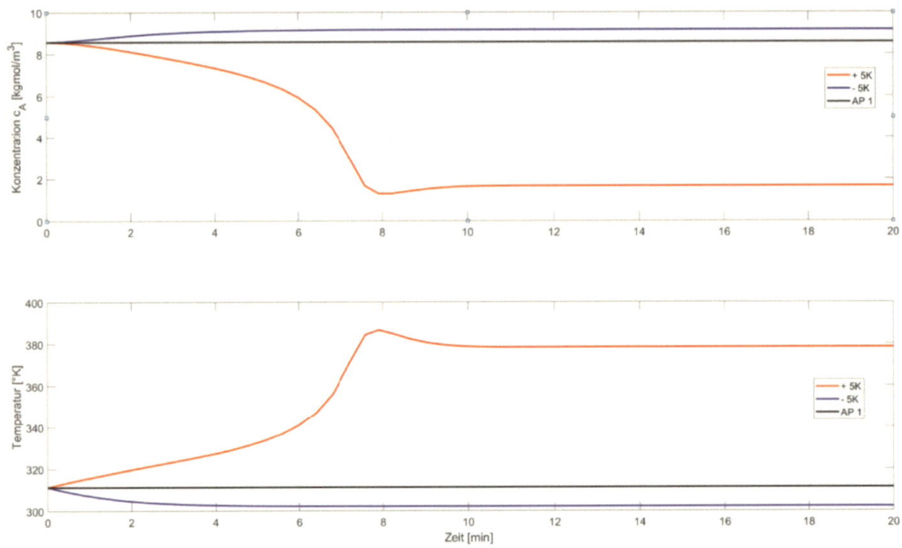

Bild 141.
Sprungantworten des CSTR gegenüber Veränderungen der Zulauftemperatur.

stationären Zustand gebracht wird. Neben einer guten Sollwertfolge soll außerdem gewährleistet sein, das sinusförmige Störungen der Zulauftemperatur T_{zu} ausgeregelt werden. Die Zulaufkonzentration wird hingegen als konstant ($c_{A,zu} = 10\,kgmol/m^3$) angenommen. Als Nebenbedingung ist zu berücksichtigen, dass sich die Stellgröße Kühlmitteltemperatur um nicht mehr als 2 K pro Abtastintervall ändern darf.

Für diese Aufgabe soll ein Eingrößen-MPC-Regler mit der Regelgröße Reaktortemperatur T, der Stellgröße Kühlmitteltemperatur T_K und der gemessenen Störgröße Zulauftemperatur T_{zu} eingesetzt werden. Da der Reaktor stark nichtlineares Verhalten aufweist und in einem weiten Arbeitsbereich betrieben werden soll, ist nicht zu erwarten, dass die Regelungsaufgabe mit nur einem für einen bestimmten Arbeitspunkt entworfenen MPC-Regler zufriedenstellend gelöst werden kann. Die MPC Toolbox bietet für diesen Fall folgende Lösungsmöglichkeiten an:

Fall A: Während des Betriebs des Regelungssystems kann *kein* lineares Prozessmodell für das aktuelle Systemverhalten gewonnen werden.

Lösung A1 Off-line-Identifikation einer "Bank" linearer Prozessmodelle für verschiedene Arbeitspunkte, Verwendung eines "Gain-Scheduled MPC Controller"-Bausteins, der zur Laufzeit in Abhängigkeit von vorzugebenden Bedingungen zwischen diesen Modellen umschaltet (Vorteil: die Prozessmodelle können von unterschiedlicher Ordnung sein und unterschiedliche Totzeiten aufweisen).

Lösung A2: Entwurf eines MPC-Reglers mit einem linearen Modell für den ersten Arbeitspunkt, Verwendung eines "Adaptive MPC Controller"-Bausteins zusammen mit einem "Linear Parameter Varying (LPV) System"-Baustein der Control System Toolbox™ (Nachteil: Ordnung und Totzeiten des LPV-Modells sind für alle Arbeitspunkte unveränderlich).

Fall B: Während des Betriebs des Regelungssystems *kann* ein lineares Prozessmodell für das aktuelle Systemverhalten gewonnen werden.

Lösung B1: Anwendung des Verfahrens der sukzessiven Linearisierung. Verwendung eines "Adaptive MPC Controller"-Bausteins zusammen mit einem MATLAB-Function-Block "Successive Linearizer". In letzterem wird das nichtlineare Prozessmodell zur Laufzeit in jedem Abtastintervall im aktuellen Arbeitspunkt linearisiert, und das lineare Modell wird dem MPC-Regler zur Verfügung gestellt.

Lösung B2: Entwurf eines MPC-Reglers mit einem linearen Modell für den ersten Arbeitspunkt, fortlaufende Online-Identifikation eines linearen Prozessmodells im geschlossenen Regelkreis und Bereitstellung dieses Modells für einen "Adaptive MPC Controller"-Baustein.

Für das CSTR-Beispiel werden die Fälle B1 und B2 in [34] erläutert. Die Fälle A1 und A2 werden dort anhand anderer Problemstellungen behandelt. Hier wird im Folgenden nur Fall B2 weiter verfolgt. Das Grundprinzip ist in **Bild 142** dargestellt.

7.2 Entwurf eines MPC-Reglers für den kontinuierlichen Rührkesselreaktor

Um den MPC-Regler für den Arbeitspunkt 1 des CSTR zu entwerfen, muss zunächst das nichtlineare theoretische Prozessmodell (das Zustands-Differenzialgleichungssystem) in diesem Arbeitspunkt linearisiert werden. Dazu kann man wie in Abschnitt 6 das "Linear Analysis Tool" von Simulink Control Design™ verwenden. Voraussetzung ist das Vorhandensein eines Simulink-

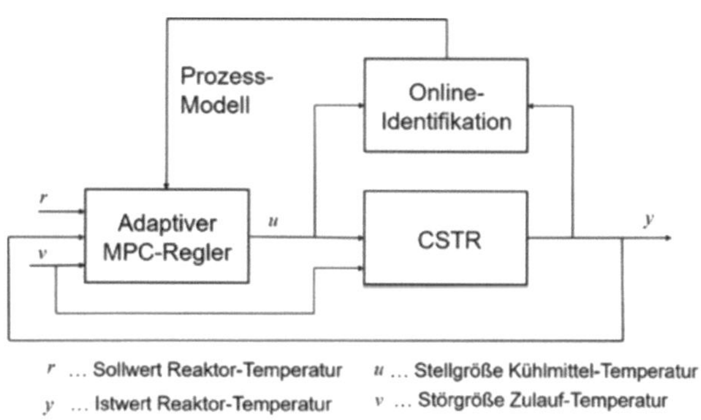

Bild 142.
Blockschaltbild einer adaptiven MPC-Regelung mit Online-Identifikation des Prozessmodells.

Modells des Rühkesselreaktors. Man kann entweder die Arbeitspunktwerte für Temperatur und Konzentration als Anfangswerte in den Integrationsbausteinen eintragen oder den Arbeitspunkt über die Trimming-Funktion des "Linear Analysis Tools" noch einmal bestimmen. Im Simulink-Modell sind anschließend "Linear Analysis Points" an die Signallinien der beiden Eingangsgrößen T_K und T_{zu} und an die Ausgangsgröße T anzutragen (**Bild 143**).

Das Ergebnis mit den Symbolen für die "Input Perturbations" und den "Open-loop Output" zeigt **Bild 144**.

Danach kann unter dem Menüpunkt "Analysis" das "Linear Analysis Tool" aufgerufen werden (Analysis/Control Design/Linear Analysis ...). Durch Klicken auf das "Step"-Icon lässt sich die Linearisierung (hier im Arbeitspunkt "op_trim1", der dem Arbeitspunkt 1 des CSTR entspricht) starten. Das Ergebnis ist ein lineares kontinuierliches Zustandsmodell mit dem Namen "linsys1", das links im "Linear

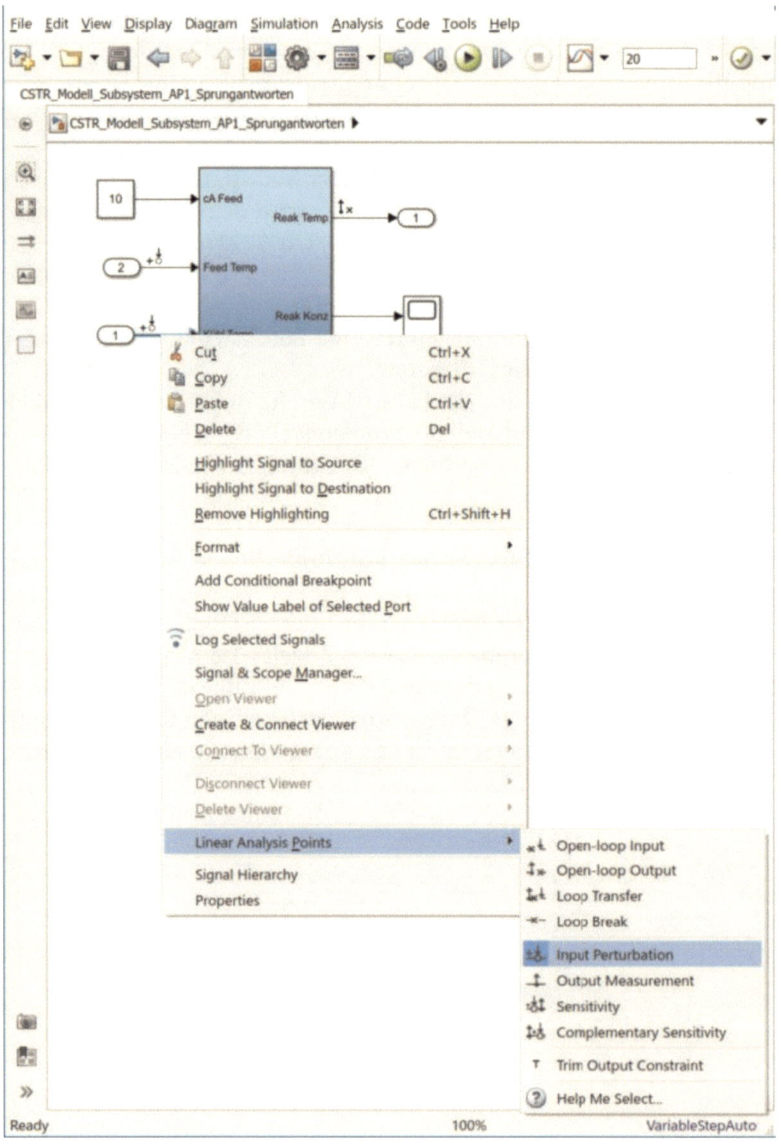

Bild 143.
Anwahl der "Linear Analysis Points" im Simulink-Modell des CSTR.

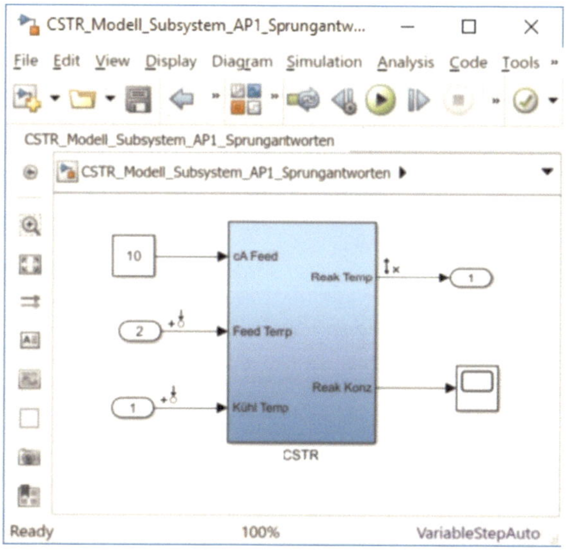

Bild 144.
CSTR-Subsystem mit eingetragenen "Linear Analysis Points".

Analysis Workspace" eingereiht wird, und dessen Sprungantworten grafisch dargestellt werden (**Bild 145**).

Durch Doppelklick auf "linsys1" lassen sich die Parameter des linearen Zustandsmodells anzeigen (**Bild 146**).

Es hat die allgemeine Form

$$\begin{aligned} \frac{d\boldsymbol{x}(t)}{dt} &= \boldsymbol{A}\boldsymbol{x}(t) + \boldsymbol{B}\boldsymbol{u}(t) \\ \boldsymbol{y}(t) &= \boldsymbol{C}\boldsymbol{x}(t) \end{aligned} \tag{71}$$

Für den Rührkesselreaktor im Arbeitspunkt 1 ergibt sich

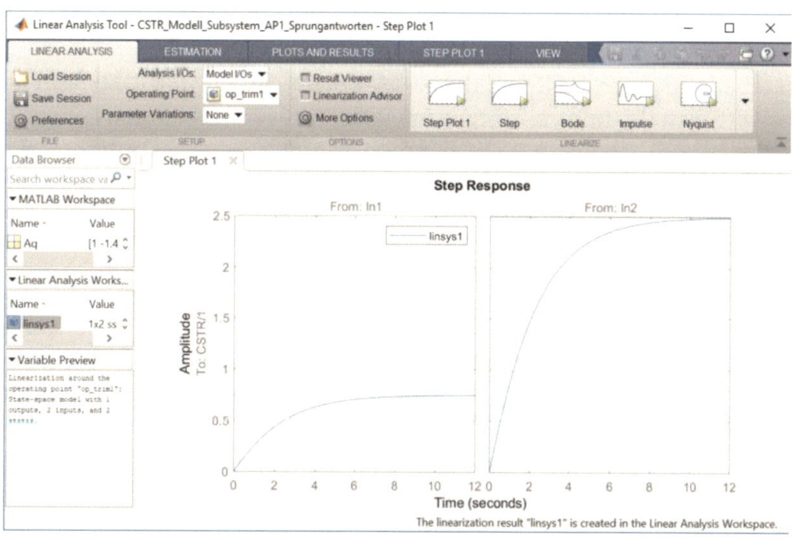

Bild 145.
Sprungantworten des linearisierten CSTR-Modells im "Linear Analysis Tool".

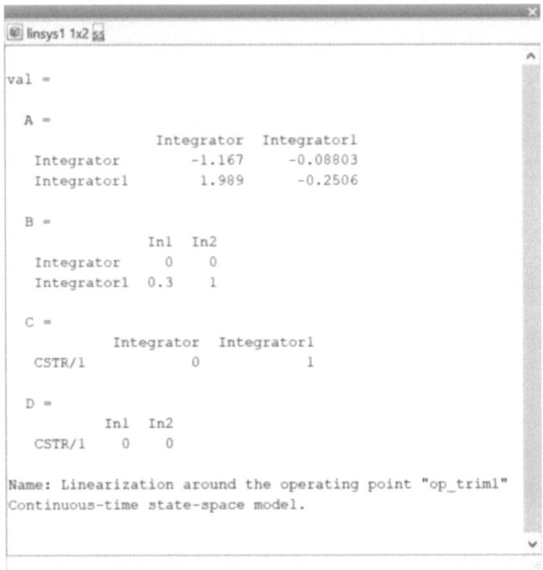

linsys1 1x2 ss

```
val =

  A =
                 Integrator  Integrator1
   Integrator        -1.167     -0.08803
   Integrator1        1.989      -0.2506

  B =
                In1  In2
   Integrator     0    0
   Integrator1  0.3    1

  C =
             Integrator  Integrator1
   CSTR/1             0            1

  D =
           In1  In2
   CSTR/1    0    0

Name: Linearization around the operating point "op_trim1"
Continuous-time state-space model.
```

Bild 146.
Parameter des linearen Zustandsmodells "linsys1".

$$\begin{aligned} \begin{bmatrix} d\Delta c_A/dt \\ d\Delta T/dt \end{bmatrix} &= \begin{bmatrix} -1.167 & -0.08803 \\ 1.989 & -0.2506 \end{bmatrix} \begin{bmatrix} \Delta c_A \\ \Delta T \end{bmatrix} + \begin{bmatrix} 0 & 0 \\ 0.3 & 1 \end{bmatrix} \begin{bmatrix} \Delta T_K \\ \Delta T_{zu} \end{bmatrix} \\ \Delta T &= \begin{bmatrix} 0 & 1 \end{bmatrix} \begin{bmatrix} \Delta c_A \\ \Delta T \end{bmatrix} \end{aligned} \tag{72}$$

Man beachte, dass die Prozessgrößen jetzt Abweichungen von den Arbeitspunktwerten darstellen. Die Eingangsmatrix $\boldsymbol{B}$ ist plausibel: Da die Kühlmittel- und die Zulauftemperaturen in der Differenzialgleichung für die Konzentration nicht vorkommen, muss die erste Zeile aus Nullen bestehen. Da weiterhin die Ableitung der rechten Seite der Differenzialgleichung für die Reaktortemperatur nach der Kühlmitteltemperatur gleich $UA/(V\rho c_P)$ ist, muss das Element b_{21} der $\boldsymbol{B}$-Matrix gleich 0,3 sein. Schließlich ist die Ableitung der rechten Seite der Differenzialgleichung für die Reaktortemperatur nach der Zulauftemperatur gleich $\dot{V}/V$ und daher der Koeffizient b_{22} der $\boldsymbol{B}$-Matrix gleich 1.

Exportiert man das lineare Zustandsmodell "linsys1" unter dem Namen "CSTR_Modell_AP1" in den MATLAB-Arbeitsspeicher (Drag&Drop aus dem "Linear Analysis Workspace" in den "MATLAB Workspace"), kann man es dort in ein Übertragungsfunktionsmodell umwandeln:

```
CSTR_Modell_AP1_tf = tf(CSTR_Modell_AP1)
```

Es ergeben sich die Übertragungsfunktionen

$$G_{yu}(s) = \frac{0.3s + 0.3501}{s^2 + 1.418s + 0.4676} \tag{73}$$

für den Zusammenhang von Kühlmitteltemperatur (Stellgröße u) und Reaktortemperatur (Regelgröße y), und

$$G_{yv}(s) = \frac{s + 1.167}{s^2 + 1.418s + 0.4676} \tag{74}$$

für den Zusammenhang zwischen Zulauftemperatur (gemessene Störgröße v) und Reaktortemperatur.

Eine zeitliche Diskretisierung des Zustandsmodells mit der Abtastzeit $T_s = 0.5\text{min}$ mit Hilfe des Befehls

```
CSTR_Modell_AP1_diskret = c2d(CSTR_Modell_AP1,0.5)
```

führt auf ein zeitdiskretes Zustandsmodell der Form

$$\begin{aligned} \boldsymbol{x}(k+1) &= \boldsymbol{A}^*\boldsymbol{x}(k) + \boldsymbol{B}^*\boldsymbol{u}(k) \\ \boldsymbol{y}(k) &= \boldsymbol{C}\boldsymbol{x}(k) \end{aligned} \tag{75}$$

Für den Arbeitspunkt 1 ergeben sich die Matrizen des zeitdiskreten Zustandsmodells zu

$$\boldsymbol{A}^* = \begin{bmatrix} 0.5437 & -0.03093 \\ 0.6989 & 0.8656 \end{bmatrix}, \quad \boldsymbol{B}^* = \begin{bmatrix} -0.002618 & -0.008726 \\ 0.1401 & 0.467 \end{bmatrix}, \quad \boldsymbol{C} = \begin{bmatrix} 0 & 1 \end{bmatrix} \tag{76}$$

Das zeitdiskrete Zustandsmodell wird später für die Parametrierung des "Adaptive MPC Controller"-Bausteins benötigt.

Eine zeitliche Diskretisierung der zeitkontinuierlichen Übertragungsfunktionen $G(s)$ für den Arbeitspunkt 1 mit der Abtastzeit $T_s = 0.5\text{min}$ führt auf die zeitdiskreten Übertragungsfunktionen $G(q)$

$$G_{yu}(q) = \frac{T(q)}{T_K(q)} = \frac{0.1401q^{-1} - 0.078q^{-2}}{1 - 1.409q^{-1} + 0.4923q^{-2}} \tag{77}$$

und

$$G_{yv}(q) = \frac{T(q)}{T_{zu}(q)} = \frac{0.467q^{-1} - 0.26q^{-2}}{1 - 1.409q^{-1} + 0.4923q^{-2}} \tag{78}$$

Darin bezeichnet q^{-1} einen Verschiebeoperator $(x(k-1) = q^{-1}x(k))$. Die erste dieser beiden zeitdiskreten Übertragungsfunktionen wird später als Startmodell für die Online-Identifikation des dynamischen Verhaltens der Regelstrecke "Rührkesselreaktor" benötigt.

Für die Arbeitspunkte 2 und 3 lässt sich auf dieselbe Art und Weise eine Linearisierung des Zustands-Differenzialgleichungssystems durchführen. In **Tabelle 23** sind die Ergebnisse zusammengefasst.

Die Einheits-Sprungantworten der linearen Modelle sind für die Arbeitspunkte 1 und 3 in **Bild 147** dargestellt. Die Übertragungsfunktionen sind in beiden Fällen zweiter Ordnung, allerdings ergibt sich im Arbeitspunkt 1 Kriechverhalten (die Pole liegen bei $s_1 = -0.8963$ und $s_2 = -0.5217$) und im Arbeitspunkt 3 Schwingungsverhalten (die Pole liegen bei $s_{1,2} = -0.754 \pm 0.95j$). In beiden Arbeitspunkten ist der CSTR stabil. **Bild 148** zeigt die Einheits-Sprungantworten des linearen Modells für Arbeitspunkt 2. Das Reaktorverhalten ist in diesem Arbeitspunkt instabil, die Polstellen der Übertragungsfunktionen liegen bei $s_1 = -0.8350$ und $s_2 = +0.4953$, ein Pol liegt in der rechten s-Halbebene.

Mit dem so gefundenen Prozessmodell lässt sich nun ein MPC-Regler für den ersten Arbeitspunkt entwerfen. Dazu öffnet man den MPC Designer, importiert das Modell "CSTR_Modell_AP1_diskret" und legt die Struktur des MPC-Reglers fest. Der Regler besitzt eine manipulierbare Variable (die

	Zeitkontinuierliches Zustandsmodell	Übertragungsfunktionen
Arbeitspunkt 1	$A = \begin{bmatrix} -1.167 & -0.08803 \\ 1.989 & -0.2506 \end{bmatrix}$ $B = \begin{bmatrix} 0 & 0 \\ 0.3 & 1 \end{bmatrix}, c^T = [0 \quad 1]$	$G_{yu}(s) = \frac{0.3s+0.3501}{s^2+1.418s+0.4676}$ $G_{yv}(s) = \frac{s+1.167}{s^2+1.418s+0.4676}$
Arbeitspunkt 2	$A = \begin{bmatrix} -1.822 & -0.2334 \\ 9.801 & -1.482 \end{bmatrix}$ $B = \begin{bmatrix} 0 & 0 \\ 0.3 & 1 \end{bmatrix}, c^T = [0 \quad 1]$	$G_{yu}(s) = \frac{0.3s+0.5467}{s^2+0.3397s-0.4136}$ $G_{yv}(s) = \frac{s+1.822}{s^2+0.3397s-0.4136}$
Arbeitspunkt 3	$A = \begin{bmatrix} -4.209 & -0.3356 \\ 38.25 & 2.701 \end{bmatrix}$ $B = \begin{bmatrix} 0 & 0 \\ 0.3 & 1 \end{bmatrix}, c^T = [0 \quad 1]$	$G_{yu}(s) = \frac{0.3s+1.263}{s^2+1.508s+1.471}$ $G_{yv}(s) = \frac{s+4.209}{s^2+1.508s+1.471}$

Tabelle 23.
Lineare Modelle für das dynamische Verhalten des CSTR in den drei Arbeitspunkten.

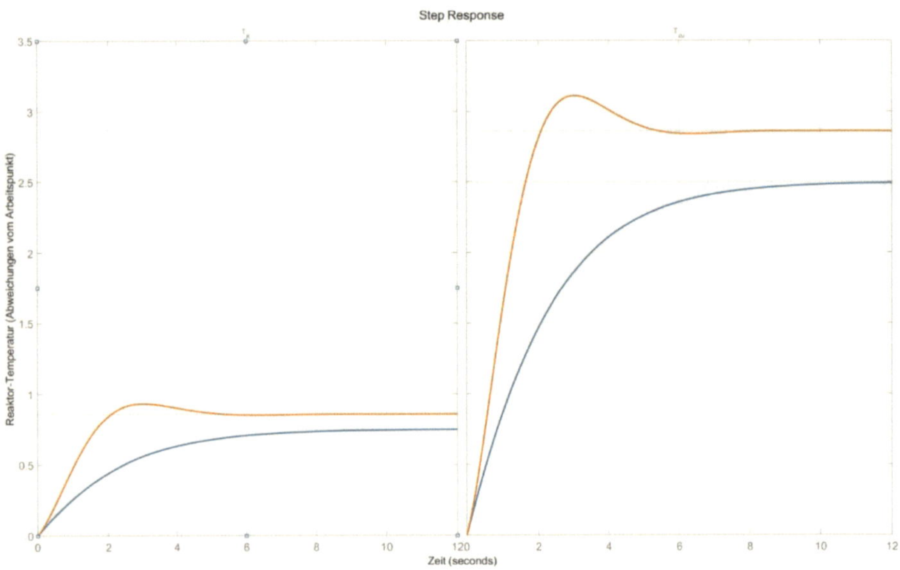

Bild 147.
Sprunganworten der Reaktortemperatur des CSTR gegenüber Verstellungen der Kühlmittel- und der Zulauftemperatur (Arbeitspunkte 1 und 3).

Kühlmitteltemperatur), eine gemessene Störgröße (die Feed-Temperatur) und eine Regelgröße (die Reaktortemperatur). Als Abtastzeit wird wie in [34] $T_s = 0{,}5$ gewählt. **Bild 149** zeigt das Fenster "Define MPC Structure by Importing".

Danach werden die Arbeitspunktwerte und Skalierungsfaktoren definiert (**Bild 150**).

Die Ungleichungs-Nebenbedingungen für die Stellgrößeninkremente zeigt **Bild 151**.

Innerhalb des MPC Designers kann jetzt das Führungs- und Störverhalten des MPC-geregelten Reaktors (ohne Plant Model Mismatch) simuliert werden. Für die Horizontlängen wurden $p = 20$ und $m = 4$ gewählt. Der Slider für "Closed-Loop Performance" wurde in Richtung "Robust" verschoben. **Bild 152** zeigt diese Einstellungen.

Das Simulationsszenario wird so festgelegt, dass zum Zeitpunkt $t = 1$ der Sollwert der Reaktortemperatur um 1 K erhöht wird und zum Zeitpunkt $t = 10$ die

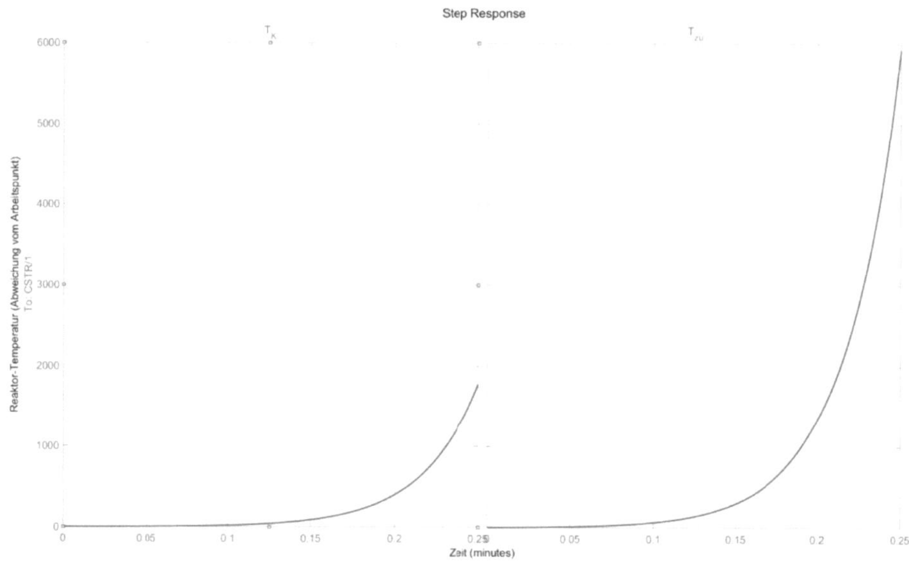

Bild 148.
Sprunganworten der Reaktortemperatur des CSTR gegenüber Verstellungen der Kühlmittel- und der Zulauftemperatur (Arbeitspunkt 2).

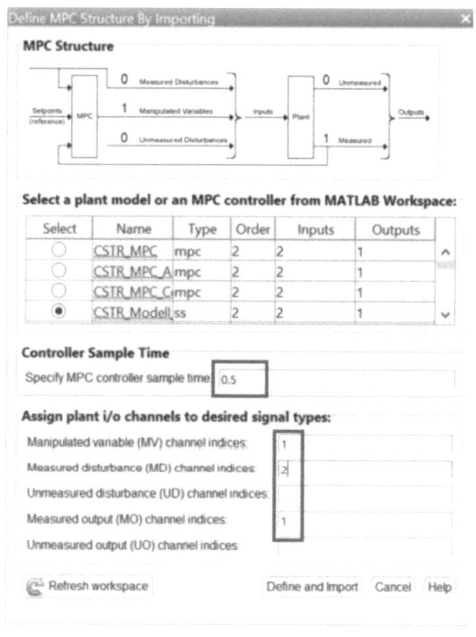

Bild 149.
Definition des MPC-Reglers für den kontinuierlichen Rührkesselreaktor.

gemessene Störgröße von 298,15 K auf 299,15 K springt. **Bild 153** zeigt die simulierten Sprungantworten des geschlossenen MPC-Regelungssystems.

Zusätzlich wurde die Ausregelung einer sinusförmigen Störung der Zulauftemperatur mit einer Amplitude von 5 K und einer Periodendauer von 120 min untersucht. Die Simulationsdauer wurde auf 240 min erhöht. Die Ergebnisse sind in **Bild 154** dargestellt.

Wie man ablesen kann, schwingt auch die Reaktortemperatur um ihren Sollwert. Allerdings beträgt die Amplitude dieser Schwingung nur ca. 0,2 K.

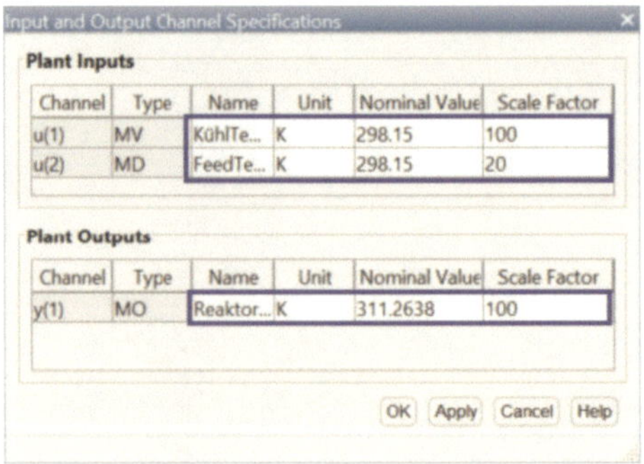

Bild 150.
Spezifikation der I/O Channels für den CSTR.

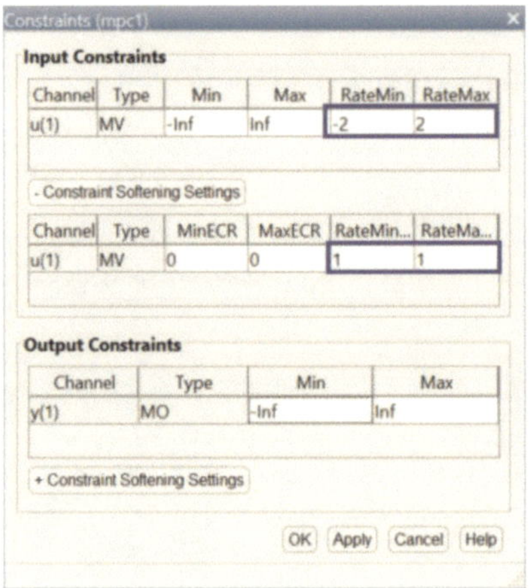

Bild 151.
Constraints-Fenster für den MPC-Regler des Reaktors.

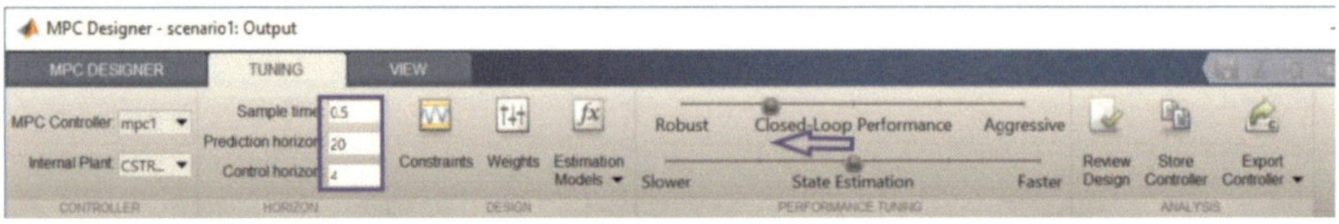

Bild 152.
Horizontlängen und Reglereinstellung für den MPC-Regler des CSTR.

Wesentlich interessanter ist, wie der mit dem linearen Modell entworfene MPC-Regler am nichtlinearen Reaktormodell arbeitet. Das kann man in Simulink® untersuchen. Im ersten Schritt soll nur eine engere Umgebung des Arbeitspunkts 1, d. h. nicht der gesamte Arbeitsbereich des CSTR, betrachtet werden. Zu diesem Zweck wird ein Simulink-Modell der MPC-Regelung des Reaktors entworfen, wie es beispielhaft in **Bild 155** dargestellt ist.

Im Zentrum des Modells stehen ein (nicht adaptiver) "MPC Controller"-Baustein aus der Bibliothek der MPC Toolbox und das oben beschriebene Subsystem, das das nichtlineare Modell des CSTR nachbildet. Der MPC-Reglerausgang "mv" wird mit dem Eingang "Kühlmitteltemperatur" des Reaktors verknüpft, die Reaktortemperatur wird als "mo"-Eingang zum MPC-Baustein zurückgeführt. Die Zulauftemperatur wird als messbare Störgröße sowohl auf den "md"-Eingang des MPC-Bausteins als auch auf die Regelstrecke geschaltet.

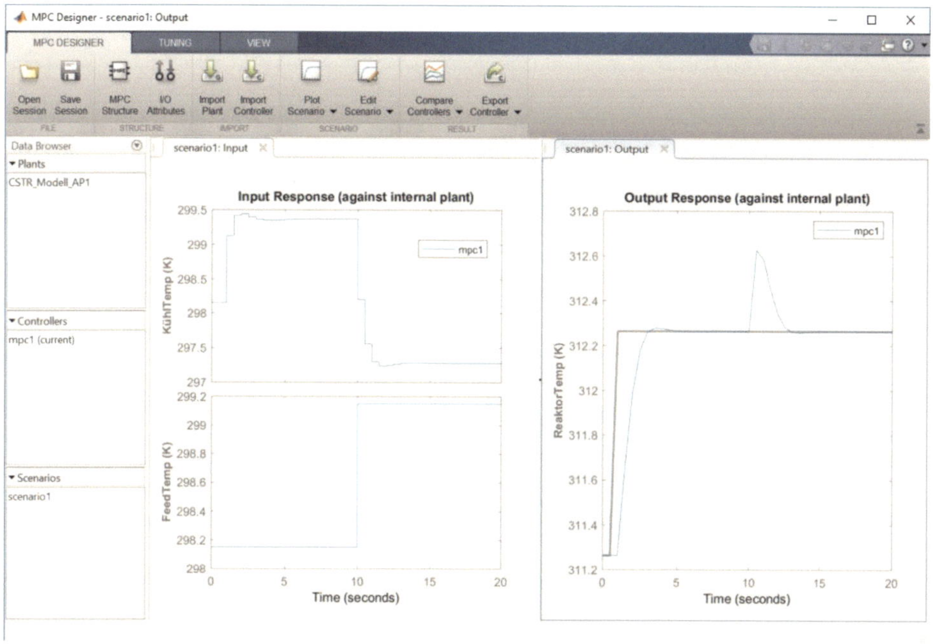

Bild 153.
Führungs- und Störverhalten des MPC-Regelungssystems für den CSTR in der MPC Designer App.

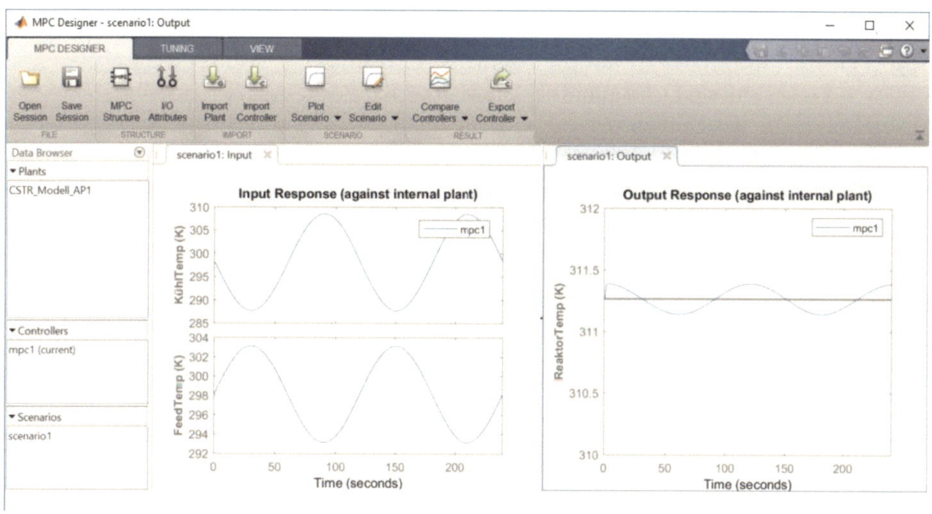

Bild 154.
Ausregelung einer sinusförmiger Störung der Feed-Temperatur.

Zwischen- und Ausgangsgrößen können im Scope angezeigt und in den MATLAB-Arbeitsspeicher geschrieben werden.

Es wurden zunächst dieselben Szenarien untersucht wie innerhalb der MPC Designer App. Im Unterschied zu vorher wird der mit dem linearen Modell des Reaktors entworfene MPC-Regler aber mit dem *nichtlinearen* Reaktormodell verknüpft, d. h. Plant-Model-Mismatch ist jetzt vorhanden. **Bild 156** zeigt das Führungsverhalten für eine Sollwertänderung um 1 K zum Zeitpunkt $t = 1$ und das Störverhalten für eine Zulauftemperatur-Änderung um 1 K zum Zeitpunkt $t = 30$.

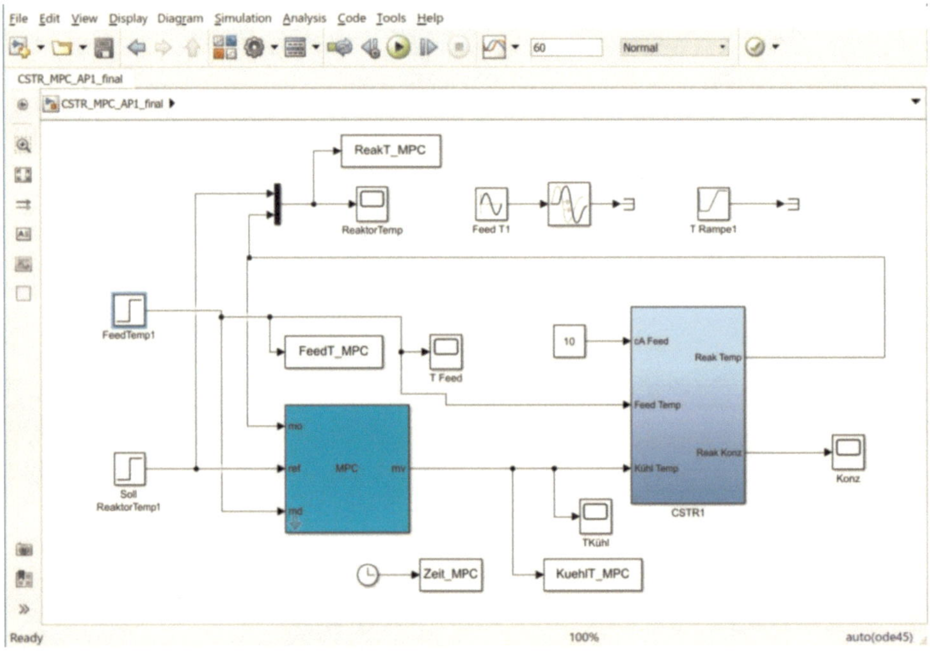

Bild 155.
Simulink-Modell für die MPC-Regelung des CSTR im Arbeitspunkt 1.

Es ist ein größeres Überschwingen und eine größere Ausregelzeit zu erkennen als bei der Simulation mit linearem Streckenmodell innerhalb der MPC Designer App (vgl. **Bild 153**). Dies ist auf die Nichtübereinstimmung von reglerinternem linearem Prozessmodell und nichtlinearem Streckenverhalten (Plant-Model-Mismatch) zurückzuführen.

Bild 157 zeigt schließlich den Fall einer sinusförmigen Störung der Zulauftemperatur bei konstantem Sollwert. Die Amplitude der Feedtemperatur beträgt wiederum 5 K.

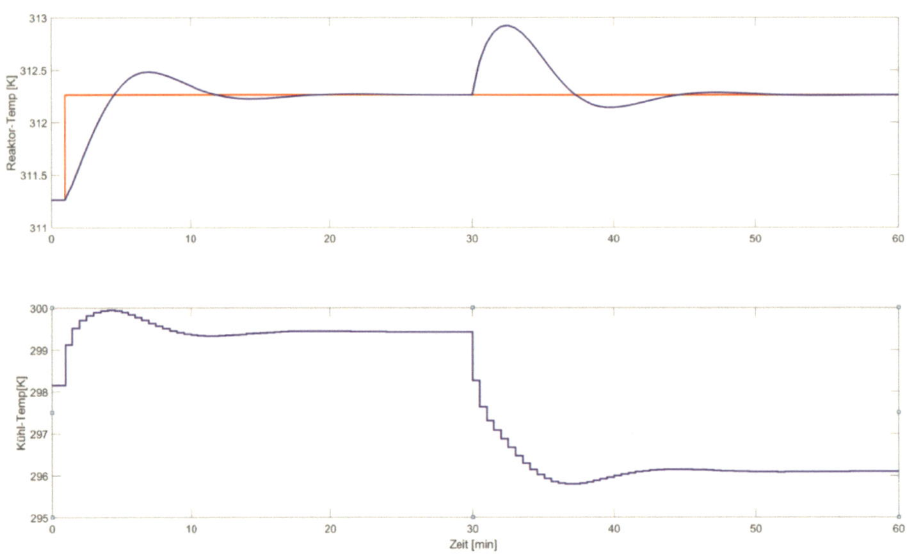

Bild 156.
Führungs- und Störverhalten des MPC-geregelten CSTR im Arbeitspunkt 1 (Simulation mit nichtlinearem Streckenmodell).

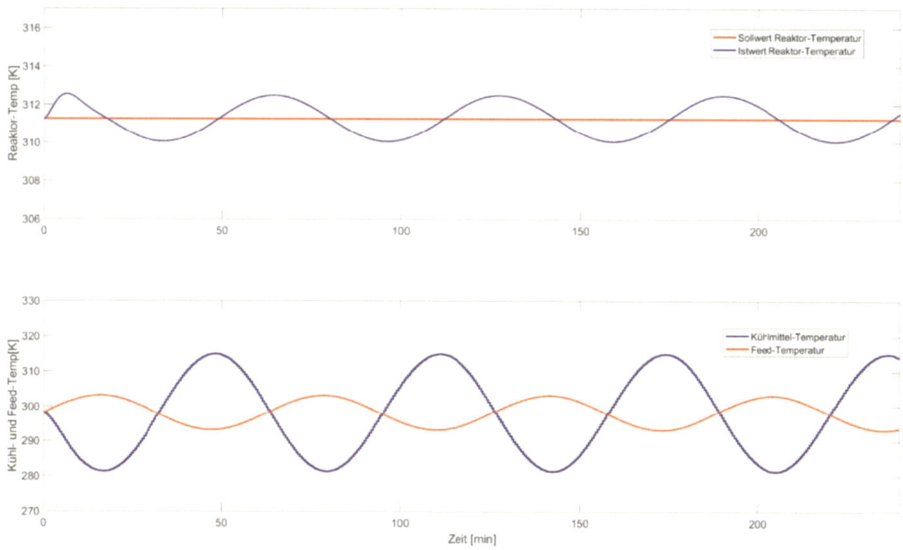

Bild 157.
Störverhalten des MPC-geregelten CSTR (Simulation mit nichtlinearem Streckenmodell, sinusförmige Störung der Zulauftemperatur).

Gegenüber der Simulation mit linearem Streckenmodell innerhalb der MPC Designer App (vgl. **Bild 154**) ist die Amplitude der Schwingung der Reaktortemperatur gewachsen, sie beträgt jetzt ca. 1 K. Insgesamt kann man aber schlussfolgern, dass der MPC-Regelung ausreichend robust ist, um die vorhandene Modellunsicherheit zu beherrschen. Das gilt, solange der Reaktor in der Umgebung des Arbeitspunktes betrieben wird, für den das lineare Modell gebildet wurde.

Wie sieht es aber aus, wenn der Reaktor in einem größeren Arbeitsbereich betrieben werden soll? Um diese Frage zu beantworten, wird simuliert, wie die (nicht-adaptive) MPC-Regelung arbeitet, wenn eine Sollwertrampe für die Reaktortemperatur vorgegeben wird, die zum Zeitpunkt $t = 50$ bei Arbeitspunkt 1 ($T = 311.2638K$) beginnt und zum Zeitpunkt $t = 100$ bei Arbeitspunkt 3 ($T = 368.0585$) endet. Als MPC-reglerinternes Modell wird das lineare Modell des CSTR für Arbeitspunkt 1 verwendet. Die Zulauftemperatur wird als konstant angenommen. Das Ergebnis der Simulation ist in **Bild 158** dargestellt.

Es ist klar zu erkennen, dass das Verhalten der Regelung ab ca. $t = 70$ nicht akzeptabel ist. Zu diesem Zeitpunkt nähert sich die Temperatur-Rampe einem Sollwert, der dem (instabilen) Arbeitspunkt 2 des Reaktors entspricht.

7.3 Identifikation des dynamischen Verhaltens durch rekursive Regression

Eine Möglichkeit zur Verbesserung der Regelgüte besteht darin, die Parameter (b_i, a_i) des Prozessmodells

$$G(q) = \frac{B(q)}{A(q)} = \frac{b_1 q^{-1} + b_2 q^{-1}}{1 + a_1 q^{-1} + a_2 q^{-1}} \tag{79}$$

aus fortlaufend anfallenden Messdaten für die Ein- und Ausgangsgrößen des Reaktors im Online-Betrieb des MPC-Regelungssystems zu schätzen und damit das reglerinterne Modell an das sich entlang der Temperatur-Rampe ändernde dynamische Verhalten anzupassen. Das kann durch Anwendung einer rekursiven Methode der kleinsten Fehlerquadrate (Recursive Least Squares, RLS) geschehen

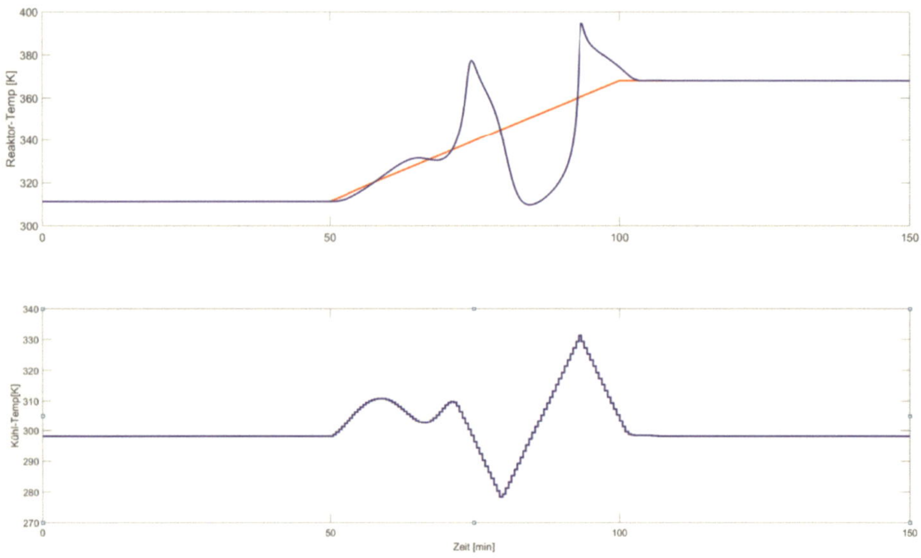

Bild 158.
Nicht-adaptive MPC-Regelung des CSTR bei Vorgabe einer Sollwertrampe.

([41], S. 269 ff.). Schreibt man die zeitdiskrete Übertragungsfunktion als Differenzengleichung, ergibt sich

$$y(k) + a_1 y(k-1) + a_2 y(k-2) = b_1 u(k-1) + b_2 u(k-1) \tag{80}$$

Fügt man diesem deterministischen Modell einen stochastischen Störterm hinzu, ergibt sich das sogenannte ARX-Modell. Es hat die Differenzengleichung

$$y(k) + a_1 y(k-1) + a_2 y(k-2) = b_1 u(k-1) + b_2 u(k-1) + \varepsilon(k) \tag{81}$$

Unter Nutzung von Übertragungsfunktionen lässt sich das ARX-Modell auch

$$y(k) = \frac{B(q)}{A(q)} u(k) + \frac{1}{A(q)} \varepsilon(k) \tag{82}$$

schreiben. Stellt man die Differenzengleichung nach $y(k)$ um und setzt auf der rechten Seite Messwerte für die Ein- und Ausgangsgrößen sowie Schätzwerte $\left(\hat{b}_i, \hat{a}_i\right)$ für die Modellparameter ein, ergibt sich

$$\hat{y}(k|k-1) = -\hat{a}_1 y(k-1) - \hat{a}_2 y(k-2) \ldots + \hat{b}_1 u(k-1) + \hat{b}_2 u(k-2) \tag{83}$$

Die Schreibweise $\hat{y}(k|k-1)$ soll andeuten, dass es sich um eine Einschritt-Vorhersage der Ausgangsgröße für den Zeitpunkt k auf der Grundlage von Messungen bis zum Zeitpunkt $(k-1)$ handelt. Fasst man die Messwerte und die Modellparameter zu Vektoren

$$\boldsymbol{\psi}^T(k) = [-y(k-1) \quad -y(k-2) \quad | \quad u(k-1) \quad u(k-2)] \tag{84}$$

$$\hat{\boldsymbol{\theta}}^T(k) = \left[\hat{a}_1 \quad \hat{a}_2 \quad | \quad \hat{b}_1 \quad \hat{b}_2\right] \tag{85}$$

zusammen, lässt sich kompakter schreiben

$$\hat{y}(k|k-1) = \boldsymbol{\psi}^T(k)\hat{\boldsymbol{\theta}}(k-1) \tag{86}$$

Der Gleichungsfehler oder das Residuum $e(k)$ ist die Differenz zwischen dem Messwert $y(k)$ zum Zeitpunkt k und der Vorhersage $\hat{y}(k|k-1)$

$$e(k) = y(k) - \hat{y}(k|k-1) \tag{87}$$

Die Modellparameter werden nun so bestimmt, dass eine möglichst gute Übereinstimmung zwischen den über das Modell vorhergesagten Werten $\hat{y}(k|k-1)$ und den am realen Prozess gemessenen Werten der Ausgangsgröße erreicht wird. Das kann man über die Minimierung der Fehlerquadratsumme

$$\min_{\boldsymbol{\theta}} \left\{ J = \sum_{i=1}^{N} e^2(i|\boldsymbol{\theta}) = \sum_{i=1}^{N} \left(y_{mess}(i) - \hat{y}(i|\boldsymbol{\theta}) \right)^2 \right\} \tag{88}$$

erreichen, worin N die Zahl der Messwertsätze bezeichnet. Daher auch die Bezeichnung Least-Squares- oder LS-Schätzung. In nicht-rekursiver Form, d. h. wenn zunächst $N \gg 2$ Messwertsätze gesammelt werden, lässt sich das Optimierungsproblem explizit in einem Schritt lösen und es ergibt sich die bekannte Schätzgleichung

$$\hat{\boldsymbol{\theta}} = \left(\boldsymbol{\Psi}^T\boldsymbol{\Psi}\right)^{-1}\boldsymbol{\Psi}^T\boldsymbol{y} \tag{89}$$

Hier sind in der Messwertmatrix $\boldsymbol{\Psi}$ zeitverschobene Messwerte für die Ein- und Ausgangsgrößen in der Form von $\boldsymbol{\psi}$ und im Messwertvektor $\boldsymbol{y}$ die Messwerte für die Ausgangsgröße angeordnet ([41], S. 226). Bei der nicht-rekursiven Form der LS-Schätzung werden alle Messdaten zuerst gesammelt und dann in einem Schritt verarbeitet. Sie eignet sich daher für eine Offline-Identifikation. Hier soll das dynamische Verhalten des Prozesses aber im Online-Betrieb und in Echtzeit identifiziert werden. Das erfordert eine rekursive Formulierung der LS-Schätzung, bei der aktualisierte Werte für die Modellparameter gefunden werden, wenn ein neuer Messwertsatz für die Ein- und Ausgangsgrößen eintrifft. Wenn sich die Modellparameter (langsam) im Laufe der Zeit ändern, ist es sinnvoll, die aktuellen und jüngeren Messungen stärker zu berücksichtigen als ältere, weiter zurück liegende Messungen. Das lässt sich durch eine Modifikation der Zielfunktion J durch Einführung von Gewichtsfaktoren erreichen:

$$J = \sum_{i=1}^{N} w(i) e^2(i|\boldsymbol{\theta}) \tag{90}$$

Wählt man die Gewichte nach der Vorschrift

$$w(k) = \lambda^{N-k} \quad 0 < \lambda < 1 \tag{91}$$

dann sind sie kleiner, je weiter die Messungen zurückliegen: für die jüngste (N−te) Messung ergibt sich nämlich $w(N) = \lambda^0 = 1$, für die zweitjüngste Messung $w(N-1) = \lambda^1 = \lambda < 1$, für $w(N-2) = \lambda^2 < \lambda < 1$ usw.. Die Größe λ wird daher als "Vergessensfaktor" bezeichnet.

Die Grundgleichung der rekursiven Regression lautet

$$\underset{\substack{\textit{Neuer}\\\textit{Parameter-}\\\textit{Schätzwert}}}{\hat{\boldsymbol{\theta}}(k)} = \underset{\substack{\textit{Alter}\\\textit{Parameter-}\\\textit{Schätzwert}}}{\hat{\boldsymbol{\theta}}(k-1)} + \underset{\substack{\textit{Korrektur-}\\\textit{vektor}}}{\boldsymbol{\gamma}(k)} \left[\underset{\substack{\textit{Neuer}\\\textit{Messwert}}}{y(k)} \underset{\substack{\textit{Vorhersage mit}\\\textit{alten Parametern}}}{- \boldsymbol{\psi}^T(k)\hat{\boldsymbol{\theta}}(k-1)} \right] \tag{92}$$

In jedem Schritt wird ein neuer Wert für den Vektor der Modellparameter bestimmt, der sich aus dem alten Parametervektor und einem Korrekturterm ergibt. Die Korrektur erfolgt proportional zur Differenz zwischen dem neuen Messwert für die Ausgangsgröße $y(k)$ und der Ein-Schritt-Vorhersage $\hat{y}(k|k-1)$, die mit einem neuen Messwertvektor $\boldsymbol{\psi}^T(k)$, aber den alten Modellparametern $\hat{\boldsymbol{\theta}}(k-1)$ gebildet wird. Proportionalitätsfaktor ist der Korrekturvektor $\boldsymbol{\gamma}(k)$. Die Rekursionsgleichungen (für eine Herleitung siehe ([41], S. 269 ff.)) lauten:

$$\begin{aligned}
\hat{\boldsymbol{\theta}}(k) &= \hat{\boldsymbol{\theta}}(k-1) + \boldsymbol{\gamma}(k)\left[y(k) - \boldsymbol{\psi}^T(k)\hat{\boldsymbol{\theta}}(k-1)\right] \\
\boldsymbol{\gamma}(k) &= \frac{\boldsymbol{P}(k-1)\boldsymbol{\psi}(k)}{\boldsymbol{\psi}^T(k)\boldsymbol{P}(k-1)\boldsymbol{\psi}(k) + \lambda} \\
\boldsymbol{P}(k) &= \left[I - \boldsymbol{\gamma}(k)\boldsymbol{\psi}^T(k)\right]\frac{\boldsymbol{P}(k-1)}{\lambda}
\end{aligned} \tag{93}$$

In diesen Gleichungen bezeichnet $\boldsymbol{P}(k) = \left(\boldsymbol{\Psi}(k)^T\boldsymbol{\Psi}(k)\right)^{-1}$ die sogenannte "Präzisionsmatrix". Sie ist ein Schätzwert für die Kovarianzmatrix des Schätzfehlers der Modellparameter. Um den Rekursionsalgorithmus zu starten, müssen Anfangswerte für die Modellparameter $\hat{\boldsymbol{\theta}}(0)$ und die Präzisionsmatrix $\boldsymbol{P}(0)$ bekannt sein. Im Beispiel der adaptiven MPC-Regelung des Rührkesselraktors sind die Koeffizienten der zeitdiskreten Übertragungsfunktion im Arbeitspunkt 1 bekannt und können als Startwerte für $\hat{\boldsymbol{\theta}}(0)$ verwendet werden. Für $\boldsymbol{P}(0)$ wird eine Diagonalmatrix angenommen, deren (identische) Elemente durch den Nutzer vorgegeben werden müssen. Da für $\hat{\boldsymbol{\theta}}(0)$ genaue Schätzwerte vorliegen, ist $\boldsymbol{P}(0) = (0.1 ... 5) * \boldsymbol{I}$ ein sinnvoller Startwert.

Alternativ zum Rekursionsverfahren mit Vergessensfaktor ist eine Formulierung des Algorithmus mit Hilfe eines Kalman-Filters möglich. Hier lauten die Rekursionsgleichungen ([37], S. 16 ff.):

$$\begin{aligned}
\hat{\boldsymbol{\theta}}(k) &= \hat{\boldsymbol{\theta}}(k-1) + \boldsymbol{\gamma}(k)\left[y(k) - \boldsymbol{\psi}^T(k)\hat{\boldsymbol{\theta}}(k-1)\right] \\
\boldsymbol{\gamma}(k) &= \frac{\boldsymbol{P}(k-1)\boldsymbol{\psi}(k)}{\boldsymbol{\psi}^T(k)\boldsymbol{P}(k-1)\boldsymbol{\psi}(k) + \boldsymbol{R}_2} \\
\boldsymbol{P}(k) &= \boldsymbol{P}(k-1) + \boldsymbol{R}_1 - \frac{\boldsymbol{P}(k-1)\boldsymbol{\psi}(k)\boldsymbol{\psi}^T(k)\boldsymbol{P}(k-1)}{\boldsymbol{\psi}^T(k)\boldsymbol{P}(k-1)\boldsymbol{\psi}(k) + \boldsymbol{R}_2}
\end{aligned} \tag{94}$$

Es wird angenommen, dass sich die "wahren" Modellparameter $\boldsymbol{\theta}_0$ wie ein "Random-walk"-Prozess $\boldsymbol{\theta}_0(k) = \boldsymbol{\theta}_0(k-1) + \boldsymbol{w}(k)$ verhalten. Darin bedeutet $\boldsymbol{w}(k)$ Gaußsches weißes Rauschen mit der Kovarianzmatrix $\boldsymbol{R}_1 = E\left[\boldsymbol{w}(k)\boldsymbol{w}^T(k)\right]$. Die Matrix $\boldsymbol{R}_2$ bezeichnet die Varianz von $e(k)$ aus $y(k) = \boldsymbol{\psi}^T(k)\boldsymbol{\theta}_0(k) + e(k)$.

Die System Identification Toolbox™ von MATLAB® unterstützt die Online-Identifikation linearer Prozessmodelle. Unter anderem werden Simulink-Bausteine für die rekursive Schätzung von Polynom-Modellen wie zum Beispiel ARX zur Verfügung gestellt, die die oben beschriebenen Rekursionsverfahren anbieten. Deren Parametrierung wird im nächsten Abschnitt beschrieben.

7.4 Adaptive MPC-Regelung

Abschließend soll eine adaptive MPC-Regelung mit Online-Identifikation eines linearen ARX-Modells in Simulink® nachgebildet werden. **Bild 159** zeigt das auf der Grundlage von ([34], S. 5–26 ff.) entwickelte Simulink-Modell. Im Zentrum des Modells stehen

- ein cyan dargestellter "Adaptive MPC"-Baustein aus dem Bereich Model Predictive Control der Simulink-Bausteinbibliothek,
- das hellblau dargestellte Subsystem zur Nachbildung des dynamischen Verhaltens des CSTR, und
- zwei magenta dargestellte Blöcke ("Recursive Polynomial Model Estimator" und "Model Type Converter") aus der Simulink-Bibliothek der System Identification Toolbox™, die die Aufgabe der Online-Identifikation eines zeitdiskreten Polynom-Modells (hier ARX) und der Umwandlung des ARX-Modells in ein zeitdiskretes Zustandsmodell übernehmen.

Der "mv"-Ausgang des "Adaptive MPC"-Bausteins ist mit dem Kühlmittel-Temperatur-Eingang der Regelstrecke verbunden. Der Reaktor-Temperatur-Ausgang des CSTR-Subsystems ist mit dem "mo"-Eingang des MPC-Reglers verknüpft. Die Feed-Temperatur ist als sinusförmige Signalquelle sowohl mit dem "md"-Eingang des Reglers als auch mit dem Störgrößeneingang der Strecke "verdrahtet". Auf die Kühlmittel-Temperatur und die Reaktortemperatur können stochastische Störsignale addiert werden.

Der Baustein "Recursive Polynomial Model Estimator" wird sowohl mit den Eingangsgrößen als auch mit der Ausgangsgröße des CSTR verbunden. Eingänge sind die Kühlmittel-Temperatur (Stellgröße) und die Feed-Temperatur (Störgröße). Ausgangsgröße ist die Reaktortemperatur (Regelgröße). Diese Größen müssen zeitdiskret bereitgestellt werden. Daher werden "Unit Delay"-Bausteine eingefügt, deren Abtastzeit $T_s = 0,5$ beträgt. Das online im geschlossenen Regelkreis zu identifizierende ARX-Modell besteht aus zwei Teil-Modellen jeweils zweiter Ordnung für die Zusammenhänge von Stell- und Regelgröße (Stellstrecke):

$$G_{yu}(q) = \frac{T(q)}{T_K(q)} = \frac{B_1(q)}{A(q)} = \frac{b_{11}q^{-1} + b_{12}q^{-1}}{1 + a_1q^{-1} + a_2q^{-1}} \tag{95}$$

und Stör- und Regelgröße (Störstrecke)

$$G_{yv}(q) = \frac{T(q)}{T_{zu}(q)} = \frac{B_2(q)}{A(q)} = \frac{b_{21}q^{-1} + b_{22}q^{-1}}{1 + a_1q^{-1} + a_2q^{-1}} \tag{96}$$

Die Nenner beider Übertragungsfunktionen sind identisch. Die Nominalmodelle für den Arbeitspunkt 1 sind oben angegeben. Es sind insgesamt sechs Parameter online aus den fortlaufend anfallenden Daten der Ein- und Ausgangsgrößen zu

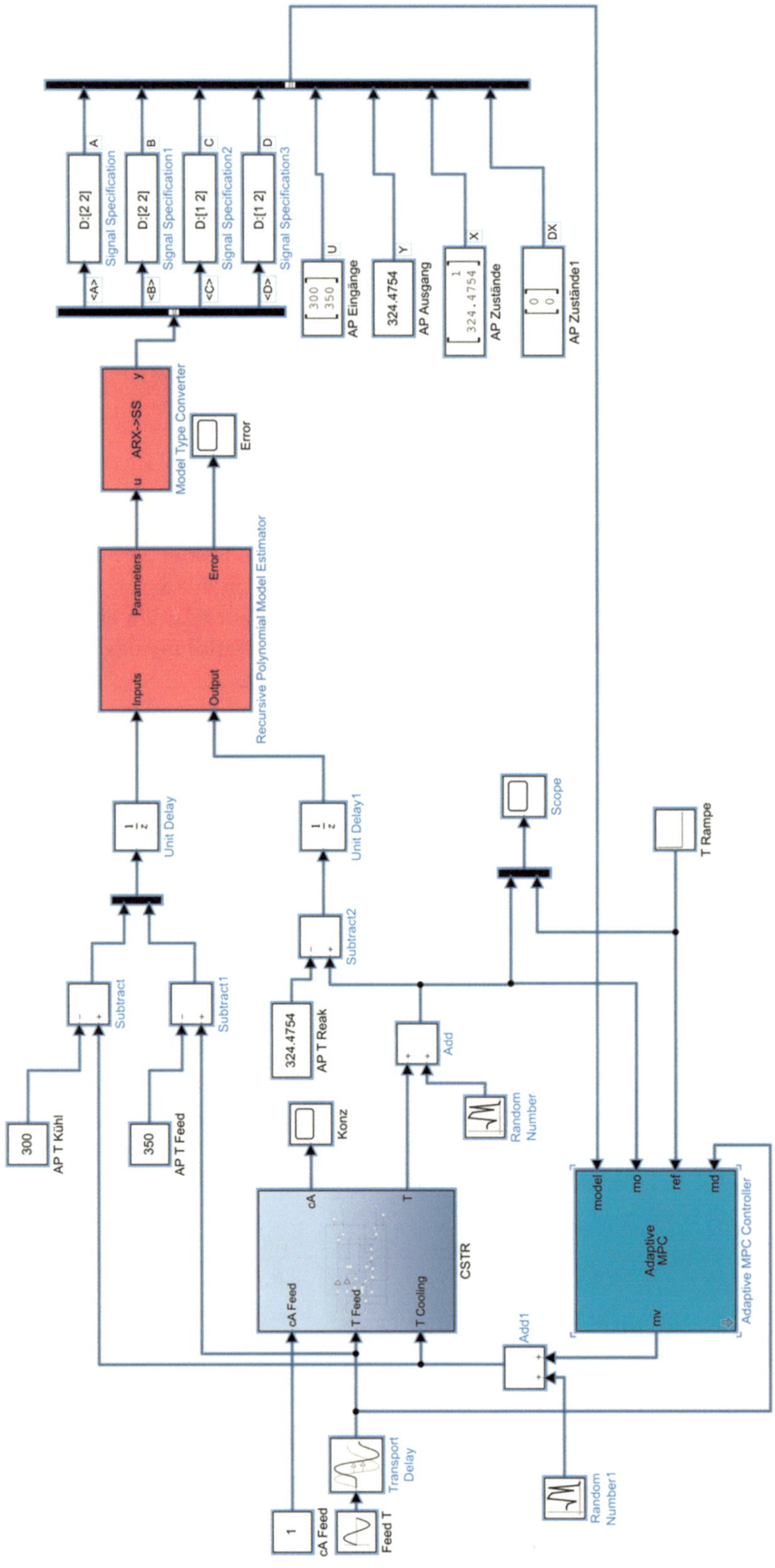

Bild 159.
Simulink.Modell der adaptiven Regelung eines kontinuerlichen Rührkesselreaktors.

schätzen. Dabei ist zu beachten, dass in den linearen ARX-Modellen die Größen als Abweichungen von ihren Arbeitspunkten auftreten. Die Arbeitspunktwerte müssen daher vor der Verarbeitung im "Recursive Polynomial Model Estimator"-Baustein von den am Streckenausgang vorliegenden Tempertursignalen subtrahiert werden.

Öffnet man die Eingabemaske für den Baustein "Recursive Polynomial Model Estimator"(**Bild 160**), erkennt man die Möglichkeiten der Parametrierung. Vorzugeben sind

- die Modellstruktur aus einer Auswahlliste von Polynommodellen (hier ARX),
- die Abtastzeit (hier $T_s = 0.5$),
- den Kovarianzmatrix für die Modellparameter als Maß für die Genauigkeit der Anfangsschätzung für die Modellparameter (hier Eins),
- die Anfangswerte für die Modellparameter. Hier werden die Polynome $A(q)$ und $B(q)$, d. h. Nenner und Zähler der zeitdiskreten Übertragungsfunktionen des CSTR, eingetragen.

Letztere kann man aus dem ursprünglich durch Linearisierung des CSTR-Modells im Arbeitspunkt 1 ermittelten zeitkontinuierlichen Zustandsmodell "CSTR_Modell_AP1" durch folgende MATLAB-Befehlsfolge gewinnen:

```
CSTR_Modell_AP1_diskret = c2d(CSTR_Modell_AP1,0.5);
[zaehler, nenner] = tfdata(CSTR_Modell_AP1_diskret);
Aq = nenner{1};
Bq = zaehler;
```

Wechselt man zum Reiter "Algorithm and Block Options" (**Bild 161**), eröffnen sich weitere Möglichkeiten der Parametrierung.

Es sind die Schätzmethode zu wählen (hier "Kalman-Filter") und die Kovarianzmatrix des Prozessrauschens als Maß für den Signal-Stör-Abstand (hier 0,01) vorzugeben. Außerdem können am Baustein weitere Ports für die Ein- und

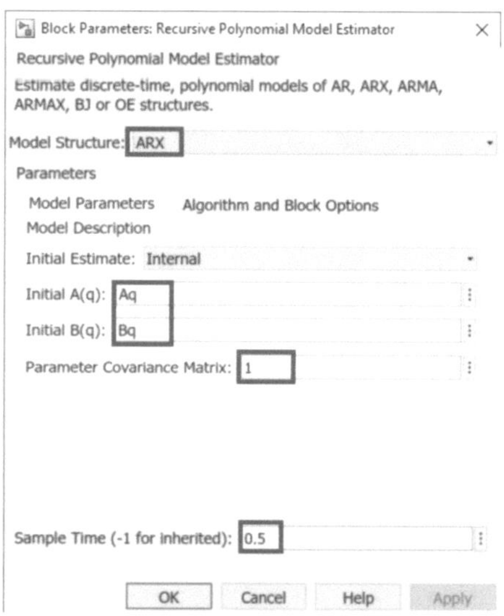

Bild 160.
Eingabemaske für den Baustein "Recursive Polynomial Model Estimator" (Reiter "Model Parameters").

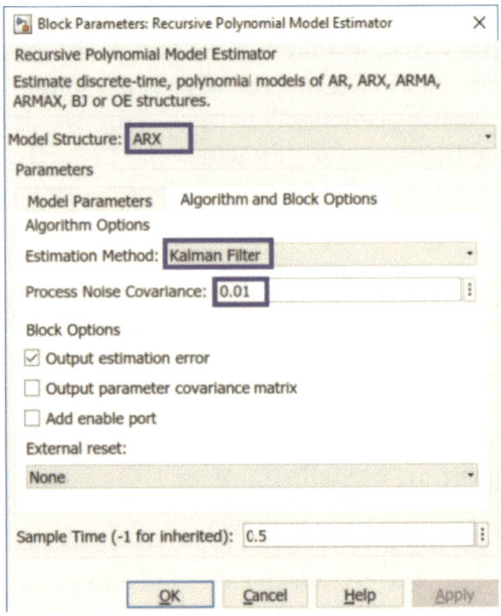

Bild 161.
Eingabemaske für den Baustein "Recursive Polynomial Model Estimator" (Reiter "Algorithm and Block Options").

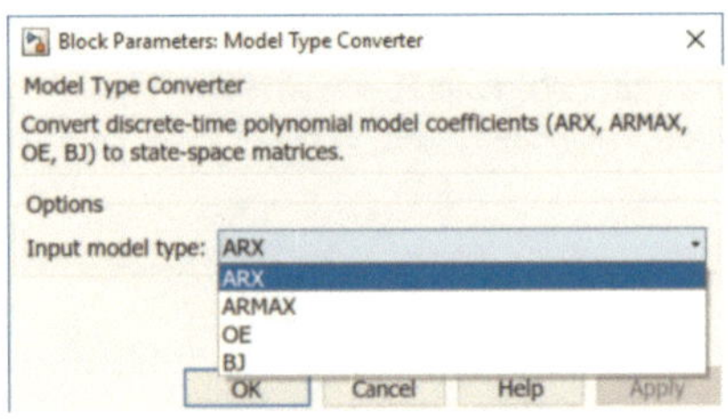

Bild 162.
Parametrierung des "Model Type Converter"-Bausteins.

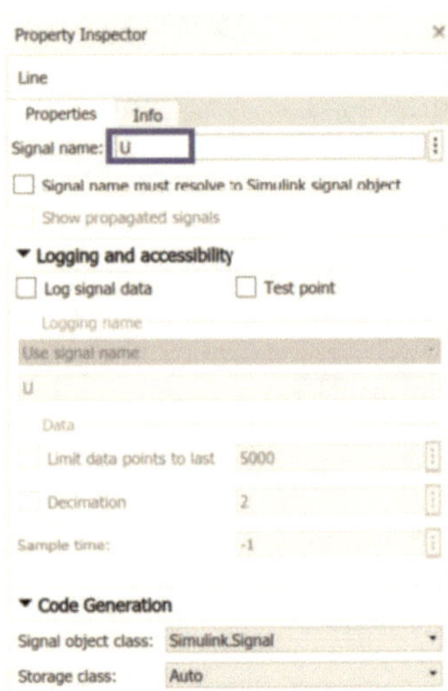

Bild 163.
Eintragung eines Namens an einer Signallinie im Property Inspector.

Ausgabe freigeschaltet werden. Hier wurde ein Häkchen bei "Output estimation error" gesetzt, um am Ausgang des Bausteins (z. B. in einem Scope) die zeitliche Entwicklung des Schätzfehlers zu beobachten.

Im Baustein "Model Type Converter" ist der Typ des Eingangsmodells zu parametrieren, das in ein Zustandsmodell umgewandelt werden soll (**Bild 162**). Diese Umwandlung ist notwendig, weil der "Adaptive MPC Controller"-Baustein am "model"-Eingang nur ein zeitdiskretes Zustandsmodell, aber kein Polynom-Modell verarbeiten kann.

Etwas ungewöhnlich ist die dann folgende Verarbeitung des Bussignals über "Bus Selector"- und "Bus Creator"-Bausteine. Sie ist deswegen erforderlich, weil der "model"-Eingang des "Adaptive MPC Controller"-Bausteins mit einem Bussignal verknüpft werden muss, das eine vorgegebene Struktur aufweist. Es enthält einerseits die Matrizen des (durch Umwandlung aus dem ARX-Modell gewonnenen) zeitdiskreten Zustandsmodells. Diese werden durch den Bus Selector aus dem Bussignal des Modell-Konverter-Bausteins abgeleitet. Andererseits müssen die Arbeitspunktwerte der Eingangs-, Ausgangs- und Zustandsgrößen sowie der

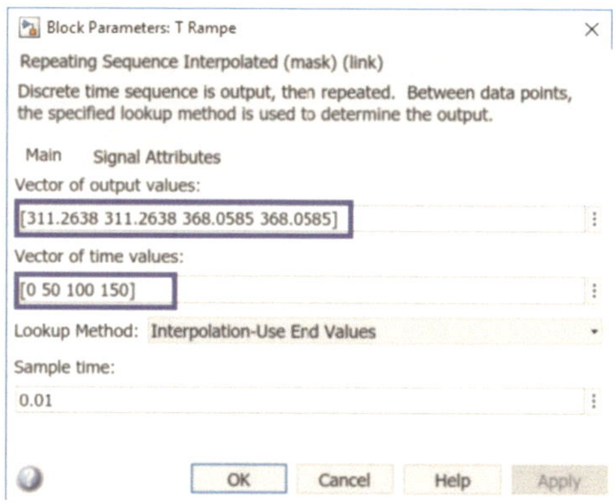

Bild 164.
Parametrierung einer Rampenfunktion im "Repeated Sequence Interpolated"-Baustein.

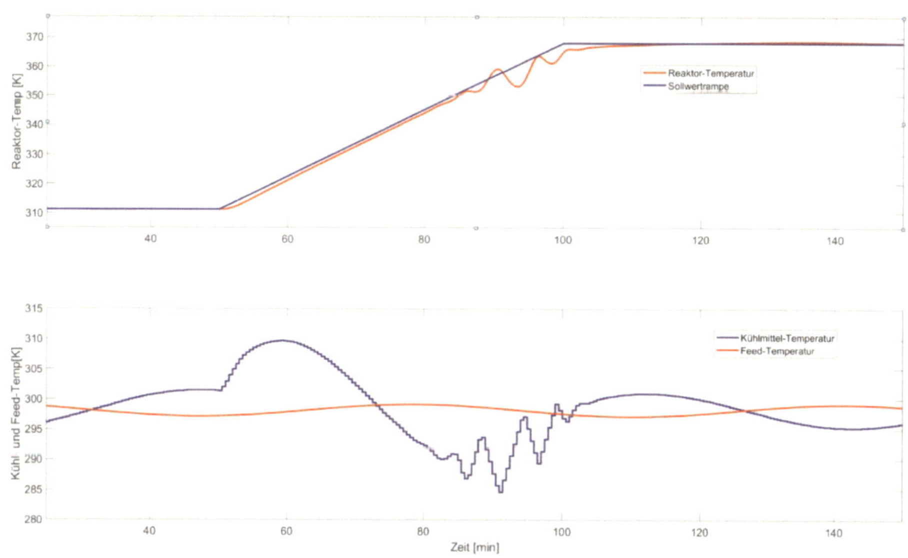

Bild 165.
Adaptive MPC-Regelung des CSTR: rampenförmige Sollwertänderung.

zeitlichen Ableitungen der Zustandsgrößen übergeben werden. Die notwendigen Informationen werden in einem "Bus Creator" zusammengefasst.

Wichtig ist, dass die Signallinien am "Bus Selector"-Eingang mit den richtigen Namen versehen werden (A, B, C, D für die Matrizen des Zustandsmodells, U, Y, X und DX für die Arbeitspunktwerte). Um die Signallinien zu benennen, kann man im Simulink-Modell die jeweilige Signallinie anwählen und dann unter "View/ Property Inspector" ein Fenster öffnen (**Bild 163**), in dem man die Signalnamen eintragen kann.

Noch nicht beschrieben wurde die Vorgabe der Sollwert-Rampe. Hierfür kann man einen "Repeated Sequence Interpolated"-Baustein verwenden, der wie in **Bild 164** zu sehen parametriert wird. Im vorliegenden Fall wird zwischen den Arbeitspunktwerten der Reaktortemperatur für die Arbeitspunkte 1 und 3 im Bereich von $50 \le t \le 100$ linear interpoliert, für $0 \le t \le 50$ und $100 \le t \le 150$ ist der Sollwert konstant.

Bild 165 zeigt das Ergebnis der Simulation der adaptiven MPC-Regelung.

Vergleicht man das Ergebnis mit der nicht-adaptiven MPC-Regelung (siehe **Bild 158**), hat sich das Führungs- und Störverhalten wesentlich verbessert. Insbesondere bei der Annäherung an den instabilen Arbeitspunkt ist der adaptive MPC-Regler in der Lage, Abweichungen der Reaktortemperatur von der Sollwertrampe auszugleichen, wenn dafür vorübergehend auch stärkere Eingriffe in den Kühlmittelstrom notwendig sind.

8. pH-Wert-Regelung mit einem Gain-Scheduled MPC-Regler

Am Beispiel der pH-Wert-Regelung in einem Neutralisationsreaktor wird in diesem Kapitel beschrieben, wie man für diesen Prozess mit stark nichtlinearem statischem Verhalten einen "Gain Scheduled" MPC-Regler entwerfen und einsetzen kann. Dabei wird eine "Bank" linearer Prozessmodelle für verschiedene Arbeitspunkte identifiziert und für jedes dieser Modelle ein LMPC-Regler entworfen. Im laufenden Betrieb wird in Abhängigkeit vom aktuellen Arbeitspunkt stoßfrei zwischen diesen Reglern umgeschaltet. Für die Simulation wird ein "Multiple MPC Controllers"-Baustein der MPC Toolbox verwendet.

8.1 Theoretisches Prozessmodell eines Neutralisationsreaktors

pH-Wert-Regelungen gehören zu den kompliziertesten Regelungsaufgaben in verfahrenstechnischen Prozessanlagen. Sie spielen u. a. bei der Prozessführung von biotechnologischen inkl. Abwasseranlagen eine wichtige Rolle. Eine Ursache für die auftretenden Schwierigkeiten besteht in der ausgeprägten Nichtlinearität des statischen Verhaltens. Andere Ursachen sind Schwankungen im Durchfluss und der Zusammensetzung der zulaufenden sauren und basischen Volumenströme und die zeitliche Veränderung der Titrationskurve infolge der Änderung der Puffereigenschaften des Gemischs, dessen pH-Wert geregelt werden soll. Eine gute Übersicht über die Modellbildung und Regelung von pH-Systemen findet man in [101]. Ein umfangreiches Literaturverzeichnis zur MPC-Regelung von pH-Neutralisationsprozessen enthält [102].

Im vorliegenden Abschnitt soll gezeigt werden, wie das Problem des nichtlinearen statischen Verhaltens mit Hilfe eines "Gain Scheduled MPC-Reglers" behandelt werden kann, der als Baustein "Multiple MPC Controller" in der MPC Toolbox verfügbar ist. Das Konzept des "Gain Scheduling" ist als erweiterte PI(D)-Regelungsstruktur seit langem bekannt ([24], S. 177 ff.). Es bedeutet dort, dass die Reglerparameter (meist nur die Reglerverstärkung, das "controller gain") fortlaufend automatisch an das sich ändernde Streckenverhalten angepasst werden. Diese Anpassung erfolgt mit Hilfe eines im Entwurfsprozess definierten Plans oder "Schedules". Ein solcher "Schedule" kann zum Beispiel eine Zuordnungstabelle zwischen einem gemessenen Signal, das den aktuellen Arbeitspunkt des Prozesses charakterisiert, und den Reglerparametern sein. **Bild 166** zeigt das Prinzip. Hier charakterisiert der vorgegebene Sollwert den angestrebten Arbeitspunkt und die Reglerverstärkung wird nach einer vorher definierten Beziehung $K_P = f(w)$ in Abhängigkeit vom Sollwert angepasst. Die Gain-Scheduling-Struktur ist eine der einfachsten adaptiven Regelungsstrategien.

Anders als bei einem PI(D)-Regler mit "Gain Scheduling" werden bei einem "Gain Scheduled MPC-Regler" nicht die Reglerparameter des MPC-Reglers (also etwa die Gewichtsfaktoren) an das aktuelle Streckenverhalten angepasst.

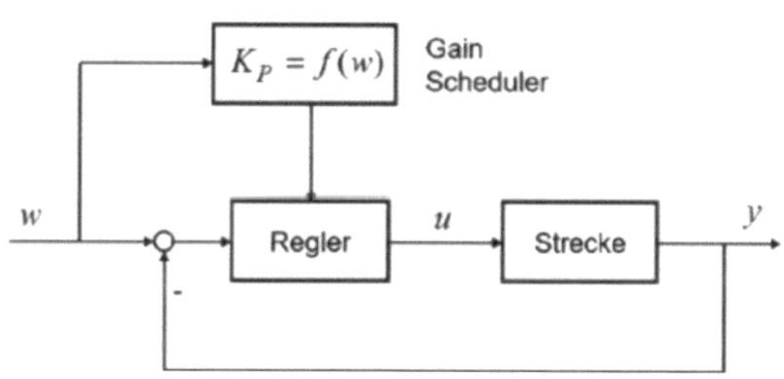

Bild 166.
Gain Scheduling als erweiterte PI(D)-Regelungsstruktur.

Stattdessen wird für eine bestimmte Zahl von Arbeitspunkten ein (lineares) Prozessmodell entwickelt und ein MPC-Regler entworfen. In der Arbeitsphase der Regelung wird dann zwischen diesen MPC-Reglern umgeschaltet. Ein interner Mechanismus im "Multiple MPC Controller"-Baustein von Simulink® sorgt für die Stoßfreiheit der Umschaltung. Im Beispiel der pH-Wert-Regelung werden pH-Wert-Bereiche definiert, für die dann jeweils ein MPC-Regler ausgewählt und aktiviert wird. Das Konzept wird in **Bild 167** verdeutlicht.

Als Beispiel soll ein Neutralisationsprozess betrachtet werden, der in einem kontinuierlichen Rührkessel im Maßstab einer Laboranlage abläuft. Die Anlage wurde an der University of California at Santa Barbara (UCSB) entwickelt und in [103, 104] beschrieben. Dort wurde auch ein theoretisches Prozessmodell angegeben. **Bild 168** zeigt ein vereinfachtes technologisches Schema des Reaktors.

Als Säure wird Salpetersäure (HNO_3), als Base Natronlauge ($NaOH$) und als Pufferlösung Natriumhydrogenkarbonat oder kurz Natron ($NaHCO_3$) verwendet. Die chemischen Gleichgewichte werden durch Einführung von Reaktionsinvarianten W_{ai} und W_{bi} für die zulaufenden Volumenströme ($i = 1$ Säurestrom, $i = 2$ Pufferstrom, $i = 3$ Basenstrom, $i = 4$ Produktstrom) wie folgt beschrieben [105]:

$$\begin{aligned} W_{ai} &= [H^+]_i - [OH^-]_i - [HCO_3^-]_i - 2[CO_3^{2-}]_i \\ W_{bi} &= [H_2CO_3]_i + [HCO_3^-]_i + [CO_3^{2-}]_i \end{aligned} \quad (97)$$

In **Tabelle 24** sind die Parameter und Arbeitspunktwerte für das pH-System zusammengestellt.

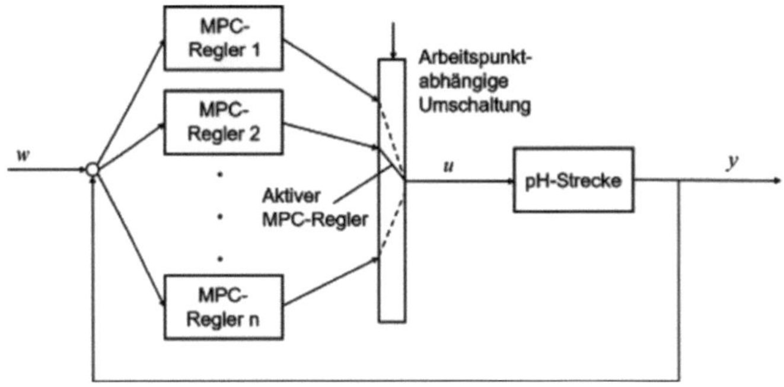

Bild 167.
Prinzip der "Gain Scheduled" MPC-Regelung.

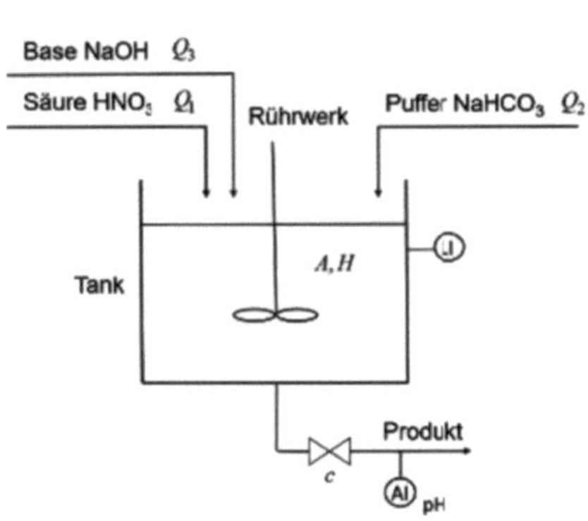

Bild 168.
Vereinfachtes technologisches Schema eines Neutralisationsreaktors.

Variable	Wert	Variable	Wert
W_{a1}	0,003M	W_{b1}	0M
W_{a2}	−0,03M	W_{b2}	0,03M
W_{a3}	$-3{,}05\times10^{-3}$M	W_{b3}	5×10^{-5}M
W_{a4}	$-4{,}36\times10^{-4}$M	W_{b4}	$5{,}276\times10^{-4}$M
A	207 cm^2	K_{a1}	$4{,}47\times10^{-7}$
H	14 cm	K_{a2}	$5{,}62\times10^{-11}$
Q_1	16,6 ml/s	Q_2	0,55 ml/s
Q_3	15,6 ml/s	pH	7,0
c	$8{,}572\ ml/(s\cdot\sqrt{cm})$		

Tabelle 24.
Parameter und Arbeitspunktwerte für den Neutralisationsprozess.

Darin bezeichnen A und H die Querschnittsfläche und die Füllhöhe des zylindrischen Tanks, c einen Ventilkoeffizienten und Q_1 ... Q_3 die Volumenströme von Säure, Pufferlösung und Base. K_{a1} und K_{a2} bezeichnen Gleichgewichtskonstanten, pK_{a1} und pK_{a2} sind deren negative dekadische Logarithmen. Der pH-Wert ist definiert als der negative dekadische Logarithmus der Wasserstoffionenkonzentration: $pH = -\log_{10}[H^+]$.

Das mathematische Modell des pH-Systems besteht aus der Massenbilanzgleichung

$$\frac{dH}{dt} = \frac{1}{A}\left(Q_1 + Q_2 + Q_3 - c\sqrt{H}\right) \tag{98}$$

(bei Annahme konstanter Dichte) und den Differenzialgleichungen für die Reaktionsinvarianten des Produktstroms

$$\begin{aligned}\frac{dW_{a4}}{dt} &= \frac{1}{AH}[(W_{a1}-W_{a4})Q_1 + (W_{a2}-W_{a4})Q_2 + (W_{a3}-W_{a4})Q_3]\\ \frac{dW_{b4}}{dt} &= \frac{1}{AH}[(W_{b1}-W_{b4})Q_1 + (W_{b2}-W_{b4})Q_2 + (W_{b3}-W_{b4})Q_3]\end{aligned} \tag{99}$$

Der pH-Wert lässt mit Hilfe der folgenden impliziten algebraischen Gleichung iterativ ermitteln:

$$W_{a4} + 10^{pH-14} - 10^{-pH} + W_{b4}\frac{1 + 2\cdot 10^{pH-pK_{a2}}}{1 + 10^{pK_{a1}-pH} + 10^{pH-pK_{a2}}} = 0 \tag{100}$$

Das Ziel der Regelung besteht in der Stabilisierung des pH-Werts gegenüber nicht gemessenen Störungen der Durchflüsse der Säure und Pufferströme. Stellgröße ist der Durchfluss des Basenstroms. Regelungstechnisch kann man daher $\boldsymbol{x} = [H \quad W_{a4} \quad W_{b4}]^T$ als Vektor der Zustandsgrößen, $u = Q_3$ als Stellgröße, $d = Q_2$ als Störgröße und $y = pH$ als Regelgröße auffassen.

Das Differenzialgleichungssystem und die algebraische Gleichung zur Bestimmung des pH-Werts lassen sich in ein Simulink-Modell überführen (**Bild 169**).

Man beachte die Nutzung eines “Algebraic Constraint”-Blocks (rechts unten) zur Bestimmung des pH-Werts.

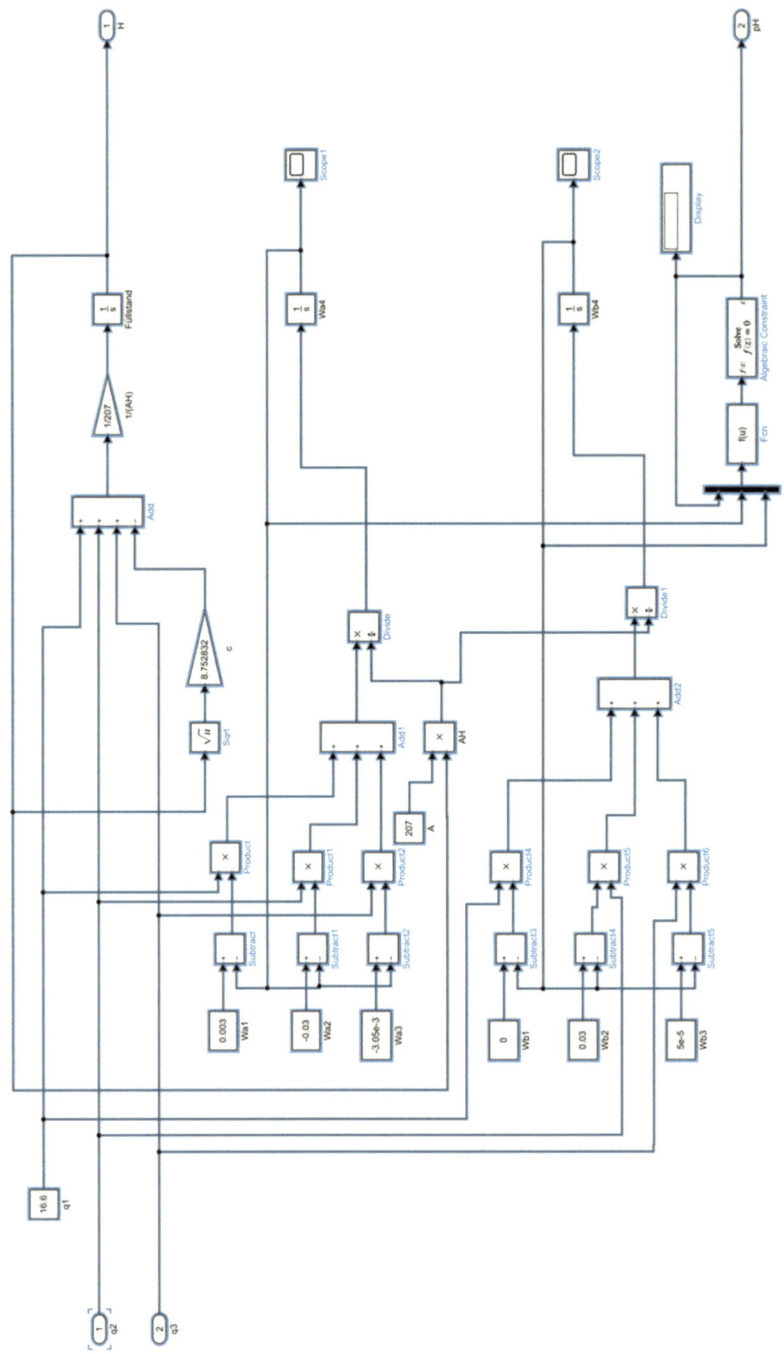

Bild 169.
Simulink-Modell des pH-Systems.

Das Simulink-Modell lässt sich zu einem Subsystem zusammenfassen, bei dem die Stell- und die Störgrößen ($u = Q_3$ und $d = Q_2$) als Eingangsgrößen und der Füllstand H sowie die Regelgröße $y = pH$ als Ausgangsgrößen auftreten (**Bild 170**).

Die statische Kennlinie $pH = f(Q_3)$ besitzt das in **Bild 171** dargestellte Aussehen. Diese Grafik wurde gewonnen, indem das Simulink-Modell mit Sprüngen des Basestroms Q_3 (Endwerte $Q_3 = 1, 2, 3, \ldots, 30$) beaufschlagt und die sich ergebenden pH-Endwerte erfasst wurden. Es ist deutlich zu erkennen, dass die Streckenverstärkung stark variiert. Im Bereich $4 < pH < 5$ ist sie zum Beispiel deutlich größer als im Bereich $2.8 < pH < 3.5$ oder $10 < pH < 11$. Das Verhältnis der größten zur kleinsten Streckenverstärkung beträgt ca. 15,5:1. Es ist daher zu erwarten, dass der pH-Wert nicht im gesamten Bereich mit einer konstanten Reglereinstellung bzw. bei einem MPC-Regler mit nur einem Prozessmodell gleichermaßen gut geregelt werden kann.

Der Entwurf der "Gain Scheduled MPC-Regelung" erfolgt in folgenden Schritten:

- Identifikation linearer Prozessmodelle für vier Arbeitspunkte $pH = \{7,\ 7.5,\ 8.5,\ 10\}$ auf der Grundlage virtueller Messdaten, die durch

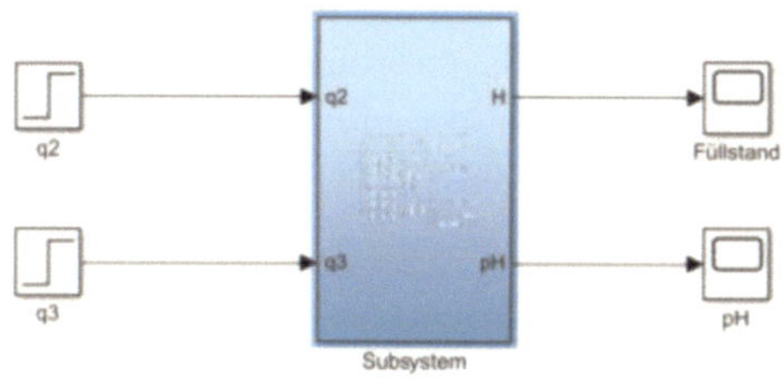

Bild 170.
Das pH-System als Simulink-Subsystem.

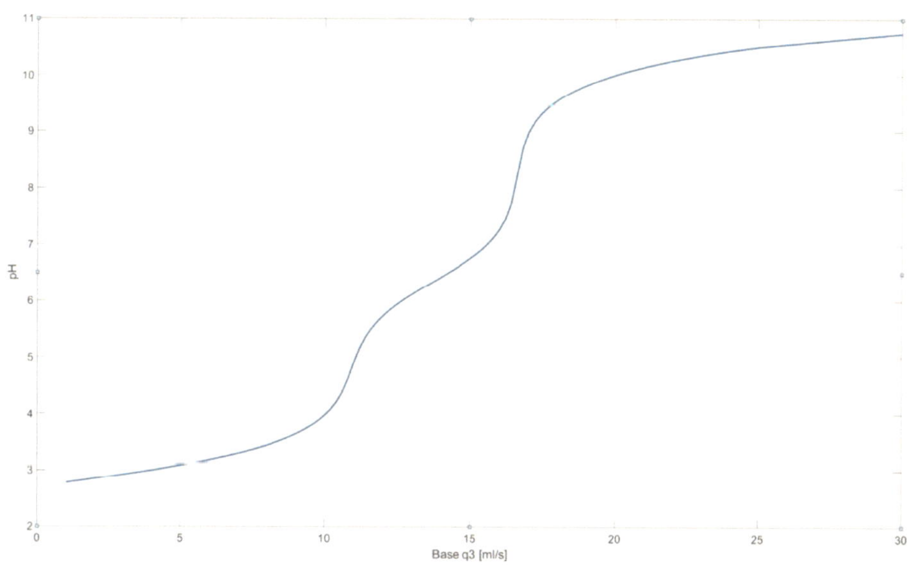

Bild 171.
Statische Kennlinie des UCSB-Laborsystems.

PRBS-Tests am Simulink-Modell des pH-Systems gewonnen wurden; die Vorgehensweise entspricht der in Abschnitt 5.2 beschriebenen Prozedur,

- Entwurf von vier MPC-Reglern für die vier Arbeitspunkte mit Hilfe des MPC Designers, Simulation des pH-Regelungssystems unter Verwendung des Bausteins “MPC Controller” aus der Simulink-Bibliothek der MPC Toolbox,

- Entwurf eines “Gain Scheduled” MPC-Reglers und Simulation mit Hilfe des Bausteins “Multiple MPC Controller” aus der Simulink-Bibliothek der MPC Toolbox; in Abhängigkeit vom aktuellen pH-Wert erfolgt eine Umschaltung zwischen den vier MPC-Reglern, so wird zum Beispiel der MPC-Regler für den Arbeitspunkt $pH = 10$ verwendet, wenn die Bedingung $pH > 9.5$ erfüllt ist.

8.2 Identifikation linearer Modelle für verschiedene Arbeitspunkte der pH-Wert-Regelung

Die Identifikation eines linearen Prozessmodells für das UCSB-pH-System wird hier nur für den Arbeitspunkt $pH = 7$ beschrieben. Bei den anderen drei Arbeitspunkte ist die Vorgehensweise identisch. Die Erläuterung erfolgt hier in gedrängter Form, da eine detaillierte Beschreibung für die Arbeit mit der System Identification Toolbox™ Abschnitt 5.2 entnommen werden kann.

Zunächst wurde mit Hilfe des Befehls “idinput” der System Identifikation Toolbox™ ein geeignetes PRBS-Testsignal für den Basenstrom Q_3 entworfen:

```
zeit = [1:1:10000]';
Q3_Test = idinput(10000,'PRBS',[0. 0.01],[15.5 15.7]);
Q3_PRBS = [zeit Q3_Test];
```

Mit diesem Eingangssignal wurde das Simulink-Modell des pH-Systems beaufschlagt, der sich ergebende pH-Wert-Verlauf ermittelt und in den MATLAB-Arbeitsspeicher exportiert (Variable pH_PRBS). **Bild 172** zeigt das dafür verwendete Simulink-Modell mit dem Subsystem für den Neutralisationsprozess.

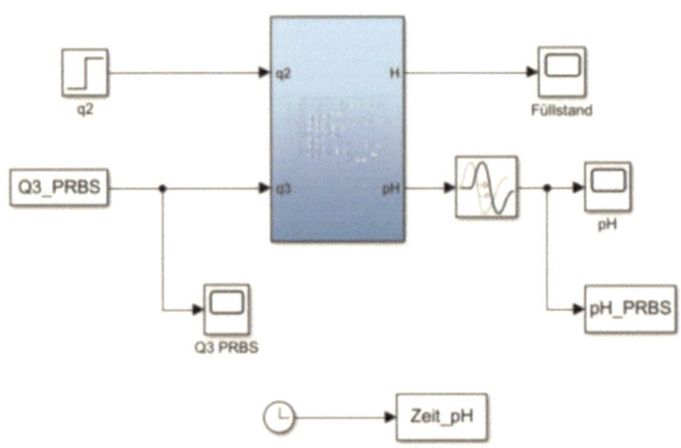

Bild 172.
PRBS-Test mit dem Simulink-Modell des Neutralisationsprozesses.

Man beachte, dass die Simulation gegenüber dem in **Bild 170** dargestellten Original durch Aufnahme einer Messtotzeit von 5 Sekunden für den pH-Wert modifiziert wurde.

In **Bild 173** sind die Zeitverläufe des PRBS-Testsignals (Basenstrom) und des Antwortsignals (pH-Wert) dargestellt.

Das PRBS-Testsignal "Q3_Test" und Antwortsignal "pH_PRBS" wurden in die System Identification Toolbox™ importiert und mit der Funktion "Quick Start" vorverarbeitet. Anschließend wurde folgendes "Process Model" erster Ordnung plus Totzeit (PT_1T_t) identifiziert:

$$G(s) = \frac{0.516}{87.97s + 1} e^{-5.7s} \tag{101}$$

Wie der in **Bild 174** dargestellte Vergleich zwischen den (virtuellen) Messdaten und dem Ergebnis der Simulation des identifizierten PT_1T_t-Modells zeigt, ist die Modellgüte in dieser Hinsicht sehr hoch.

In **Tabelle 25** sind die identifizierten Prozessmodelle für alle vier Arbeitspunkte des pH-Werts zusammengestellt.

Die Modelle unterscheiden sich weniger in der Dynamik als in den Streckenverstärkungen: Das Verhältnis zwischen der größten und der kleinsten Verstärkung (Arbeitspunkte $pH = 8.5$ und $pH = 10$) beträgt 15,7:1.

Die identifizierten Prozessmodelle mit dem Default-Namen "P1D" können in den aus der SIT in den MATLAB-Arbeitsspeicher exportiert und dort in Zustandsmodelle umgewandelt werden, z. B. mit

```
Modell_pH7 = ss(P1D).
```

8.3 Entwurf und Simulation des MPC-Regelungssystems mit einem "MPC Controller"-Baustein

Der Entwurf der MPC-Regler wird hier ebenfalls nur für den Arbeitspunkt $pH = 7$ beschrieben, da die Vorgehensweise bei den anderen Arbeitspunkten identisch ist. Zunächst wird eine MPC-Regelung ohne Scheduling betrachtet. Nach Starten des MPC Designers mit Hilfe des Befehls "mpcDesigner" wird das

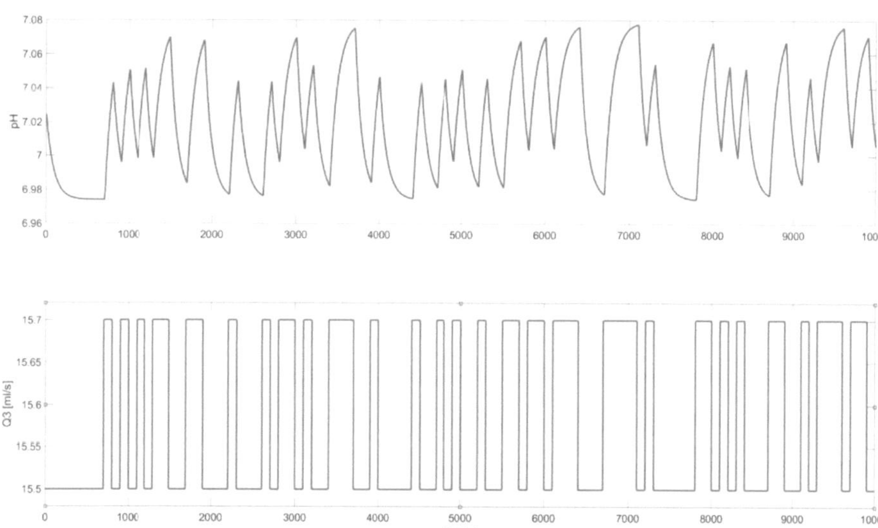

Bild 173.
PRBS-Test: Zeitverläufe des Basenstroms Q_3 und des pH-Werts.

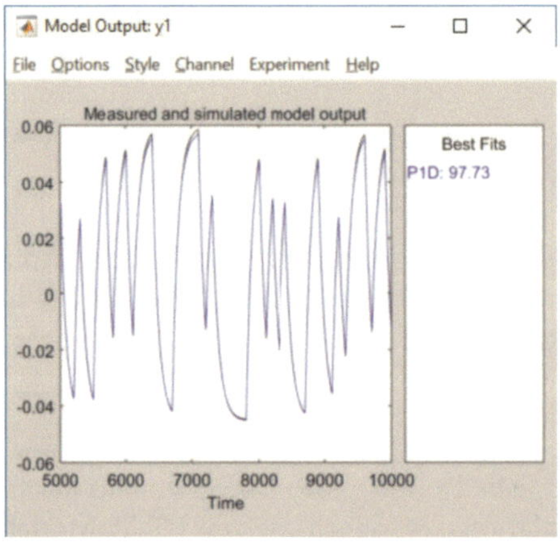

Bild 174.
Vergleich zwischen gemessenem und simuliertem pH-Wert.

Arbeitspunkt	Prozessmodell
$pH = 7$	$G(s) = \frac{0.516}{87.97s+1}e^{-5.7s}$
$pH = 7.5$	$G(s) = \frac{1.14}{88.67s+1}e^{-5.94s}$
$pH = 8.5$	$G(s) = \frac{2.56}{93.78s+1}e^{-5.1s}$
$pH = 10$	$G(s) = \frac{0.163}{100.75s+1}e^{-5.27s}$

Tabelle 25.
Ergebnisse der Prozessidentifikation für verschiedene Arbeitspunkte des pH-Werts.

Prozessmodell "Modell_pH7" importiert. Die Spezifikation der Ein- und Ausgangskanäle zeigt **Bild 175**.

Für die Abtastzeit wurde $T_s = 10s$ gewählt, für die Horizontlängen wurden $p = 40$ (Prädiktionshorizont) und $m = 5$ (Steuerhorizont) vorgegeben. Die Ergebnisse der Simulation des Führungsverhaltens innerhalb des MPC Designer (ohne Plant-Model-Mismatch) sind in **Bild 176** dargestellt.

Man beachte, dass die Voreinstellung für "Closed-Loop Performance" in Richtung einer weniger aggressiven, dafür robusteren Reglereinstellung verändert wurde. Der so entworfene MPC-Regler wird unter dem Namen "MPC_pH_7" in den MATLAB-Arbeitsspeicher exportiert. Dieses Vorgehen lässt sich für die anderen Arbeitspunkte des pH-Werts wiederholen. Zusätzlich zum Regler "MPC_pH_7"

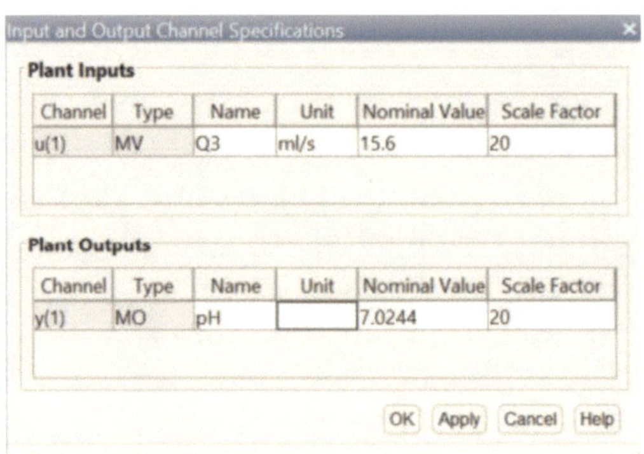

Bild 175.
Spezifikation der Ein- und Ausgangskanäle für die pH-Wert-Regelung im MPC Designer.

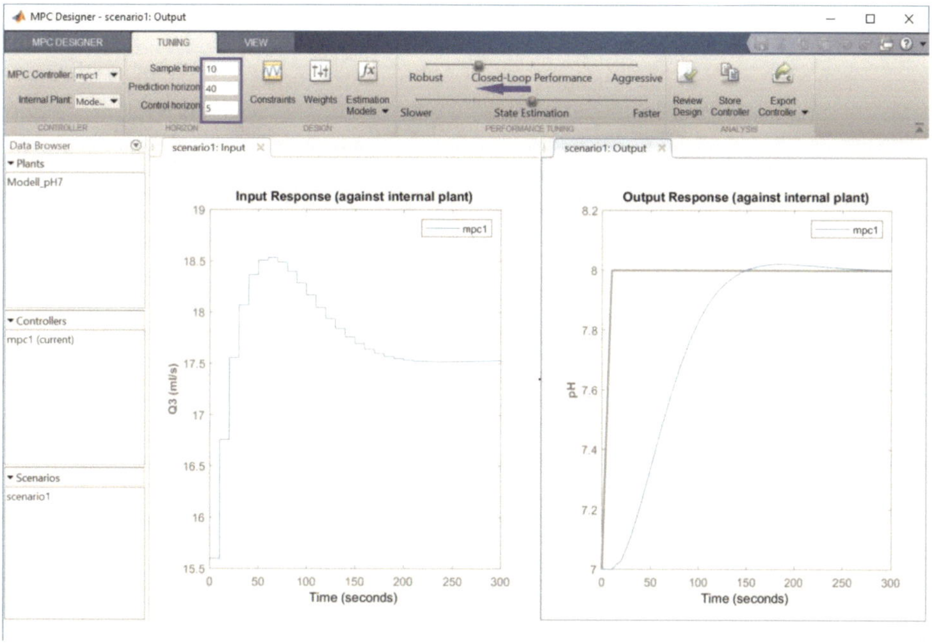

Bild 176.
Führungsverhalten der MPC-Regelung des pH-Werts im MPC Designer.

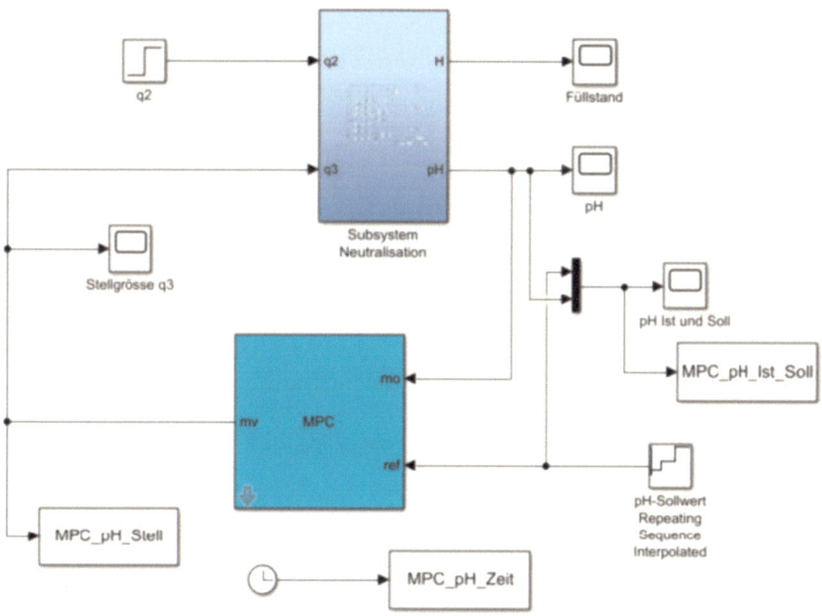

Bild 177.
Simulink-Modell des MPC-geregelten Neutralisationsprozesses.

entstehen so die MPC-Regler-Objekte "MPC_pH_75", "MPC_pH_85" und "MPC_pH_10" für die Arbeitspunkte $pH = \{7.5,\ \ 8.5,\ \ 10\}$, die später im Abschnitt 8.4 zur Parametrierung des "Multiple MPC Controller"-Bausteins benötigt werden.

Im MPC Designer wird defaultmäßig das lineare Prozessmodell nicht nur MPC-reglerintern, sondern auch für die Simulation der Regelstrecke verwendet. Realistischer ist es, den MPC-Regler am nichtlinearen Modell der pH-Regelstrecke arbeiten zu lassen. Zu diesem Zweck wurde ein Simulink-Modell entwickelt, dessen Kern ein "MPC Controller"-Baustein und das Subsystem des Neutralisationsprozesses (vgl. **Bild 170**) ist. Dieses Modell ist in **Bild 177** dargestellt.

Die Messtotzeit für den pH-Wert wurde in das Subsystem aufgenommen. Der "MPC Controller"-Baustein wird mit dem MPC-Regler-Objekt "MPC_pH_7" parametriert, der für den Arbeitspunkt $pH = 7$ entworfen wurde. Simuliert wird zunächst das Führungsverhalten für eine Folge von Sollwertsprüngen $pH = 7 \rightarrow 7.5 \rightarrow 8.5 \rightarrow 10$, also in einem großen Arbeitsbereich, in dem sich die Streckenverstärkung stark verändert. Als Sollwertgeber wurde zu diesem Zweck ein "Repeating Sequence Interpolated"-Baustein aus dem Bereich "Sources" der Simulink-Bausteinbibliothek aufgenommen. Die Simulationsergebnisse sind in **Bild 178** dargestellt.

Es ist deutlich zu erkennen, dass nur für den ersten Sollwertsprung eine befriedigende Regelgüte erreicht wird (Überschwingweite 15%, Ausregelzeit 200 s). Nach dem zweiten Sollwertsprung tritt starkes Überschwingen auf, da sich das System dort im Bereich einer größeren Streckenverstärkung befindet.

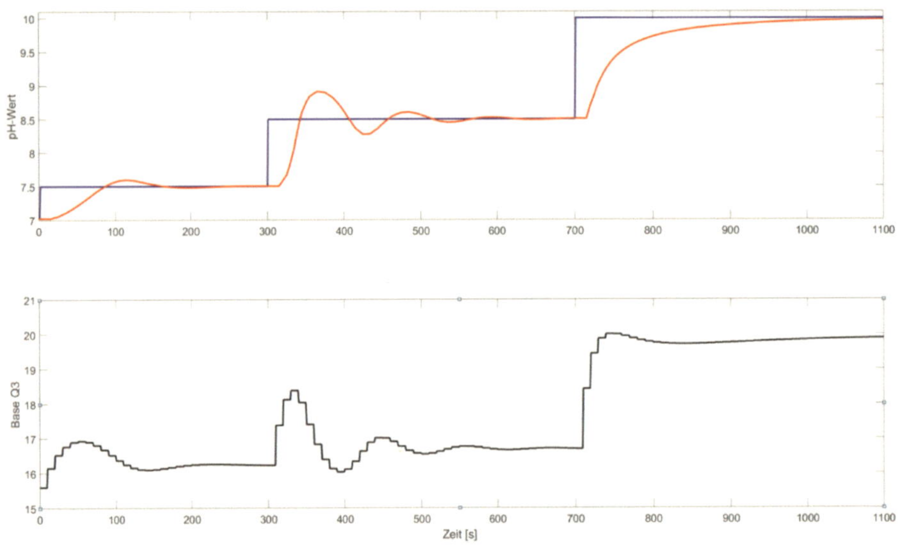

Bild 178.
Führungsverhalten des MPC-geregelten Neutralisationsprozesses in einem weiten Arbeitsbereich.

pH-Wert-Bereich	switch =	Name des MPC-Regler-Objekts
$7 < pH < 7.2$	1	MPC_pH_7
$7.2 < pH < 7.8$	2	MPC_pH_75
$7.8 < pH < 9.5$	3	MPC_pH_85
$pH > 9.5$	4	MPC_pH_10

Tabelle 26.
pH-Wert-Bereiche, "switch"-Werte und MPC-Regler-Objekte.

DOI: http://dx.doi.org/10.5772/intechopen.88257

Umgekehrt ist das Verhalten des Systems nach dem dritten Sollwertsprung sehr träge (Ausregelzeit 350 s) – Ursache ist die geringe Streckenverstärkung in diesem Bereich. Die Unterschiede sind noch gravierender, wenn man die Voreinstellung für "Closed-Loop Performance" verwendet.

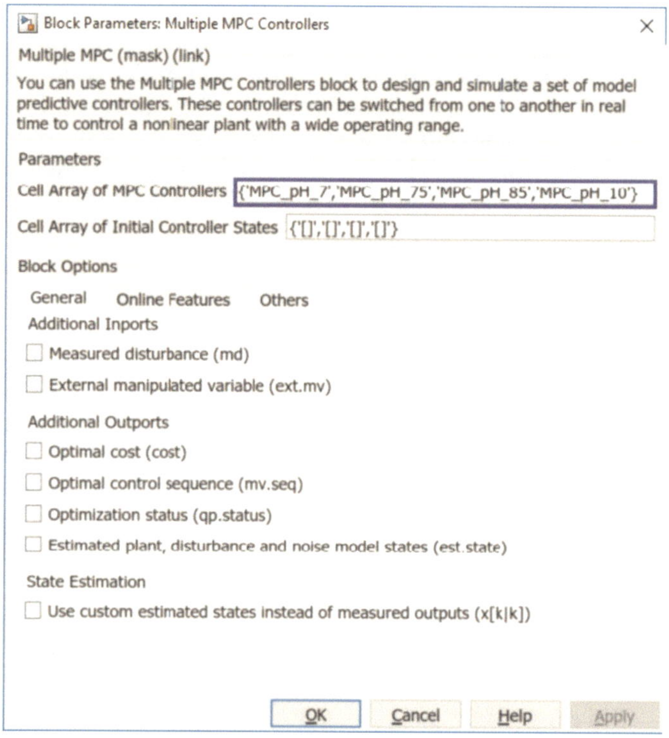

Bild 179.
Parametrierung des Bausteins "Multiple MPC Controller".

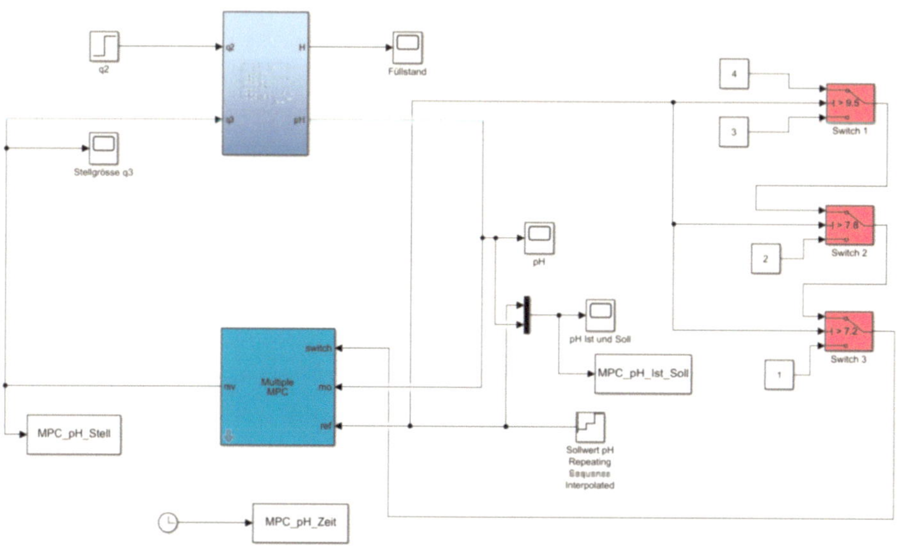

Bild 180.
Simulink-Modell der "Gain Scheduled MPC-Regelung".

8.4 Entwurf und Simulation des MPC-Regelungssystems mit einem "Multiple MPC Controllers"-Baustein

Die Regelgüte soll nun durch Verwendung einer "Gain Scheduled MPC-Regelung" verbessert werden. Zu diesem Zweck wird im Simulink-Modell der Baustein "MPC Controller" durch den Baustein "Multiple MPC Controllers" ersetzt. Dieser Baustein besitzt einen zusätzlichen Eingang "switch". Über diesen Eingang wird dem "Multiple MPC Controller" bekannt gemacht, welcher der vorab entworfenen MPC-Regler in der aktuellen Situation verwendet werden soll. Im vorliegenden Beispiel wird das Simulink-Modell so gestaltet, dass die in **Tabelle 26** dargestellte Zuordnung von "switch"-Werten zu pH-Wert-Bereichen entsteht. Das geschieht durch eine Kette von "Switch"-Bausteinen aus dem Bereich "Signal Routing" der Simulink-Bausteinbibliothek.

Die Parametrierung des Bausteins "Multiple MPC Controller" ist aus **Bild 179** ersichtlich: in das Feld "Cell Array of MPC Controllers" werden die Objekt-Namen der zuvor entworfenen MPC-Regler eingetragen.

Das Simulink-Modell für die MPC-Regelung des Neutralisationsprozesses unter Verwendung eines "Multiple MPC Controller"-Bausteins zeigt **Bild 180**.

Wie in Abschnitt 8.3 wird nun das Führungsverhalten für die Sollwertsprünge $pH = 7 \rightarrow 7.5 \rightarrow 8.5 \rightarrow 10$ simuliert. Das Ergebnis geht aus **Bild 181** hervor.

Gegenüber **Bild 178** ist zu erkennen, dass die Regelgüte jetzt weitaus weniger von den verschiedenen Arbeitspunkten des pH-Systems abhängig ist.

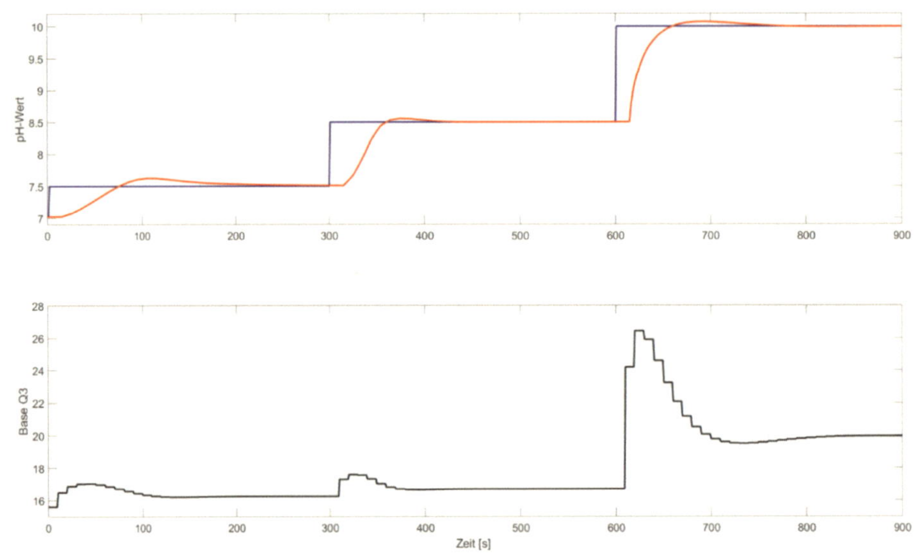

Bild 181.
Führungsverhalten des mit einem "Multiple MPC Controller" geregelten Neutralisationsprozesses in einem weiten Arbeitsbereich.

9. Nichtlineare modellprädiktive Regelung (NMPC) eines Ethylenoxid-Reaktors

Im letzten Kapitel werden Entwurf und Simulation einer nichtlinearen MPC-Regelung am Beispiel eines rigorosen Ethylenoxid-Reaktormodells beschrieben. Der Entwurf erfolgt auf der Kommandozeilenebene von MATLAB®, die Simulation in Simulink® nutzt den "Nonlinear MPC Controller"-Baustein der MPC Toolbox.

9.1 MPC-Regelung mit nichtlinearen Modellen

Wie bei traditionellen MPC-Regelungen mit linearen Modellen werden auch bei NMPC-Regelungen die Stellgrößen in jedem Abtastintervall durch eine Kombination von modellbasierter Prädiktion, Optimierung mit Nebenbedingungen sowie Schätzung des aktuellen Systemzustands und der nicht gemessenen Störgrößen berechnet.

Zur Prädiktion des zukünftigen Verhaltens der Zustands und Ausgangsgrößen des Prozesses muss ein *nichtlineares* dynamisches Prozessmodell in zeitkontinuierlicher oder in zeitdiskreter Form bekannt sein bzw. entwickelt werden:

$$\begin{aligned} \frac{d\boldsymbol{x}(t)}{dt} &= \dot{\boldsymbol{x}}(t) = \boldsymbol{f}(\boldsymbol{x}(t), \boldsymbol{u}(t)) \\ \boldsymbol{y}(t) &= \boldsymbol{g}(\boldsymbol{x}(t), \boldsymbol{u}(t)) \end{aligned} \tag{102}$$

$$\begin{aligned} \boldsymbol{x}(k+1) &= \boldsymbol{f}(\boldsymbol{x}(k), \boldsymbol{u}(k)) \\ \boldsymbol{y}(k) &= \boldsymbol{g}(\boldsymbol{x}(k), \boldsymbol{u}(k)) \end{aligned} \tag{103}$$

Darin bezeichnen $\boldsymbol{f}$ und $\boldsymbol{g}$ nichtlineare Vektorfunktionen geeigneter Dimension. Modelle dieser Form werden auch als nichtlineare Zustandsmodelle bezeichnet. Die Modellbildung kann entweder auf theoretischem Weg oder durch Anlagentests und anschließende Auswertung der Messdaten durch Verfahren der nichtlinearen Systemidentifikation erfolgen. Wenn ein zeitkontinuierliches Modell vorliegt, wird es reglerintern durch Diskretisierung unter Anwendung der impliziten Trapezregel in ein zeitdiskretes Modell umgewandelt.

Zur Bestimmung der Stellgrößen muss in jedem Abtastintervall ein beschränktes Optimierungsproblem gelöst werden:

$$\min_{\Delta u(k),\ \Delta u(k+1)\ldots\Delta u(k+m-1)} \{J(k) = J(\boldsymbol{x}(k), \boldsymbol{u}(\mathrm{k})\} \tag{104}$$

$$\left.\begin{aligned} \hat{\boldsymbol{x}}(k+j|k) &= \boldsymbol{f}(\hat{\boldsymbol{x}}(k+j-1|k), \boldsymbol{u}(k+j-1)) \\ \hat{\boldsymbol{y}}(k+j|k) &= \boldsymbol{g}(\hat{\boldsymbol{x}}(k+j|k), \boldsymbol{u}(k+j)) \end{aligned}\right\} \quad j = 1\ldots p \tag{105}$$

$$\begin{aligned} &\left.\begin{aligned} \boldsymbol{u}_{min}(k) \le \boldsymbol{u}(k+j) \le \boldsymbol{u}_{max}(k) \\ -\Delta\boldsymbol{u}_{min}(k) \le \Delta\boldsymbol{u}(k+j) \le \Delta\boldsymbol{u}_{max}(k) \end{aligned}\right\} \quad j = 0,\ 1,\ \ldots m-1 \\ &\left.\begin{aligned} \boldsymbol{y}_{min}(k) \le \boldsymbol{y}(k+j) \le \boldsymbol{y}_{max}(k) \\ \boldsymbol{x}_{min}(k) \le \boldsymbol{x}(k+j) \le \boldsymbol{x}_{max}(k) \end{aligned}\right\} \quad j = 1,\ 2, \ldots p \end{aligned} \tag{106}$$

Entscheidungsvariable sind wie bei LMPC die Stellgrößenänderungen im Steuerhorizont. Die Zielfunktion J kann der quadratischen Zielfunktion entsprechen, die in Abschnitt 2.3.4 für die MPC-Regelung mit linearen Modellen vorgestellt wurde. Diese beinhaltet eine gewichtsbehaftete Minimierung der prädizierten quadratischen Regeldifferenzen und des dafür erforderlichen Stellaufwands. Alternativ kann aber auch eine allgemeinere nichtlineare Zielfunktion $J(\boldsymbol{x}, \boldsymbol{u})$ verwendet werden, die ökonomische Ziele wie z. B. die Maximierung der Ausbeute, die Minimierung des spezifischen Energieverbrauchs u. a. beschreibt. In beiden Fällen entsteht mathematisch betrachtet ein nichtlineares, im Allgemeinen nichtkonvexes Optimierungsproblem mit Nebenbedingungen. Die Lösung geschieht durch Anwendung von Optimierungsverfahren, die für diese Problemklasse entwickelt wurden, z. B. Sequential Quadratic Programming (SQP) [106].

Da die Zustandsgrößen oft nicht oder nur zum Teil messbar sind, müssen Zustandsschätzverfahren eingesetzt werden, um in jedem Abtastintervall deren aktuelle Werte aus den gemessenen Ein- und Ausgangsgrößen des Prozesses zu ermitteln. Diese Werte bilden dann die Anfangswerte für die Prädiktion mit Hilfe des oben beschriebenen nichtlinearen Zustandsmodells des Prozesses. Die bekannteste und am häufigsten eingesetzte Methode der nichtlinearen Zustandsschätzung (auch nichtlinearen Filterung) ist das erweiterte Kalman-Filter (EKF), eine Verallgemeinerung des in Abschnitt 2.3.2 beschriebenen linearen Kalman-Filters. Ausgangspunkt für dessen Herleitung ist ein zeitdiskretes Zustandsmodell der Form

$$\begin{aligned} \boldsymbol{x}(k+1) &= \boldsymbol{f}(\boldsymbol{x}(k), \boldsymbol{u}(k)) + \boldsymbol{w}(k) \\ \boldsymbol{y}(k) &= \boldsymbol{g}(\boldsymbol{x}(k)) + \boldsymbol{v}(k) \end{aligned} \tag{107}$$

Darin bezeichnen $\boldsymbol{w}(k)$ und $\boldsymbol{v}(k)$ Störprozesse (System- und Messrauschen) mit den Kovarianzmatrizen $\boldsymbol{Q}(k)$ und $\boldsymbol{R}(k)$, $\hat{\boldsymbol{x}}(0)$ einen gegebenen Schätzwert für den Anfangszustand und $\boldsymbol{P}(0)$ eine bekannte Start-Präzisionsmatrix. Wie das lineare Kalman-Filter weist auch das EKF eine Prädiktor-Korrektor-Struktur auf. Die Prädiktionsgleichungen für den Zustandsvektor und die Präzisionsmatrix lauten

$$\begin{aligned} \hat{\boldsymbol{x}}(k|k-1) &= \boldsymbol{f}(\hat{\boldsymbol{x}}(k-1|k-1), \boldsymbol{u}(k-1)) \\ \boldsymbol{P}(k|k-1) &= \boldsymbol{F}(k-1)\boldsymbol{P}(k-1|k-1)\boldsymbol{F}^T(k-1) + \boldsymbol{Q}(k-1) \end{aligned} \tag{108}$$

Darin ist $\boldsymbol{F}(k-1)$ die Matrix der partiellen Ableitungen (Jacobi-Matrix) der Funktionen $\boldsymbol{f}$ nach den Zustandsgrößen:

$$\boldsymbol{F}(k-1) = \left.\frac{\partial \boldsymbol{f}(\boldsymbol{x}, \boldsymbol{u})}{\partial \boldsymbol{x}}\right|_{\hat{\boldsymbol{x}}(k-1|k-1),\, \boldsymbol{u}(k-1)} \tag{109}$$

Wenn zum Zeitpunkt k neue Messwerte der Ausgangsgrößen $\boldsymbol{y}(k)$ eintreffen, wird eine Korrektur vorgenommen. Die Gleichungen dafür sind

$$\begin{aligned} \boldsymbol{K}(k) &= \boldsymbol{P}(k|k-1)\boldsymbol{G}(k)^T\left(\boldsymbol{G}(k)\boldsymbol{P}(k|k-1)\boldsymbol{G}^T(k) + \boldsymbol{R}(k)\right)^{-1} \\ \boldsymbol{P}(k|k) &= (\boldsymbol{I} - \boldsymbol{K}(k)\boldsymbol{G}(k))\boldsymbol{P}(k|k-1) \\ \hat{\boldsymbol{x}}(k|k) &= \hat{\boldsymbol{x}}(k|k-1) + \boldsymbol{K}(k)\left(\boldsymbol{y}(k) - \boldsymbol{g}(\hat{\boldsymbol{x}}(k|k-1))\right) \end{aligned} \tag{110}$$

Darin bezeichnet

$$\boldsymbol{G}(k) = \left.\frac{\partial \boldsymbol{g}(\boldsymbol{x})}{\partial \boldsymbol{x}}\right|_{\hat{\boldsymbol{x}}(k|k-1)} \tag{111}$$

die Matrix der partiellen Ableitungen der Ausgangsgleichungen $\boldsymbol{g}$ nach den Zustandsgrößen. Die Korrektur des Schätzwerts für den Zustandsvektor $\hat{\boldsymbol{x}}(k|k)$ ist proportional zur Differenz zwischen den neu eintreffenden Messwerten der Ausgangsgrößen und der modellbasierten Vorhersage $(\boldsymbol{y}(k) - \boldsymbol{g}(\hat{\boldsymbol{x}}(k|k-1)))$, der Proportionalitätsfaktor ist die Kalman-Verstärkung $\boldsymbol{K}(k)$. Die Prädiktions- und die Korrekturgleichunegn werden – beginnend mit $\hat{\boldsymbol{x}}(0)$ und $\boldsymbol{P}(0)$ – alternativ und rekursiv abgearbeitet. Die Kovarianzmatrizen $\boldsymbol{Q}(k)$ und $\boldsymbol{R}(k)$ werden meist als konstante Matrizen $\boldsymbol{Q}$ und $\boldsymbol{R}$ aufgefasst, können aber alternativ auch fortlaufend aus Messdaten geschätzt werden [107]. Die System Identification Toolbox™ enthält einen Funktionsbaustein für ein solches erweitertes Kalman-Filter.

Alternativen zur Anwendung von EKF für die Zustandsschätzung bei nichtlinearen Prozessmodellen sind andere nichtlineare Filter wie das "Unscented Kalman Filter (UKF)" [108], für das die System Identification Toolbox™ von MATLAB® ebenfalls einen Simulink-Funktionsbaustein bereitstellt, oder Partikelfilter. Eine Übersicht über moderne Algorithmen der nichtlinearen Filterung geben [109, 110]. Seit einigen Jahren wird auch das Verfahren der "Schätzung auf bewegtem Horizont" (Moving Horizon Estimation, MHE) eingesetzt. MHE-Algorithmen übertragen das Prinzip des zurückweichenden Horizonts von MPC-Regelungen auf das Problem der Zustands- und Parameterschätzung. Bei der Anwendung des MHE-Verfahrens muss in jedem Abtastintervall ein weiteres nichtlineares Optimierungsproblem gelöst werden, was den Rechenaufwand für NMPC noch einmal erhöht. Vorteil ist hier allerdings, dass im Gegensatz zum EKF Nebenbedingungungen für die Zustandsgrößen vorgegeben und im Algorithmus berücksichtigt werden können. MHE-Algorithmen werden durch die System Identification Toolbox™ gegenwärtig nicht unterstützt. Vertiefende Darstellungen zu MHE finden sich in [111, 112].

In **Tabelle 27** sind ausgewählte Bücher zu den Themen NMPC, Identifikation nichtlinearer Systeme und nichtlineare Zustandsschätzung zusammengestellt.

9.2 Theoretisches Prozessmodell des Reaktors

Seit dem Release 2018b stellt MathWorks die Möglichkeit des Entwurfs und der Simulation von MPC-Regelungen mit nichtlinearen Prozessmodellen in Umgebung von MATLAB®/Simulink® bereit (Nonlinear Model Predictive Control, NMPC). Im Unterschied zu MPC-Regelungen mit linearem Prozessmodell kann der Entwurf hier allerdings nicht im MPC Designer, sondern nur auf Kommandozeilen-Ebene erfolgen. Die Erzeugung von Code für eingebettete Systeme wird für diese Art von Regelungen derzeit nicht unterstützt. Allerdings wurde die Simulink-Funktionsbaustein-Bibliothek im Bereich "Model Predictive Control" um einen Baustein "Nonlinear MPC Controller" erweitert, der es ermöglicht, auf der MATLAB-Kommandozeilen-Ebene entworfene MPC-Regler in Simulink® zusammen mit (nichtlinearen) Regelstrecken-Modellen simulativ zu untersuchen.

Autor(en)	Titel	Quelle	Jahr
Grüne, Pannek	Nonlinear Model Predictive Control	[29]	2017
Billings	Nonlinear System Identification	[113]	2013
Haber, Keviczky	Nonlinear System Identification	[114]	1999
Simon	Optimal State Estimation	[108]	2006

Tabelle 27.
Ausgewählte Bücher zu NMPC, Identifikation und Zustandsschätzung nichtlinearer Systeme.

Im Folgenden werden der Entwurf und die Simulation einer NMPC-Regelung am Beispiel des Modell seines Ethylenoxid-Reaktors erläutert [115]. Dieses Beispiel wird auch im User's Guide der Model Predictive Control Toolbox™ R2018b ([34], Abschnitt 10) aufgegriffenen. Es handelt sich – im Vergleich zu industriellen Anwendungen – um ein relativ einfaches Beispiel mit nur einer Stellgröße, einer gemessenen Störgröße und einer Regelgröße, also um eine SISO-NMPC-Regelung, die sich aber zur Erläuterung der prinzipiellen Vorgehensweise beim Reglerentwurf gut eignet.

Bei der Ethylenoxid-Erzeugung werden Ethylen (C_2H_4) und Sauerstoff (O_2) einem katalytischen Reaktor zugeführt, in dem folgende Reaktionen ablaufen:

$$\begin{aligned} &C_2H_4 + \frac{1}{2}O_2 \rightarrow C_2H_4O \\ &C_2H_4 + 3O_2 \rightarrow 2CO_2 + 2H_2O \\ &C_2H_4O + \frac{5}{2}O_2 \rightarrow 2CO_2 + 2H_2O \end{aligned} \tag{112}$$

Bei der Reaktion entstehen Ethylenoxid (C_2H_4O). Kohlendioxid (CO_2) und Wasser (H_2O). In [116] wurden dimensionslose Stoff- und Energiebilanzen für diesen Reaktionsprozess entwickelt, die im folgenden System von Zustands-Differenzialgleichungen $\dot{\boldsymbol{x}} = \boldsymbol{f}(\boldsymbol{x}, \boldsymbol{u})$ resultieren:

$$\begin{aligned} \dot{x}_1 &= u_1(1 - x_1x_4) \\ \dot{x}_2 &= u_1(u_2 - x_2x_4) - A_1e^{\gamma_1/x_4}(x_2x_4)^{0.5} - A_2e^{\gamma_2/x_4}(x_2x_4)^{0.25} \\ \dot{x}_3 &= -u_1x_3x_4 + A_1e^{\gamma_1/x_4}(x_2x_4)^{0.5} - A_3e^{\gamma_3/x_4}(x_3x_4)^{0.5} \\ \dot{x}_4 &= \frac{u_1}{x_1}(1 - x_4) + \frac{B_1}{x_1}e^{\gamma_1/x_4}(x_2x_4)^{0.5} + \frac{B_2}{x_1}e^{\gamma_2/x_4}(x_2x_4)^{0.25} \dots \\ &\quad + \frac{B_3}{x_1}e^{\gamma_3/x_4}(x_3x_4)^{0.5} - \frac{B_4}{x_1}(x_4 - T_c) \end{aligned} \tag{113}$$

In diesen Differenzialgleichungen bezeichnen die Variablen $x_1 \dots x_4$ die (dimensionslosen) Zustandsgrößen

- x_1 ... Gasdichte im Reaktor,
- x_2 ... Ethylenkonzentration im Reaktor,
- x_3 ... Ethylenoxid-Konzentration im Reaktor, und
- x_4 ... Reaktortemperatur.

Einige Ausdrücke in den Differenzialgleichungen lassen sich als kinetische Reaktionsgeschwindigkeiten der drei chemischen Reaktionen interpretieren:

$$\begin{aligned} r_1 &= e^{\gamma_1/x_4}(x_2x_4)^{0.5} \\ r_2 &= e^{\gamma_2/x_4}(x_2x_4)^{0.25} \\ r_3 &= e^{\gamma_3/x_4}(x_3x_4)^{0.5} \end{aligned} \tag{114}$$

Die Größen u_1 und u_2 bezeichnen die Eingangsgrößen des Prozesses:

- Durchfluss des Einsatzprodukts (u_1)
- Ethylenkonzentration im Zulauf (u_2)

Für diese sind die Ungleichungs-Nebenbedingungen

$$0.0704 \leq u_1 \leq 0.7042, \quad 0.2465 \leq u_2 \leq 2.4648 \tag{115}$$

vorgegeben. Der Durchfluss des Einsatzprodukts wird als Stellgröße verwendet, die Ethylenkonzentration im Zulauf ist eine gemessene Störgröße. Ausgangsgröße des Prozesses und gleichzeitig die Regelgröße ist die Konzentration des Ethylenoxids im Reaktor bzw. im Reaktionsprodukt. Daher lautet die Ausgangsleichung des nichtlinearen Zustandsmodells

$$y = x_3 \tag{116}$$

Die im Prozessmodell auftretenden Parameter sind in **Tabelle 28** zusammengefasst. Darin bezeichnet T_c die Kühlmitteltemperatur, und die Parameter γ_i, A_i und B_i sind zusammengesetzte Ausdrücke, die sich aus Stoffkonstanten, Temperaturen und Konzentrationen ergeben. Sie sind in [116] im Einzelnen erläutert.

Wenn die Arbeitspunktwerte für die Eingangsgrößen bekannt sind, lassen sich die Arbeitspunktwerte für die Zustandsgrößen (und die Ausgangsgröße) ermitteln, indem man die linken Seiten der Zustands-Differenzialgleichungen Null setzt und das entstehende nichtlineare algebraische Gleichungssystem löst. Für die Eingangsgrößen

$$\begin{aligned} u_{1,0} &= 0.38 \\ u_{2,0} &= 0.5 \end{aligned} \tag{117}$$

ergibt sich die Lösung

$$\begin{aligned} x_{1,0} &= 0.9981 \\ x_{2,0} &= 0.4291 \\ x_{3,0} &= 0.03027 \\ x_{2,0} &= 1.0019 \end{aligned} \tag{118}$$

und demzufolge

$$y_0 = x_{3,0} = 0.03027 \tag{119}$$

Diese Lösung wird als Arbeitspunkt 1 bezeichnet, der später als Startwert für die Regelung des Ethylenoxid-Prozesses verwendet wird.

Das Zustands-Differenzialgleichungssystem lässt sich in ein Simulink-Modell umsetzen, das in **Bild 182** dargestellt ist. Der Integrator-Baustein auf der rechten Seite des Bildes erzeugt aus den zeitlichen Ableitungen der Zustandsgrößen

Parameter	Wert	Parameter	Wert
γ_1	−8,13	B_1	7,32
γ_2	−7,12	B_2	10,39
γ_3	−11,07	B_3	2170,57
A_1	92,80	B_4	7,02
A_2	12,66	T_c	1,0
A_3	2412,71		

Tabelle 28.
Modellparameter für den Etylenoxid-Reaktionsprozess.

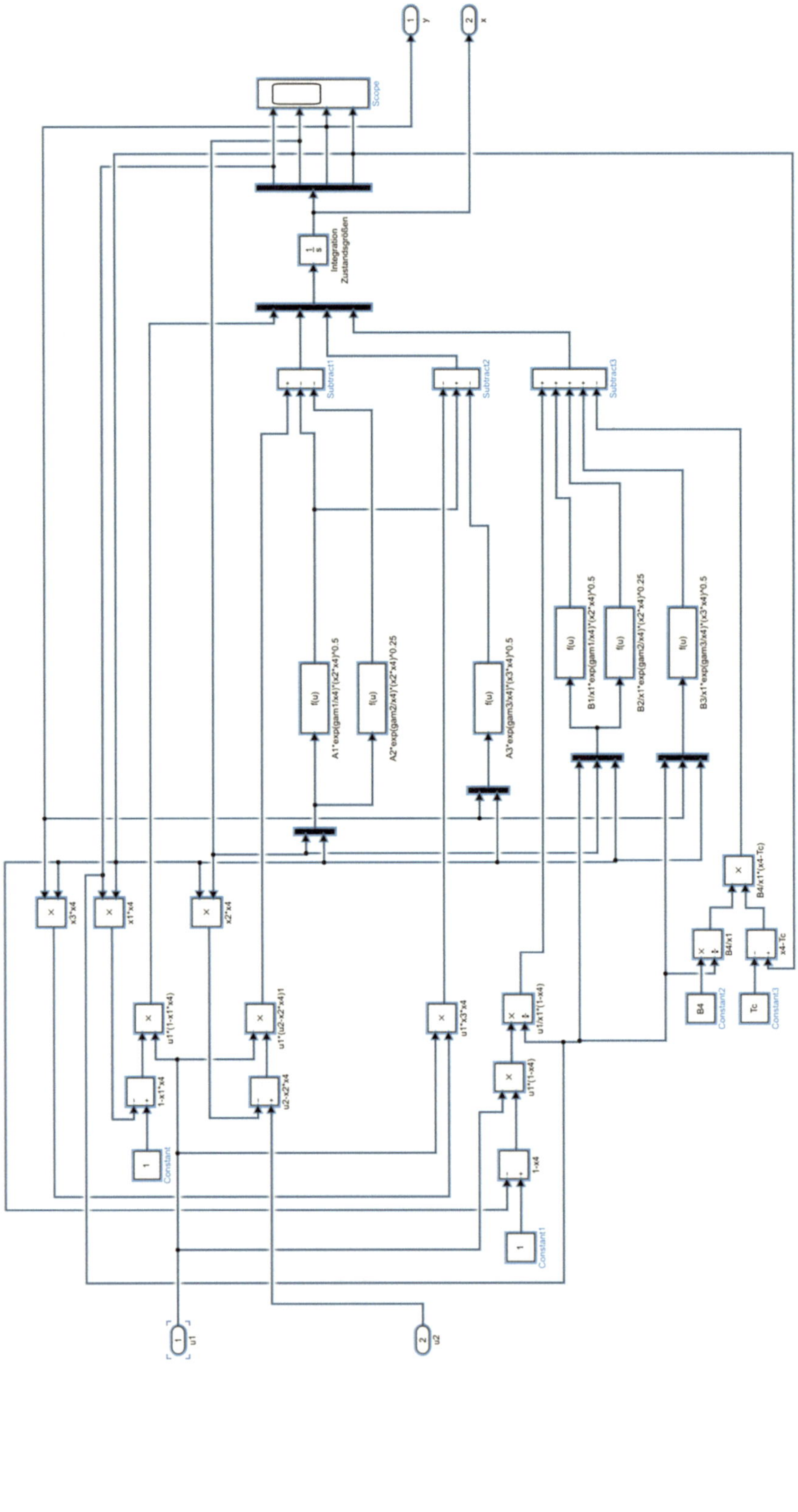

Bild 182.
Simulink-Modell des Ethlenoxid-Reaktors.

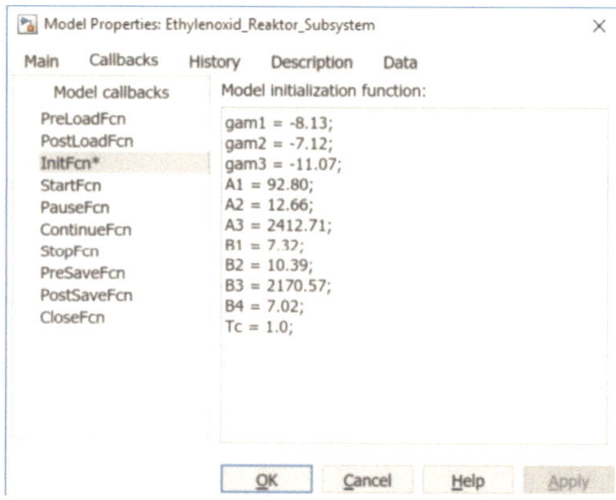

Bild 183.
Definition der Modellparameter unter "Model Properties/Callbacks/InitFcn".

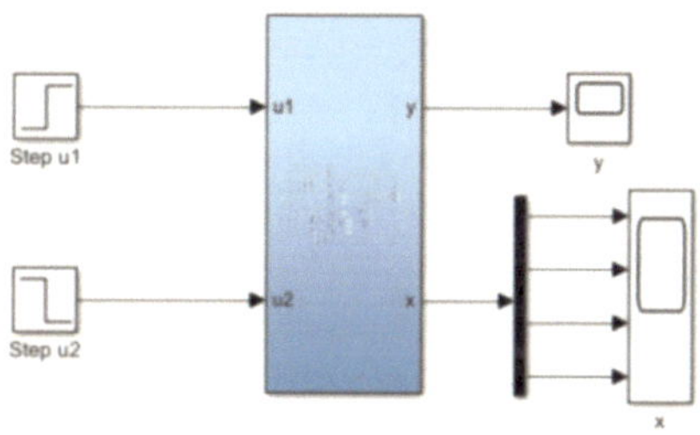

Bild 184.
Simulink-Modell des Ethylenoxid-Reaktors als Subsystem.

$dx_i/dt \quad (i = 1...4)$ den Vektor der Zustandsgrößen $\boldsymbol{x}$, der dann durch einen Demultiplexer-Baustein in die einzelnen Zustandsgrößen $x_i \quad (i = 1...4)$ aufgelöst wird. Um das Simulink-Modell grafisch übersichtlich zu halten, wurden Ausdrücke, die Reaktionsgeschwindigkeits-Terme enthalten, in Function-Blöcken zusammengefasst. Die Modellparameter wurden in den "Model Properties" unter Callbacks/InitFcn eingegeben (**Bild 183**). Es ist sinnvoll, die relative und absoluten Toleranzen für den ODE-Solver auf 10^{-8} herabzusetzen, um die Genauigkeit zu erhöhen (Menüpunkt "Simulation/Model Configuration Parameters").

Zur Verbesserung der Übersichtlichkeit, insbesondere bei der späteren Simulation der NMPC-Regelung, wurde das Reaktormodell zu einem Subsystem mit den Eingängen u_1 und u_2 sowie den Ausgängen y und x zusammengefasst (**Bild 184**).

9.3 Entwurf und Simulation einer NMPC-Regelung

Die Vorgehensweise zum Entwurf eines NMPC-Reglers wird im Detail im Abschnitt 10 des Model Predictive Control Toolbox™ User's Guide beschrieben.

Im ersten Schritt muss (auf Kommandozeilenebene, also entweder im MATLAB Command-Window oder besser im MATLAB-Editor) ein NMPC-Objekt definiert werden, bei dem die Zahl der Zustands-, Eingangs- und Ausgangsgrößen festgelegt wird. Bei den Eingangsgrößen muss überdies angegeben werden, welche als Stellgröße(n) (MV) und welche als messbare Störgröße(n) (MD) aufzufassen sind. Weiterhin sind die Abtastzeit und die Horizontlängen zu spezifizieren. Für das Beispiel Ethylenoxid-Reaktor ergibt sich

```
% NMPC Objekt mit 4 Zustands-, einer Ausgangs-, einer
%Stellgröße und einer gemessenen Störgröße

nlobj = nlmpc(4,1,'MV',1,'MD',2);

% Abtastzeit und Horizontlängen

Ts = 3;
PredictionHorizon = 20;
ControlHorizon = 3;
nlobj.Ts = Ts;
nlobj.PredictionHorizon = PredictionHorizon;
nlobj.ControlHorizon = ControlHorizon;
```

Eine Erweiterung um nicht gemessene Störgrößen wäre ebenfalls möglich. Im zweiten Schritt ist anzugeben, in welchen MATLAB-Function-Files die Zustands-Differenzialgleichungen und die Ausgangsgleichungen programmiert sind. Es ist überdies sinnvoll, den Größen technologisch interpretierbare Namen zu geben und sie mit Skalierungsfaktoren (vgl. Abschnitt 3.2) zu versehen. Die MATLAB-Function-Files sind natürlich anwendungsspezifisch zu programmieren (siehe unten) und im aktuellen Arbeitsverzeichnis abzuspeichern.

Man kann zusätzlich Namen von MATLAB-Function-Files angeben, in denen die partiellen Ableitungen der Zustands- und der Ausgangsgleichungen nach den Zustands- und den Eingangsgrößen programmiert sind. Dadurch lässt sich die Rechengeschwindigkeit erhöhen, wenn für die Lösung des NMPC-Problems gradientenbehaftete nichtlineare Optimierungsverfahren verwendet werden. Im vorliegenden Beispiel wird von dieser Möglichkeit nicht Gebrauch gemacht. Stattdessen werden evtl. benötigte partielle Ableitungen durch Differenzenquotienten angenähert.

```
% Definition Prädiktionsgleichungen und Namen der
%Zustandsgrößen

nlobj.Model.StateFcn = 'Ethylen_Reaktor_Zustands_Dgl';
nlobj.States(1).Name = 'Dichte';
nlobj.States(2).Name = 'c_Ethylen';
nlobj.States(3).Name = 'c_Ethylenoxid';
nlobj.States(4).Name = 'Reaktor_Temp';

% Definition Ausgangsgleichung, Name der Regelgröße,
%Skalierungsfaktor

nlobj.Model.OutputFcn = 'Ethylen_Reaktor_Ausgangs_Gl';
nlobj.OV.Name = 'c_Ethylenoxid_Produkt';
nlobj.OV.ScaleFactor = 0.03;

% Namen und Skalierungsfaktoren der Eingangsgrößen
%(MV % und MD)

nlobj.MV.Name = 'Durchfluss Feed';
nlobj.MV.ScaleFactor = 0.6;
nlobj.MD.Name = 'c_Ethylen_in';
nlobj.MD.ScaleFactor = 0.5;
```

Schließlich sind Nebenbedingungen für die Eingangs-, Zustands- und Ausgangsgrößen vorzugeben. Das können lineare Nebenbedingungen wie obere und untere Grenzwerte für die genannten Größen oder Grenzen für die Änderungsgeschwindigkeit der Stellgrößen (rate-of-change constraints) sein, vgl. Abschnitt 3.3. Bei NMPC können aber auch nichtlineare Gleichheits- oder

Ungleichungs-Nebenbedingungen berücksichtigt werden, die dann wieder in MATLAB-Function-Files zu programmieren sind. Auch für die Nebenbedingungen können partielle Ableitungen gebildet und in gesonderten Unterprogrammen hinterlegt werden. Beispiele für nutzerspezifische nichtlineare Nebenbedingungen sind in [34] ab Seite 10–24 angegeben. im vorliegenden Beispiel sind Nebenbedingungen dieser Art nicht vorhanden.

Für das Beispiel des Ethylenoxid-Reaktors werden im Folgenden die MATLAB-Function-Files für die Zustands-Differenzialgleichungen und die Ausgangsgleichung angegeben:

```
%
% Zustands-Differenzialgleichungen des Modells
% für den Ethylenoxid-Reaktor
%
function dxdt = Ethylen_Reaktor_Zustands_Dgl(x,u)

% 4 Zustandsgrößen (x):
%   x(1) ... Gasdichte im Reaktor
%   x(2) ... Ethylenkonzentration im Reaktor
%   x(3) ... Ethylenoxid-Konzentration im Reaktor
%   x(4) ... Reaktortemperatur
%
% 2 Eingangsgrößen: (u)
%   u(1) ... Durchfluss Einsatzpodukt (Feed) (MV)
%   u(2) ... Ethylenkonzentration im Zulauf (MD)
%
% 1 Ausgangsgröße (Regelgröße): (y)
%   y(1)... Ethylenoxid-Konzentration im Produkt
%         (gleich x(3))
%
% Parameter

gam1 = -8.13;
gam2 = -7.12;
gam3 = -11.07;
A1 = 92.80;
A2 = 12.66;
A3 = 2412.71;
B1 = 7.32;
B2 = 10.39;
B3 = 2170.57;
B4 = 7.02;
Tc = 1.0;

% Reaktionsgeschwindigkeiten

r1 = exp(gam1/x(4))*(x(2)*x(4))^0.5;
r2 = exp(gam2/x(4))*(x(2)*x(4))^0.25;
r3 = exp(gam3/x(4))*(x(3)*x(4))^0.5;

% Zustandsgleichungen

dxdt = zeros(4,1);
dxdt(1) = u(1)*(1 - x(1)*x(4));
dxdt(2) = u(1)*(u(2) - x(2)*x(4)) - A1*r1 - A2*r2;
dxdt(3) = -u(1)*x(3)*x(4) + A1*r1 - A3*r3;
dxdt(4) = (u(1)*(1 - x(4)) + B1*r1 + B2*r2 + B3*r3 - B4*(x(4)  Tc))/x(1);
% Ausgangsgleichung des Modells
% für den Ethylenoxid-Reaktor

%
function y = Ethylen_Reaktor_Ausgangs_Gl(x,u)

y(1) = x(3)
```

Verzichtet man auf die Angabe einer anwendungsspezifischen (i. A. nichtlinearen) Zielfunktion für die Lösung des NMPC-Problems, wird die aus Abschnitt 2.3.4 bekannte Zielfunktion für MPC-Regelungen mit linearen Modellen verwendet. Mit einer anwendungsspezifischen nichtlinearen Zielfunktion $J(\boldsymbol{x}, \boldsymbol{u})$ lassen sich solche Ziele wie die Minimierung des spezifischen Energieverbrauchs oder die Maximierung des Gewinns einer Prozessanlage oft einfacher mathematisch beschreiben. In diesem Fall muss ein MATLAB-Function-File programmiert werden, indem diese Zielfunktion definiert wird. Zusätzlich kann man dann auch hier deren partielle Ableitungen in einem gesonderten File angeben. Die Nutzung dieser Möglichkeit ist gleichbedeutend mit der Verwirklichung des Konzepts "Economic Model Predictive Control" (vgl. Abschnitt 2.6). Für die Lösung des NMPC-Problems wird das Programm fmincon aus der MATLAB® Optimization Toolbox™ mit dem Algorithmus "Sequential Quadratic Programming (SQP)" verwendet [117]. Die Installation dieser Toolbox wird daher vorausgesetzt. Der Anwender kann alternativ aber auch nutzerspezifische Algorithmen zur nichtlinearen Optimierung einbinden. Eine Übersicht über solche Algorithmen und Programmsysteme kann man z. B. auf der NEOS-Webseite (Network Enabled Optimization System, www.neos-guide.org) finden.

Die Simulation des geschlossenen NMPC-Regelungssystems geschieht am einfachsten in einem Simulink-Modell unter Verwendung des Funktionsbausteins "Nonlinear MPC Controller". Für das Beispiel des Ethylenoxid-Reaktors ist ein solches Modell in **Bild 185** dargestellt. Man beachte, dass auch in diesem Simulink-Plan die Parameter des Reaktormodells wieder unter "Model Properties/Callbacks/InitFcn" angegeben werden müssen und eine Verkleinerung der Toleranzen für den ODE-Solver sinnvoll ist.

Ein Doppelklick auf den Baustein "Nonlinear MPC Controller" öffnet die Eingabemaske für dessen Parametrierung (**Bild 186**).

In der Zeile "Nonlinear MPC Controller" ist der Name des zuvor im MATLAB-Arbeitsspeicher angelegten NMPC-Objekts einzutragen (hier "nlobj", siehe oben). Wenn wie in diesem Beispiel eine gemessene Störgröße in die Regelung einbezogen werden soll, muss der Blockeingang für "Measured disturbances (md)" freigeschaltet werden. Der Baustein "Nonlinear MPC Controller" weist dann vier Eingänge auf:

- Eingang "x" für die Rückführung der Zustandsgrößen,
- Eingang "ref" für die Eingabe des Sollwertverlaufs (z. B. Sprung oder Rampe)
- Eingang "last mv" für die Rückführung des ein Abtastintervall zurückliegenden Werts der Stellgröße(n) – dazu müssen die aktuellen Stellgrößenwerte am NMPC-Blockausgang "mv" abgegriffen und über einen "Unit Delay"-Baustein (Symbol 1/z) geführt werden
- Eingang "md" für die Zuführung der gemessenen Störgröße(n)

Am Ausgang "mv" des Bausteins "Nonlinear MPC Controller" werden die berechneten Stellgrößenwerte des NMPC-Reglers bereitgestellt, die dem Streckenmodell zugeführt werden. In **Bild 185** wird unterstellt, dass alle Zustandsgrößen messbar sind und daher direkt vom Streckenmodell des Ethylenoxid-Reaktors abgegriffen und auf den NMPC-Reglereingang zurückgeführt werden können. Wenn die Zustandsgrößen nicht messbar wären, müssten sie aus den Ein- und Ausgangsgrößen der Regelstrecke geschätzt werden. Zu diesem Zweck ist ein Erweiterter Kalman-Filter (EKF), ein "Unscented Kalman

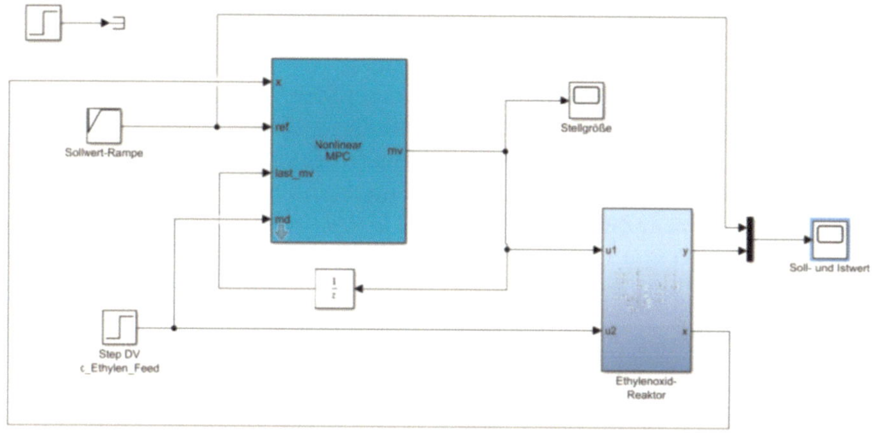

Bild 185.
Simulink-Modell für die Simulation der NMPC-Regelung des Ethylenoxid-Reaktors.

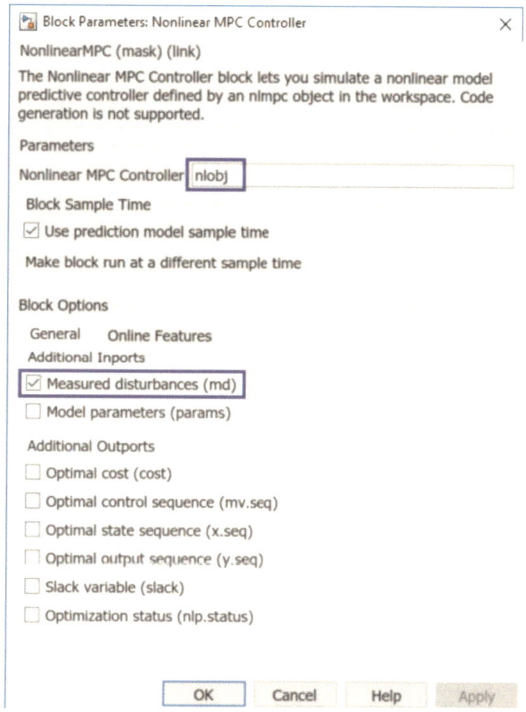

Bild 186.
Block-Parameter für den Baustein "Nonlinear MPC Controller".

Filter (UKF)" oder ein anderer nichtlinearer Zustandsschätzer zu entwerfen und in das Simulink-Modell einzubeziehen. Die System Identification Toolbox™ stellt dafür die Bausteine "Extended Kalman-Filter" und "Unscented Kalman-Filter" zur Verfügung [37]. Ein Beispiel für die Verwendung eines EKF-Bausteins im Zusammenhang mit einer NMPC-Regelung wird im User's Guide der Model Predictive Control Toolbox™ ab Seite 10–67 erläutert (es handelt sich dabei um den in Abschnitt 7 erläuterten kontinuierlichen Rührkesselreaktor).

Zurück zur Simulation der NMPC-Regelung des Ethylenoxid-Reaktors: zunächst wurden das Führungsverhalten für einen Sollwertsprung der Ethylenoxid-

Konzentration vom Arbeitspunktwert $w = y_0 = 0.03027$ auf $w = 0.035$ und das Störverhalten für eine sprungförmige Veränderung der gemessen Störgröße (-Ethylen-Konzentration im Zulauf) von $u_2 = 0.5$ auf $u_2 = 0.55$ untersucht. Der Sollwertsprung erfolgt zum Zeitpunkt $t = 0.1$, der Störgrößensprung bei $t = 30$. Die Simulationsergebnisse sind in **Bild 187** dargestellt.

Wie in [34] wurde auch das Führungsverhalten für eine Sollwertrampe untersucht. In **Bild 188** ist das Ergebnis der Simulation für den Fall dargestellt, dass die Sollwertrampe zum Zeitpunkt $t = 0.1$ bei $w = y_0 = 0.03027$ beginnt und zum Zeitpunkt $t = 20$ bei $w = 0.05$ endet. (Ein Wert der Ethylenoxid-Konzentration

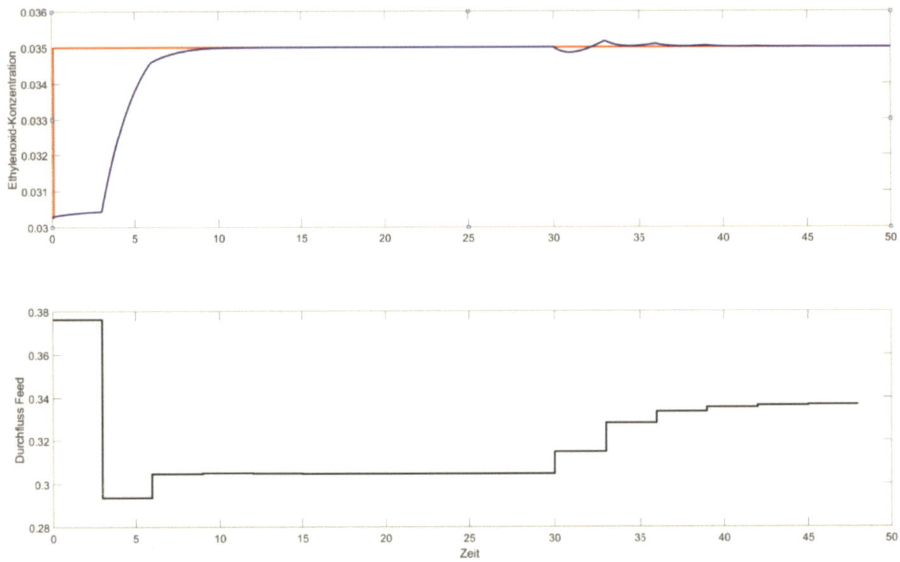

Bild 187.
Führungs- und Störverhalten bei der NMPC-Regelung eines Ethylenoxid-Reaktors.

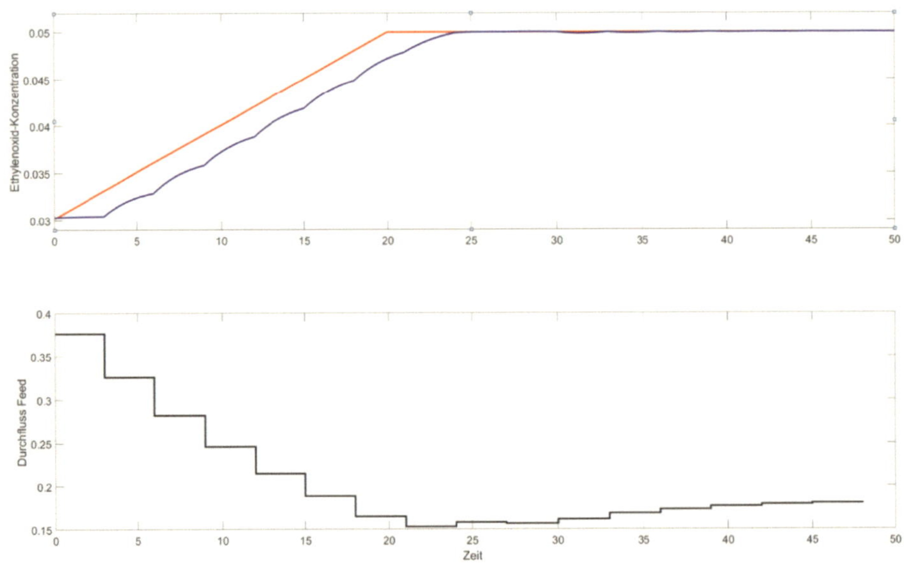

Bild 188.
Rampenförmige Sollwertänderung bei der NMPC-Regelung des Ethylenoxid-Reaktors.

von $y = 0.05$ entspricht dem Arbeitspunkt 2 aus [34]). Anschließend ändert sich wie zuvor die Ethylenkonzentration im Zulauf (Störgrößensprung).

Die Model Predictive Control Toolbox™ bietet die Möglichkeit, NMPC-Regler für vorgegebene Arbeitspunkte in lineare MPC-Regler zu konvertieren (Befehl convertToMPC). Damit ist es möglich, die infolge der nichtlinearen Schätzung und Optimierung aufwändige NMPC-Regelung auf einfache Weise in eine rechenzeitsparende "Gain Scheduled MPC"-Regelung umzusetzen. Für das Beispiel des Ethylenoxid-Reaktors wird diese Möglichkeit in [34], S. 10–91 ff. beschrieben. Da der Reaktor ein nur schwach nichtlineares statisches Verhalten aufweist, ergibt sich dort mit der "Gain Scheduled MPC"-Regelung eine der NMPC-Regelung vergleichbare Regelgüte.

Quellen von Abbildungen

Der Nachdruck der Bilder 4.24, 6.1 und 6.2 aus "Dittmar, R.: Advanced Process Control, de Gruyter, Berlin 2017" (S. 178, 265 und 268) erfolgt mit Zustimmung des Verlags de Gruyter, Berlin.

Author details

Rainer Dittmar
Fachhochschule Westküste in Heide, Holstein, Deutschland

*Address all correspondence to: dittmar@fh-westkueste.de

Literaturverzeichnis

[1] Khaled N, Pattel B. Practical Design and Application of Model Predictive Control – MPC for MATLAB and Simulink Users. Cambridge, MA: Elsevier Inc; 2018

[2] Smith A. MATLAB and SIMULINK. Model Predictive Control. North Charleston: CreateSpace Independent Publishing Platform; 2016

[3] Smith A. Model Predictive Control using MATLAB and Simulink. North Charleston: CreateSpace Independent Publishing Platform; 2016

[4] Kano M, Ogawa M. The state of art in chemical process control in Japan – Good practice and questionnaire survey. Journal of Process Control. 2010;**20**(9): 969-982

[5] Darby ML, Nikolaou M. MPC – Current practice and challenges. Control Engineering Practice. 2012;**20**(4): 328-342

[6] Richalet J, Rault A, Testud J, Papon J. Model predictive heuristic control: Applications to industrial processes. Automatica. 1978;**14**(5):413-428

[7] Cutler C, Ramaker B. Dynamic matrix control – A computer control algorithm. In: Joint Automatic Control Conference, San Fancisco. 1980

[8] Dittmar R, Pfeiffer B-M. Modellbasierte prädiktive Regelung in der industriellen Praxis. Automatisierungstechnik. 2006;**54**(12): 590-601

[9] Martin GD, Dittmar R. Einfache Methoden zur Vorabschätzung des Nutzens von Advanced-Control-Funktionen. Automatisierungstechnische Praxis atp. 2005;**47**(12):32-39

[10] Bauer M, Craig I. Economic assessment of advanced process control – A survey and framework. Journal of Process Control. 2008;**18**(1):2-18

[11] Udugama IA et al. A systematic methodology for comprehensive economic assessment of process control structures. Industrial & Engineering Chemistry Research. 2018;**57**: 13116-13130

[12] Maciejowski J. Predictive Control with Constraints. Harlow: Prentice Hall; 2002

[13] Camacho EF, Bordons C. Model Predictive Control. 2nd ed. London: Springer-Verlag; 2007

[14] Rawlings JB, Mayne DQ. Model Predictive Control – Theory and Design. Madison: Nob Hill Publishing; 2009

[15] Haber R, Bars R, Schmitz U. Predictive Control in Process Engineering. Weinheim: Wiley-VCH Verlag; 2011

[16] Borelli F, Bemporad A, Morari M. Predictive Control for Linear and Hybrid Systems. Cambridge: Cambridge University Press; 2017

[17] Rossiter J. A First Course in Predictive Control. Boca Raton: CRC Press; 2018

[18] Ogunnaike B, Ray WH. Process Dynamics, Modeling and Control. New York: Oxford University Press; 1994

[19] Marlin TE. Process Control – Designing Processes and Control Systems for Dynamic Performance. New York: McGraw Hill; 2000

[20] Bequette WB. Process Control – Modeling, Design and Simulation. Upper Saddle River: Prentice Hall; 2003

[21] Seborg DE, Edgar TF, Mellichamp DA, Doyle FJ III. Process

Dynamics and Control. 3rd ed. Hoboken: Wiley; 2011

[22] Corriou J-P. Process Control: Theory and Applications. 2nd ed. Cham: Springer; 2017

[23] Dittmar R. Modellbasierte prädiktive Regelung (MPC) und Softsensoren. In: Früh K, Maier U, Schaudel D, editors. Handbuch der Prozessautomatisierung. 6th ed. München: Deutscher Industrieverlag; 2017. pp. 894-918

[24] Dittmar R. Advanced Process Control. Berlin: de Gruyter; 2017

[25] Lahiri S. Multivariable Predictive Control – Applications in Industry. Hoboken: John Wiley & Sons; 2017

[26] Rakovic S, Levine W. Handbook of Model Predictive Control. Cham: Springer International Publishing; 2018

[27] Rossiter J. Model Predictive Control [Online]. Available: https://www.youtube.com/watch?v=4kCcXGDvjU8&list=PLs7mcKy_nInFEpygo_VrqDFCsQVnGaoy. [Zugriff am 17. 01. 2019]

[28] The MathWorks Inc. Understanding Model Predictive Control [Online]. Available: https://www.youtube.com/watch?v=8U0xiOkDcmw&list=PLn8PRpmsu08ozoeoXgxPSBKLyd4YEHww8. [Zugriff am 17. 01. 2019]

[29] Grüne L, Pannek J. Nonlinear Model Predictive Control: Theory and Algorithms. 2nd ed. Cham: Springer; 2017

[30] Kouvaritakis B, Cannon M. Model Predictive Control – Classical, Robust and Stochastic. London: Springer-Verlag; 2016

[31] Grancharova A, Johansen TA. Explicit Model Predictive Control. Berlin: Springer-Verlag; 2012

[32] Ellis M, Liu J, Christofides P. Economic Model Predictive Control. London: Springer-Verlag; 2017

[33] Li S, Zhen Y. Distributed Model Predictive Control for plant-wide systems. Singapore: John Wiley & Sons; 2015

[34] Bemporad A, Morari M, Ricker NL. Model Predictive Control Toolbox User's Guide R2018b. Natick: The Mathworks Inc; 2018

[35] Bemporad A, Morari M, Ricker NN. Model Predictive Control Toolbox – Getting Started Guide R2018b. Natick: The MathWorks Inc.; 2018

[36] Bemporad A, Morari M, Ricker NL. Model Predictive Control Toolbox Reference R2018b. Natick: The Mathworks Inc; 2018

[37] Ljung L. System Identification Toolbox. User's Guide. Natick: The Mathworks Inc; 2018

[38] Ljung L. System Identification Toolbox. Getting Started Guide. Natick: The Mathworks Inc; 2018

[39] Ljung L. System Identification. Theory for the User. 2nd ed. Englewood Cliffs: Prentice Hall; 1999

[40] Zhu Y. Multivariable System Identification for Process Control. Oxford: Pergamon Press; 2001

[41] Isermann R, Münchhof M. Identification of Dynamic Systems – An Introduction with Applications. London: Springer-Verlag; 2011

[42] Tangirala AK. Principles of System Identification. Boca Raton: CRC Press; 2014

[43] Bohn C, Unbehauen H. Identifikation dynamischer Systeme. Wiesbaden: Springer-Vieweg; 2016

[44] Ljung L. Introduction to System Identification [Online]. Available: https://de.mathworks.com/videos/introduction-to-system-identification-81796.html [Zugriff am 20. 01. 2019]

[45] Pietruszka WD. MATLAB und Simulink in der Ingenieurpraxis. 4th ed. Springer Vieweg: Wiesbaden; 2014

[46] Bosl A. Einführung in MATLAB/ Simulink. 2nd ed. München: Carl Hanser Verlag; 2017

[47] Lutz H, Wendt W. Taschenbuch der Regelungstechnik. 10th ed. Haan-Gruiten: Verlag Europa-Lehrmittel; 2014

[48] Lundström P, Lee J, Morari M, Skogestad S. Limitations of dynamic matrix control. Computers & Chemical Engineering. 1995;**19**(4):409-421

[49] Hugo A. Limitations of model predictive controllers. Hydrocarbon Processing. 2000;**79**(1):83-88

[50] Pfeiffer B-M et al. Einsatzmöglichkeiten Leitsystem-integrierter Prädiktivregler. atp edition. 2014;**56**(3):28-37

[51] Darby ML, Nikolaou M, Jones J, Nicholson D. RTO: An overview and assessment of current practice. Journal of Process Control. 2011;**21**(6):874-884

[52] Lu J. Challenging control problems and emerging technologies in enterprise optimization. Control Engineering Practice. 2003;**11**(8):847-858

[53] Kalafatis A et al. Multivariable step testing for MPC projects reduces crude unit testing time. Hydrocarbon Processing. 2006;**85**(2):93-100

[54] MacArthur WJ, Zhan C. A practical global multi-stage method for fully automated closed-loop identification of industrial processes. Journal of Process Control. 2007;**17**(10):770-786

[55] Zhu Y, Patwardhan R, Wagner S, Zhao J. Towards a low cost and high performance MPC: The role of system identification. Computers & Chemical Engineering. 2013;**51**:124-135

[56] Siemens. Projektierung eines MPC 10x10 am Beispiel des Tennessee Eastman Prozesses. Firmenschrift. Karlsruhe: Siemens AG; 2014

[57] Gallestey E et al. Advancing system 800xA. ABB Review. 2014;**3**:52-59

[58] Jelali M. Control Performance Management in Industrial Automation. London: Springer-Verlag; 2013

[59] Naidoo K et al. Experience with nonlinear MPC in polymer manufacturing. In: Findeisen R, Allgöwer F, Biegler LT, editors. Assessment and Future Directions of Nonlinear Model Predictive Control. Berlin und Heidelberg: Springer-Verlag; 2007. pp. 383-398

[60] Rode M, Franke R, Krüger K. Modellprädiktive Regelung zur optimierten Anfahrt von Dampferzeugenern. ABB Technik. 2003;**3**:30-36

[61] Ocampo-Martinez C. Model Predictive Control of Wastewater Systems. London: Springer-Verlag; 2010

[62] Ma Y, Kelman A, Daly A, Borrelli F. Predictive control for energy efficient buildings with thermal storage. IEEE Control Systems Magazine. 2012;**32**(1): 44-64

[63] Serale G et al. Model Predictive Control (MPC) for enhancing building and HVAC system energy efficiency: Problem formulation, applications and opportunities. Energies. 2018;**11**(3): 631-666

[64] Stadler KS, Poland J, Gallestey E. Model predictive control of a rotary

cement kiln. Control Engineering Practice. 2011;**19**:1-9

[65] Backx T, Huisman L, Op den Camp O, Verheijen O. Rigorous model based model predictive control of a glass melter and feeder. Glass Technology. 2008;**49**(3):139-144

[66] Chu D et al. Model predictive control and optimization for papermaking processes. In: Advanced Model Predictive Control. IntechOpen; 2011. pp. 310-342; DOI: 10.5772/18535

[67] Trifkovic M, Sheikhzadeh M, Choo K, Rohani S. Model predictive control of a twin-screw extruder. Computers & Chemical Engineering. 2012;**36**:247-254

[68] Camacho EF, Berenguel M, Rubio FC. Advanced Control of Solar Plants. London: Springer-Verlag; 1997

[69] Petersen LN et al. Industrial application of model predictive control to a milk powder spray drying plant. In: European Control Conference, Aalborg. 2016

[70] Petersen L et al. Comparison of three control strategies for optimization of spray dryer operation. Journal of Process Control. 2017;**57**:1-14

[71] Coetzee L, Craig I, Kerrigan E. Robust nonlinear model predictive control of a run-of mine ore milling circuit. IEEE Transactions in Control Systems Technology. 2010;**18**(1): 222-229

[72] Craig I. Grinding mill modelling and control: Past, present and future. In: Proceedings of the 31st Chinese Control Conference, Hefei, China. 2012

[73] Breckpot M et al. Flood control of the Demer by using model predictive control. Control Engineering Practice. 2013;**21**:1776-1787

[74] Capocelli M et al. Model predictive control for the artificial pancreas. In: Piemonte V, editor. Biomedical Engineering Challenges; A Chemical Engineering Insight. Chichester: John Wiley & Sons; 2018. pp. 75-95

[75] Aurora C et al. Predictive control of thermal power plants. International Journal of Robust and Nonlinear Control. 2004;**14**:415-433

[76] Wang Y, Boyd S. Fast model predictive control using online optimization. IEEE Transactions on Control Systems Technology. 2010; **18**(2):267-278

[77] Eren U et al. Model predictive control in aerospace systems: Current state and opportunities. Journal of Guidance, Control and Dynamics. 2017; **40**(7):1541-1566

[78] Geyer T. Model Predictive Control of High Power Converters and Industrial Drives. Chichester: John Wiley & Sons; 2016

[79] Vazquez S et al. Model predictive control: A review of its applications in power electronis. IEEE Industrial Electronics Magazine. 2014;**8**(1):16-31

[80] Lio W, Rossiter J, Jones B. A review on applications of model predictive control to wind turbines. In: UKACC 10th International Conference on Control (CONTROL 2014), Loughborough. 2014

[81] Yaramasu V, Wu B. Model Predictive Control of Wind Energy Conversion Systems. Piscataway: Wiley-IEEE Press; 2016

[82] Ding Y et al. Model predictive control and its application in agriculture: A review. Computers and Electronics in Agriculture. 2018;**151**:104-117

[83] Del Re L et al. Automotive Model Predictive Control. London: Springer-Verlag; 2010

[84] Hrovat D, Di Cairano S, Tseng H, Kolmanovsky I. The development of Model Predictive Control in the automotive industry: A survey. In: IEEE International Conference on Control Applications (CCA), Dubrovnik. 2012

[85] Baldea M, Harjunkoski I. Integrated production scheduling and process control: A systematic review. Computers & Chemical Engineering. 2014;**71**:377-390

[86] Engell S. Feedback control for optimal process operation. Journal of Process Control. 2007;**17**(3):203-219

[87] Lucia S, Tatulea-Codrean A, Schoppmeyer C, Engell S. Rapid development of modular and sustainable nonlinear model predictive control solutions. Control Engineering Practice. 2017;**60**:51-62

[88] Bemporad A, Morari M, Dua V, Pistikopulos E. The explicit linear quadratic regulator for constrained systems. Automatica. 2002;**38**(1):3-20

[89] Garriga JL, Soroush M. Model predictive control tuning methods: A review. Industrial & Engineering Chemistry Research. 2010;**49**(9): 3505-3515

[90] Cagienard R, Grieder P, Kerrigan E, Morari M. Move blocking strategies in receding horizon control. Journal of Process Control. 2007;**17**:563-570

[91] Shekar R, Manzie C. Optimal move blocking strategies for model predictive control. Automatica. 2015;**61**:27-34

[92] Ogunnaike B, Lemaire J, Morari M, Ray W. Advanced multivariable control of a pilot plant distillation column. AIChE Journal. 1983;**29**(4):632-640

[93] Bristol E. On a new measure of interaction for multivariable process control. IEEE Transactions on Automatic Control. 1966;**11**(1):133-134

[94] Skogestad S, Postlethwaite I. Multivariable Feedback Control – Analysis and Design. Chichester: Wiley; 1996

[95] Skogestad S. Simple analytic rules for model reduction and PID controller tuning. Journal of Process Control. 2003;**13**(4):291-309

[96] Harmse M, Dittmar R. Robuste Einstellung dezentraler PID-Regler in einer Mehrgrößenumgebung. atp edition – Automatisierungstechnische Praxis. 2013;**51**(12):68-78

[97] Newell R, Lee P. Applied Process Control – A Case Study. New York: Prentice Hall; 1989

[98] Huusom J, Jorgensen J. A realistic process example for MIMO MPC based on autoregressive models. IFAC Proceedings Volumes. 2014;**47**(3): 3086-3091

[99] Johansson K. The quadruple-tank process: A multivariable laboratory process with an adjustable zero. IEEE Transactions on Control Systems Technology. 2000;**8**(3):456-465

[100] Henson MA, Seborg DE. Nonlinear Proces Control. Upper Saddle River: Prentice Hall; 1997

[101] Ylen J. Measuring, Modelling and Controlling the pH Value and the Dynamic Chemical State. Dissertation. Helsinki University of Technology. Espoo; 2001

[102] Hermansson A, Syafiie S. Model predictive control of pH neutralization processes. Control Engineering Practice. 2015;**45**:98-109

[103] Henson M, Seborg DE. Adaptive nonlinear control of a pH neutralization process. IEEE Transactions on Control Systems Technology. 1994;**2**(3):169-182

[104] Novak J, Chalupa P, Bobal V. Multiple model modeling and predictive control of the pH neutralization process. International Journal of Mathematical Models and Methods in Applied Sciences. 2011;**5**(7):1170-1197

[105] Gustafsson T, Waller K. Dynamic modelling and reaction invariant control of pH. Chemical Engineering Science. 1983;**38**(3):289-308

[106] Edgar TF, Himmelblau DM, Lasdon LS. Optimization of Chemical Processes. New York: McGraw Hill; 2001

[107] Odelson BJ, Rajamani MR, Rawlings JB. A new autocovariance least-squares method for estimating noise covariances. Automatica. 2006; **42**(2):303-308

[108] Simon D. Optimal State Estimation. Hoboken: John Wiley & Sons; 2006

[109] Daum FE. Nonlinear filters. In: Baillieul J, Samad T, editors. Encyclopedia of Systems and Control. Vol. 2. London: Springer-Verlag; 2015. pp. 870-875

[110] Valluru J, Patwardhan S, Biegler L. Development of robust extended Kalman filter and moving window estimator for simultaneous state and parameter/disturbance estimation. Journal of Process Control. 2018;**69**: 158-178

[111] Haseltine EJ, Rawlings JB. Critical evaluation of extended Kalman filtering and moving-horizon estimation. Industrial & Engineering Chemistry Research. 2005;**44**(8):2451-2460

[112] Rawlings JB. Moving horizon estimation. In: Baillieul J, Samad T, editors. Encyclopedia of Systems and Control. Vol. 1. London: Springer-Verlag; 2015. pp. 799-805

[113] Billings SA. Nonlinear System Identification. Chichester: John Wiley & Sons; 2013

[114] Haber R, Keviczky L. Nonlinear System Identification – Input/Output Approach. Dordrecht: Kluwer Academic Publishers; 1999

[115] Durand H, Ellis M, Christofides P. Economic model predictive control designs for input rate-of-change constraint handling and guaranteed economic performance. Computers & Chemical Engineering. 2016;**92**:18-36

[116] Özgülsen F, Adomaitis R, Cinar A. A numerical method for determining optimal parameter values in forced periodic operation. Chemical Engineering Science. 1992;**47**(3): 605-613

[117] Biegler LT. Nonlinear Programming. Philadelphia: SIAM; 2010